U0438167

南宋及南宋都城临安研究系列丛书

临安研究

杭州市社会科学院 编

南宋杭州灾害史

张立峰 贾燕 著

浙江省哲学社会科学重点研究基地南宋史研究中心项目

《南宋及南宋都城临安研究系列丛书》
编辑委员会

主　　编　　王国平

执行主编　　周国如　何忠礼

执行副主编（以姓氏笔画为序）

　　　　　　　朱学路　杨　毅　范立舟　周小忠

　　　　　　　徐吉军　章　琪　楼大为

编撰办公室工作人员（以姓氏笔画为序）

　　　　　　　尹晓宁　李　辉　魏　峰

序　言

徐规

　　靖康之变，北宋灭亡。建炎元年(1127)五月初一日，宋徽宗第九子、钦宗之弟赵构在应天府(河南商丘)即帝位，重建宋政权。不久，宋高宗在金兵的追击下一路南逃，最终在杭州站稳了脚跟，并将此地称为行在所，成为实际上的南宋都城。

　　南宋自立国起，到最终为元朝灭亡(1279)，国祚长达一百五十三年之久。对于南宋社会，历来评价甚低，以为它国力至弱，君臣腐败，偏安一隅，一无作为。但是近代以来，一些具有远见卓识的史学家却有不同看法，如著名史学大师陈寅恪先生在二十世纪四十年代初指出：

　　　　华夏民族之文化，历数千载之演进，造极于赵宋之世。①

著名宋史专家邓广铭先生更认为：

　　　　宋代是我国封建社会发展的最高阶段，两宋期内的物质文明和精神文明所达到的高度，在中国整个封建社会历史时期之内，可以说是空

---

① 陈寅恪：《金明馆丛稿二编》，生活·读书·新知三联书店2001年出版。

前绝后的。①

很显然,对宋代的这种高度评价,无论是陈寅恪还是邓广铭先生,都没有将南宋社会排斥在外。我以为,一些人所以对南宋贬抑至深,在很大程度上是出于对患有"恐金病"的宋高宗和权相秦桧一伙倒行逆施的义愤,同时从南宋对金人和蒙元步步妥协,国土日胺月削,直至灭亡的历史中,似乎也看到了它的懦弱和不振。当然,缺乏对南宋史的深入研究,恐怕也是其中的一个原因。

众所周知,南宋历史悠久,国土虽只及北宋的五分之三,但人口少说也有五千万左右,经济之繁荣,文化之辉煌,人才之众多,政权之稳定,是历史上任何一个偏安政权所不能比拟的。因此,对南宋社会的认识,不仅要看到它的统治集团,更要看到它的广大人民群众;不仅要看到它的军事力量,更要看到它的经济、文化和科学技术等各个方面,看到它的人心之所向。特别是由于南宋的建立,才使汉唐以来的中华文明在这里得到较好的传承和发展,不至于产生大的倒退。对于这一点,人们更加不应该忽视。

北宋灭亡以后,由于在淮河、秦岭以南存在着南宋政权,才出现了北方人口的大量南移,再一次给中国南方带来了充足的劳动力、先进的技术和丰富的生产经验,从而推动了南宋农业、手工业、商业和海外贸易的显著的进步。

与此同时,南宋又是中国古代文化最为光辉灿烂的时期。它具体表现为:

一是理学的形成和儒学各派的互争雄长。

南宋时候,程朱理学最终形成,出现了以朱熹为代表的主流派道学,以胡安国、胡宏、张栻为代表的湖湘学,以谯定、李焘、李石为代表的蜀学,以陆九渊为代表的心学。此外,浙东事功学派也在尖锐复杂的民族矛盾和阶级矛盾的形势下崛起,他们中有以陈傅良、叶适为代表的永嘉学派,以陈亮、唐

---

① 邓广铭:《关于宋史研究的几个问题》,载《社会科学战线》1986年第2期。

仲友为代表的永康学派,以吕祖谦为代表的金华学派。理宗朝以前,各学派之间互争雄长,呈现出一派欣欣向荣的景象。

二是学校教育的大发展,推动了文化的普及。

南宋学校教育分中央官学、地方官学、书院和私塾村校,它们在南宋都获得了较大发展。如南宋嘉泰二年(1202),仅参加中央太学补试的士人就达三万七千余人,约为北宋熙宁初的二百五十倍。① 州县学在北宋虽多次获得倡导,但只有到南宋才真正得以普及。两宋共有书院三百九十七所,其中南宋占三百十所,②比北宋的三倍还多,著名的白鹿洞、象山、丽泽等书院,都是各派学者讲学的重要场所。为了适应科举的需要,私塾村校更是遍及城乡。学校教育的大发展,有力地推动了南宋文化的普及,不仅应举的读书人较北宋为多,就是一般识字的人,其比例之大也达到了有史以来的高峰。

三是史学的空前繁荣。

通观整个南宋,除了权相秦桧执政时期,总的说来,文禁不密,士大夫熟识政治和本朝故事,对国家和民族有很强的责任感,不少人希望借助于史学研究,总结历史上的经验和教训,以供统治集团作为参考。另一方面,南宋重视文治,读书应举的人比以前任何时候都多,对史书的需要量极大,许多人通过著书立说来宣扬自己的政治主张,许多人将刻书卖书作为谋生的手段。这样就推动了南宋史学的空前繁荣,流传下来的史学著作,尤其是本朝史,大大超过了北宋一代,南宋史家辈出,他们治史态度之严肃,考辨之详赡,一直为后人所称道。四川、两浙东路、江南西路和福建路都是重要的史学中心。四川以李焘、李心传、王称等人为代表。浙东以陈傅良、王应麟、黄震、胡三省等人为代表。江南西路以徐梦莘、洪皓、洪迈、吴曾等人为代表,福建路以郑樵、陈均、熊克、袁枢等人为代表。他们既为后世留下了宝贵的史料,也创立了新的史学体例,史书中反映的爱国思想也对后世史家产生了

---

① 徐松辑:《宋会要辑稿》崇儒一之三九,中华书局1987年影印本。
② 参见曹松叶《宋元明清书院概况》,载《中山大学语言历史研究所周刊》第十集,第111-115期,1929年12月至1930年出版。

重大影响。

四是公私藏书十分丰富。

南宋官方十分重视书籍的搜访整理,重建具有国家图书馆性质的秘书省,规模之宏大,藏书之丰富,远远超过以前各个朝代。私家藏书更是随着雕板印刷业的进步和重文精神的倡导而获得了空前发展。两宋时期,藏书数千卷且事迹可考的藏书家达到五百余人,生活于南宋的藏书家有近三百人,[①]又以浙江为最盛,其中最大的藏书家有郑樵、陆宰、叶梦得、晁公武、陈振孙、尤袤、周密等人,他们藏书的数量多达数万卷至十数万卷,有的甚至可与秘府、三馆等相匹敌。

五是文学、艺术的繁荣。

南宋是中国古代文学、艺术繁荣昌盛的时代。词是两宋最具代表性的文学形式,据唐圭璋先生所辑《全宋词》统计,在所收作家籍贯和时代可考的八百七十三人中,北宋二百二十七人,占百分之二十六;南宋六百四十六人,占百分之七十四,李清照、辛弃疾、陆游、姜夔、刘克庄等都是南宋杰出词家。宋诗的地位虽不及唐代,但南宋诗就其数量和作者来说,却大大超过了北宋。由北方南移的诗人曾几、陈与义;有"中兴四大诗人"之称的陆游、杨万里、范成大、尤袤;有同为永嘉(浙江温州)人的徐照、徐玑、翁卷、赵师秀;有作为江湖派代表的戴复古、刘克庄;有南宋灭亡后作"遗民诗"的代表文天祥、谢翱、方凤、林景熙、汪元量、谢枋得等人。此外,南宋的绘画、书法、雕塑、音乐舞蹈以及戏曲等,都在中国文化史上占有一定的地位。

在日常生活中,南宋的民俗风情,宗教思想,乃至衣、食、住、行等方面,对今天的中国也有着深刻影响。

南宋亦是我国古代科学技术发展史上最为辉煌的时期,正如英国学者李约瑟所说:"对于科技史家来说,唐代不如宋代那样有意义,这两个朝代的气氛是不同的。唐代是人文主义的,而宋代较着重科学技术方面……每当

[①] 参见《中国藏书通史》第五编第三章《宋代士大夫的私家藏书》,宁波出版社2001年出版。

人们在中国的文献中查找一种具体的科技史料时,往往会发现它的焦点在宋代,不管在应用科学方面或纯粹科学方面都是如此。"①此话当然一点不假,不过如果将南宋与北宋相比较,李约瑟上面所说的话,恐怕用在南宋会更加恰当一些。

首先,中国四大发明中的三大发明,即指南针、火药和印刷术而言,在南宋都获得了比北宋更大的进步和更广泛的应用。别的暂且不说,仅就将指南针应用于航海上,并制成为罗盘针使用这一点来看,它就为中国由陆上国家向海洋国家的转变创造了技术上的条件,意义十分巨大。再如,对人类文明有重大贡献的活字印刷术虽然发明于北宋,但这项技术的成熟与正式运用却是在南宋。其次,在农业、数学、医药、纺织、制瓷、造船、冶金、造纸、酿酒、地学、水利、天文历法、军器制造等方面的技术水平都比过去有很大进步。可以这样说:在西方自然科学东传之前,南宋的科学技术在很大程度上代表了中国封建社会科学技术的最高水平。

南宋军事力量虽然弱小,但军民的斗争意志却异常强大。公元1234年,金朝为宋蒙联军灭亡以后,宋蒙战争随即展开。蒙古铁骑是当时世界上最为强大的军队,它通过短短的二十余年时间,就灭亡了西夏和金,在此前后又发动三次大规模的西征,横扫了中亚、西亚和俄罗斯等大片土地,前锋一直打到中欧的多瑙河流域。但面对如此劲敌,南宋竟顽强地抵抗了四十五年之久,这不能不说是世界战争史上的一个奇迹。从中涌现出了大量可歌可泣的英雄人物,反映了南宋军民不畏强暴的大无畏战斗精神,他们与前期的岳飞精神一样,成为中华民族宝贵的精神财富。

古人有言:"以古为镜,可以知兴替。"近人有言:"古为今用,推陈出新。"前者是说,认真研究历史,可为后人提供历史上的经验和教训,以少犯错误;后者是说,应该吸取历史上一切有益的东西,通过去粗取精、改造、发展,以造福人民,总之,认真研究历史,有利于加强精神文明的建设,也有利于将我国建设成为一个和谐的、幸福的社会。我觉得南宋可供我们借鉴反

---

① 《中国科学技术史·导论》中译本,科学出版社、上海古籍出版社1990年出版。

思和保护利用的东西实为不少。

以前,南宋史研究与北宋史研究相比,显得比较薄弱,但随着杭州市社会科学院主持的50卷《南宋史研究丛书》编撰出版工作的基本完成,这一情况发生了一些令人欣喜的改变。但历史研究没有穷尽,关于南宋和南宋都城临安的研究,尚有许多问题值得进一步探讨,也还有一些空白需要填补。近日,欣闻杭州市社会科学院南宋史研究中心拟进一步深化和扩大南宋史研究,同时出版"博士文库",加强对南宋史研究后备人才的培养,对杭州凤凰山皇城遗址综保工程,也正从学术上予以充分配合和参与,此外还正在点校和整理部分南宋史的重要典籍。组织编撰《南宋及南宋都城临安研究系列丛书》,对于开展以上一系列的研究,我认为很有意义。我相信,在汲取编撰《南宋史研究丛书》成功经验的基础上,新的系列丛书一定会进一步推动我国南宋史研究的深入开展,对杭州乃至全国的精神文明建设都有莫大的贡献,故乐为之序。

2010年11月于杭州市道古桥寓所

目　　录

序　言 ………………………………………………………… 徐　规（1）

前　言 …………………………………………………………………（1）

第一章　研究史料和方法原则 …………………………………………（1）

　　第一节　古都杭州 ………………………………………………（1）

　　第二节　研究所涉时空范围 ……………………………………（2）

　　　　一、行政区域 ……………………………………………（2）

　　　　二、时间纪年 ……………………………………………（4）

　　第三节　所用史料 ………………………………………………（5）

　　　　一、史书编撰的一般情况 ………………………………（6）

　　　　二、史书编撰的一些问题 ………………………………（7）

　　　　三、南宋时期灾异史料的总体情况 ……………………（11）

　　　　四、南宋时期灾异史料的主要来源 ……………………（12）

　　　　五、其他参考史料说明 …………………………………（14）

　　第四节　灾异史料的可靠性分析 ………………………………（16）

　　第五节　灾异史料校订及应用的基本原则 ……………………（17）

第二章　水灾 ……………………………………………………………（19）

　　第一节　概况 ……………………………………………………（19）

第二节　典型案例 (21)
　　一、可怕的山洪 (21)
　　二、洪水溢西湖 (23)
　　三、超长连阴雨 (23)
　　四、城墙倒塌 (24)

第三节　水灾成因分析 (25)
　　一、大面积围田 (26)
　　二、植被破坏与水土流失 (29)
　　三、对水利工作重视不足 (31)

第四节　救灾举措与防御措施 (31)
　　一、雨水奏报制度 (32)
　　二、灾害救助 (36)
　　三、灾害祈祷 (38)
　　四、兴修水利 (40)
　　五、植树造林 (41)

第五节　影响 (42)
　　一、祭祀祈晴之异事 (42)
　　二、杭州捍江兵 (42)

第三章　潮灾 (45)

第一节　概况 (45)
　　一、潮灾的出现频率、时间分布及朔望规律 (46)
　　二、潮灾灾情分析 (48)

第二节　特大潮灾案例 (54)

第三节　成因分析 (56)
　　一、钱塘江河口及杭州湾岸线变迁 (57)
　　二、海平面上升对潮灾的影响 (59)
　　三、气象条件对潮灾的影响 (61)

四、影响潮灾的社会因素……………………………………（66）
　第四节　对策与治理……………………………………………（66）
　　一、宋人对潮汐的认识与研究………………………………（66）
　　二、钱塘江防御潮灾的工程性措施…………………………（70）
　　三、加强对钱塘江渡口管理…………………………………（72）
　第五节　影响……………………………………………………（73）
　　一、观潮与"弄潮"风俗………………………………………（73）
　　二、潮神与伍公庙……………………………………………（77）

第四章　旱灾………………………………………………………（80）
　第一节　概况……………………………………………………（80）
　第二节　典型案例………………………………………………（82）
　　一、罕见的大范围连旱………………………………………（82）
　　二、超长时间的干旱…………………………………………（83）
　　三、典型的春、夏、秋连旱…………………………………（84）
　第三节　干旱与旱灾的影响……………………………………（85）
　　一、干旱与灾异群发…………………………………………（85）
　　二、干旱与高温热浪和饮水匮乏……………………………（86）
　　三、干旱与蝗灾………………………………………………（87）
　　四、干旱与疫病………………………………………………（88）
　　五、干旱与火灾………………………………………………（90）
　　六、干旱与漕运………………………………………………（91）
　第四节　对策与措施……………………………………………（92）
　　一、旱情奏报…………………………………………………（92）
　　二、祈雨………………………………………………………（94）
　　三、兴修水利…………………………………………………（100）
　　四、陈旉的蓄水防旱思想……………………………………（101）
　　五、旱灾与水井………………………………………………（101）

第五章　异常冷暖…………………………………………………（103）

第一节　概况……………………………………………………（103）
第二节　异常暖事件……………………………………………（104）
　　一、酷暑………………………………………………………（104）
　　二、暖冬………………………………………………………（105）
　　三、少雪或无雪………………………………………………（106）
　　四、暖春………………………………………………………（107）
　　五、少霜………………………………………………………（107）
第三节　异常冷事件……………………………………………（107）
　　一、冷冬………………………………………………………（108）
　　二、春寒………………………………………………………（109）
　　三、凉夏………………………………………………………（110）
　　四、冻雨………………………………………………………（110）
　　五、一次前期异常暖的寒潮天气过程…………………………（111）
第四节　异常冷暖事件的救助举措……………………………（112）
　　一、应对酷暑…………………………………………………（112）
　　二、冬季救寒…………………………………………………（113）
　　三、蠲僦舍钱…………………………………………………（114）
　　四、提供避寒场所……………………………………………（115）
　　五、御寒装备…………………………………………………（115）

第六章　疫病………………………………………………………（118）

第一节　概况……………………………………………………（118）
　　一、疫病种类分析……………………………………………（120）
　　二、鼠疫传染的可能性分析…………………………………（122）
第二节　成因分析………………………………………………（124）
　　一、气候异常诱发疫病流行…………………………………（124）
　　二、疫病流行的其他诱因……………………………………（127）

三、水网密布的地表环境利于疫病产生……………………（129）
　　　四、人口密度增加疫病传播风险………………………………（130）
　　　五、频繁的人口流动影响疫病的流行…………………………（131）
　　　六、水环境污染导致疾病流行…………………………………（132）
　　　七、迷信陋习等民间习俗影响疫病的遏止……………………（133）
　　第三节　处置与防范措施…………………………………………（135）
　　　一、疫病流行的救治措施………………………………………（135）
　　　二、设置救济保障体系…………………………………………（137）
　　　三、预防疾疫……………………………………………………（142）
　　第四节　影响………………………………………………………（146）
　　　一、推动医药卫生事业发展……………………………………（146）
　　　二、影响驱疫避邪的观念和习俗………………………………（148）
　　　三、促进卫生习惯的养成………………………………………（150）
　　　四、影响和改变社会风俗………………………………………（153）

第七章　火灾……………………………………………………………（155）
　　第一节　概况………………………………………………………（155）
　　第二节　典型火灾案例……………………………………………（157）
　　第三节　火灾成因分析……………………………………………（158）
　　第四节　防火救火措施……………………………………………（162）
　　　一、从严处理火灾肇事者………………………………………（162）
　　　二、将防火作为官员考核指标…………………………………（163）
　　　三、实行严格的灯火管制………………………………………（165）
　　　四、改善建筑防火条件…………………………………………（166）
　　　五、加强救火队伍建设…………………………………………（167）
　　　六、统一指挥城市救火…………………………………………（170）
　　　七、设置望火楼观察预警火情…………………………………（171）
　　　八、制备先进的救火器具………………………………………（172）

九、广设水池以便取水灭火……………………………………（174）
　　　十、制定正确的扑救策略……………………………………（175）
　第五节　火灾的后续处置………………………………………（175）
　第六节　火灾的影响与习俗……………………………………（177）

第八章　蝗灾……………………………………………………（180）
　第一节　概况……………………………………………………（180）
　第二节　典型个案………………………………………………（183）
　　　一、绍兴三十二年的大蝗灾…………………………………（183）
　　　二、淳熙九年的连续蝗灾……………………………………（185）
　　　三、嘉定八年的大蝗灾………………………………………（185）
　第三节　蝗灾成因的气象条件影响分析………………………（186）
　第四节　救灾与防范举措………………………………………（189）
　　　一、对蝗虫的认识……………………………………………（189）
　　　二、扑蝗与治蝗………………………………………………（190）
　　　三、种植结构变化与治蝗利弊………………………………（194）
　第五节　影响……………………………………………………（195）

第九章　饥荒……………………………………………………（197）
　第一节　概况……………………………………………………（197）
　第二节　典型个案………………………………………………（199）
　　　一、南宋初年的饥荒…………………………………………（199）
　　　二、淳熙八年的饥荒…………………………………………（200）
　　　三、嘉熙四年的大饥荒………………………………………（201）
　第三节　成因分析………………………………………………（202）
　　　一、水旱灾害的影响…………………………………………（203）
　　　二、粮食产区歉收的影响……………………………………（203）
　　　三、漕运不济…………………………………………………（204）
　　　四、灾荒人口与贫困人口增长………………………………（205）

五、过籴与惜售·····················（207）
六、赋税沉重·····················（208）
第四节　救灾举措·····················（208）
一、报灾检灾制度····················（208）
二、仓储制度·····················（214）
三、救灾举措·····················（222）
第五节　影响······················（234）
一、官员考核·····················（234）
二、首部荒政专著····················（236）
三、朱熹的救荒思想···················（236）

第十章　地震·······················（238）

第一节　概况······················（238）
第二节　杭州地震史料的整理与分析···············（240）
一、记载发生地为杭州的地震史料··············（240）
二、未记载发生地的地震史料················（241）
三、南宋杭州部分存疑地震史料的讨论·············（244）
第三节　杭州地震的烈度等级及地震灾害············（246）
一、对地震烈度等级的初步估计···············（246）
二、破坏性地震致灾案例分析················（247）
第四节　地震的善后处置···················（249）
第五节　宋人对地震的观察与认识···············（250）
一、对地震前兆现象的观察和记载··············（250）
二、对地震成因的朴素认识·················（252）

第十一章　其他灾害····················（254）

第一节　特异天象·····················（254）
第二节　沙尘······················（257）
第三节　强对流天气····················（260）

一、概况 …………………………………………（260）
二、典型个案 ……………………………………（262）
三、影响 …………………………………………（263）
四、认识 …………………………………………（264）

前　言

　　自然灾害问题自古至今始终与人类的生存息息相关,这是我们无法回避的现实问题,也是历史无法回避的发展脉络之一。正如美国环境史学家威廉·克罗农(William Cronon)所说:"将传统历史研究与生态学、经济学、人类学等学科研究方法结合起来……历史研究基本要素包括性别、阶级和种族,环境史学家还要关注植物、动物、土壤、气候等非人类因素,他们是共同演员,共同决定(历史发展进程)。"[①]换言之,如果在撰写历史时忽略自然灾害的书写,那么肯定是令人遗憾的、不完整的历史。

　　以往,人与人的关系一直是史学研究的主题,人与自然的关系则被忽略。事实表明,社会发展历程就是对自然的不断改造和对自然界的变化不断适应的过程。自然环境对人类社会的影响,特别是这种影响以灾害这一极端形式出现,并"弥散于诸如技术体系、经济结构、政治制度、文化意识、宗教信仰以及风俗习惯等各种人类事象之中,成为社会分化和文明演进不容忽视的动力之源"[②]。因此,只有同时处理好上述两个关系,我们才可能获得"和平与可持续发展"的生存基础。

　　灾害具有自然性与社会性的复合属性。灾害受自然条件控制,也受人

[①] 陈林博《威廉·克罗农的环境史研究中的主要观念探析》,《辽宁大学学报(哲学社会科学版)》2014年第4期。
[②] 夏明方《自然灾害、环境危机与中国现代化研究的新视野》,《史学理论研究》2003年第4期。

类社会的影响,并在两者之间发生双向反馈作用。通过采取科学的防灾、减灾、救灾等社会行为,可以有效地抑制或减轻灾害的破坏和影响;另一方面,由于战争频仍、社会动荡,以及违背自然规律的人类社会的盲目而行,会加剧或诱发某些灾害,导致天灾人祸并行,进一步激化社会矛盾,破坏社会稳定性,甚至引起国家动荡、政权更迭。

随着自然与社会学科的交叉与细分,灾害的综合属性越加凸显,内涵与外延也在不断丰富和扩展,呈现出与社会文明相互交织的"双螺旋"立体结构。从社会史的角度看,我国古代政府的灾害防御体系虽然具有局限性,但对社会稳定、发展传承具有重要作用;从文化史的角度看,灾害的应对过程也是灾害的民俗文化丰富发展的过程;从科技史的角度看,认识灾害的本质及发生演变规律是灾害史研究的重要内容,也是诠释灾害复合属性的重要环节。

古代先哲曾提出许多防御灾难、保护生境的思想、理论和制度,并为之付诸实践与努力,卓有成效。"天人合一""人文与自然相互调适"的哲思,已成为中国文化对人类文明的最大贡献。如何在人类与社会、人类与自然的双主线下,开辟灾害史学复合研究视角,正是本书的努力尝试之一。

纵观中国古代史,南宋王朝留给后人的多是孱弱印象。与梦幻般的汉唐相比,它没有辽阔的疆域、强盛的国力和英雄般的君主;甚至与它的前世——北宋相比,人们也会自觉或不自觉的产生高下之分。但是,若能沉下心来翻阅厚重的史书,就会发现时光和偏见其实掩盖了许多有价值的东西。

北宋大厦倾覆,康王南渡,定都杭州。南宋虽然偏处江南一隅,亦可谓乾坤再造、浴火重生。迁都后,南宋王朝有没有"水土不服",都面临着哪些来自大自然的考验与挑战?南宋时期的杭州人又是如何适应新的地理气候环境?在有限的社会生产力条件下,南宋王朝是如何一边有效应对各类频发的灾害,一边将都城临安发展为当时最宏大繁荣的都市,并保持其长期稳定?这些都是十分值得关注与研究的课题。

具体而言,考察南宋时期杭州各类气象灾害发生的基本状况与基本规律,是本书的基本任务。同时,为了更多地掌握气象灾害与其他自然灾害的关联性,瘟疫、饥荒、火灾、蝗灾、地震等灾害亦在考察范围之列。对上述灾害的成因进行历史与科学视野下的剖析,探求南宋人应对灾害的思想理念、制度成果和技术经验,挖掘整理受灾害影响下的杭州社会文化风俗变迁,这些都是全景式展示南宋时期自然灾害律动与杭州城市发展交互的重要组成部分。

期望本书能为当今气候异常背景下的灾害研究、防御和社会可持续发展提供有益的历史借鉴。感谢历代先人留下的丰厚且完备的史料记录,能让我们拨开时间的迷雾,去感受八百年前杭州所经历的"风风雨雨"。

第一章 研究史料和方法原则

第一节 古都杭州

远古时期,杭州地区所在地是一个浅海湾。随着海湾瘀塞和地质变迁,自新石器时代的跨湖桥文明、良渚文明肇始,先民们世代修治,终有今日的局面。

杭州古称钱塘,隋代废钱塘郡,建置杭州,杭州之名始见于史书。隋代开皇十一年(591),修筑城池于凤凰山一带,远晚于苏州、绍兴等地。隋炀帝大业六年(610),大运河开始通航杭州,此举对杭州城市发展影响重大、意义深远。至唐代,杭州已有"地上天宫"的美誉。907年,吴越国定都于此,拉开了杭州古都史的序幕。历代吴越国王先后在凤凰山建筑子城和罗城,修筑捍海塘抵御钱塘江潮患,建置"撩湖兵"疏浚西湖和运河,为杭州的城市发展奠定了坚实基础。时至北宋,杭州已成为两浙路路治所在,被宋仁宗誉为"东南第一州"[①]。

北宋帝国溃灭,汉族政权南迁,最终"定都"杭州,更名为"临安",这是中国历史的转折点,也是杭州的历史机遇。南宋初年,由于中原动乱和宋廷

[①] "题咏东南第一州(仁宗赐梅挚知杭州诗)",参见[宋]祝穆编《宋本方舆胜览》卷一《浙西路临安府》,上海古籍出版社,1986年影印本,第56页上。

南迁,大批官民蜂拥南下,人口增加和技术南传,政治中心与经济文化重心的叠加,使杭州呈现爆发式的发展,空前繁荣,达到杭州古都史的巅峰。

南宋时期的杭州,其城垣规制一反传统的坐北朝南,而是倚山就水呈"倒骑龙"式。皇城地处城南凤凰山东麓,周回九里,南北各开一正门,宫殿和官署分布其中。皇城以外为都城,大幅向北扩展,全城东西狭、南北长,共有旱门十三座、水门五座。城内外河道纵横,大运河在北门外,钱塘江、浙东运河在城南,均为交通运输干线。城内打破坊市制度,街道与商业紧密结合,市肆密布,建筑林立,商业发达。由于人口繁密,城内"民居屋宇高森,接栋连檐,寸尺无空"①,城外"南、西、东、北各数十里,人烟生聚,民物阜蕃,市井坊陌,铺席骈盛"②。

1276年,在抵御近半个世纪之久的进攻后,宋恭帝向马背上的蒙古帝国投降,杭州的"帝都"史就此终结。

第二节　研究所涉时空范围

一、行政区域

南宋的地方行政区划沿袭北宋"路—府、州、军、监—县"三级制,其疆域仅及北宋国境的五分之三。建炎三年(1129),杭州升为临安府,为"两浙西路"路治,相当于今天省会的地位。

绍兴八年(1138),南宋"非正式"定都临安,称为"行都""行在"或"行在所",名义上的国都仍在河南开封。现今杭州市的地理范围包括两浙西路的临安府和建德府(严州)大部,以及两浙东路绍兴府的一部分,具体详见表1.1③。以上区域为南宋杭州灾害史研究的主要地域空间。

---

① [宋]吴自牧《梦粱录》卷一〇《防隅巡警》,《笔记小说大观》第7册,江苏广陵古籍刻印社,1983年,第275页下。
② 《梦粱录》卷一九《塌房》,第304页下。
③ [元]脱脱等《宋史》卷八八《地理志四》,中华书局,2000年,第1463—1466页;谭其骧主编《中国历史地图集》第六册《宋·辽·金时期》,中国地图出版社,1996年,第59—60页。

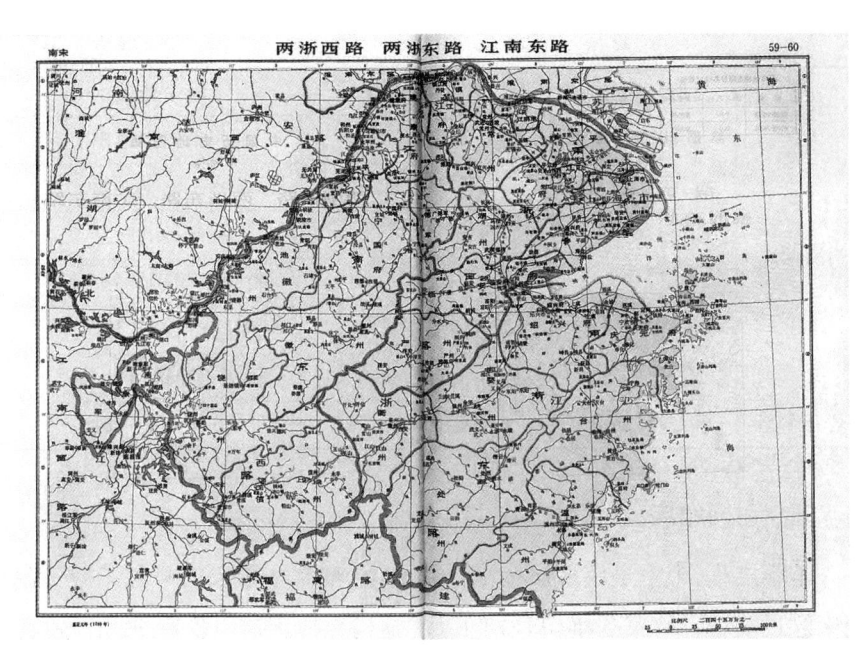

图 1.1　南宋时期两浙东路、两浙西路、江南东路行政区划图①

表 1.1　南宋两浙路行政区划简表

路	府、州、军	县	现今地名
两浙西路	临安府（杭州）	钱塘	杭州市区附近
		仁和	杭州市区附近
		余杭	杭州市余杭区
		临安	杭州市临安区附近
		富阳	杭州市富阳区附近
		於潜	杭州市临安区西於潜镇
		新城	杭州市富阳区西南
		盐官	嘉兴市海宁市西南
		昌化	杭州市临安区西昌化镇

---

① 引自《中国历史地图集》第六册《宋·辽·金时期》，第 59—60 页。

(续　表)

路	府、州、军	县	现今地名
两浙西路	建德府（严州）	建德	杭州市建德市东北
		淳安	杭州市淳安县西北
		桐庐	杭州市桐庐县
		分水	杭州市桐庐县分水镇
		遂安	杭州市淳安县西
		寿昌	杭州市建德市寿昌镇
两浙东路	绍兴府（越州）	萧山	杭州市萧山区

二、时间纪年

靖康之难，宋室皇族多被金军俘虏北上，唯有宋徽宗的第九子康王赵构侥幸躲过劫难。靖康二年（1127）五月，赵构在应天府[①]登基，改元"建炎"，后迁都临安，史称南宋。

德祐二年（1276）二月，宋恭帝率百官开城纳降，蒙古帝国将临安降为两浙大都督府。至此，杭州为南宋都城的地位不复存在。其间，南宋王朝共历七帝，约一个半世纪之久，具体详见表1.2。此为主要研究时段。

表1.2　南宋王朝纪年简表

年号	公元纪年	庙号	名字	概　况	在位年月
建炎	1127—1130	高宗	赵构	钦宗之弟，重建宋朝，禅位给孝宗，1107—1187年在世。	1127年五月—1162年六月
绍兴	1131—1162				
隆兴	1163—1164	孝宗	赵昚	赵子偁之子（宋太祖七世孙），高宗养子，1162年立为皇太子，禅位给光宗，1127—1194年在世。	1162年六月—1189年二月
乾道	1165—1173				
淳熙	1174—1189				
绍熙	1190—1194	光宗	赵惇	孝宗之子，被迫禅位给宁宗，1147—1200年在世。	1189年二月—1194年七月

---

①　今河南商丘。

(续　表)

年号	公元纪年	庙号	名字	概　况	在位年月
庆元	1195—1200	宁宗	赵扩	光宗之子,1168—1224年在世。	1194年七月—1224年闰八月
嘉泰	1201—1204				
开禧	1205—1207				
嘉定	1208—1224				
宝庆	1225—1227	理宗	赵昀	本名贵诚,赵希瓐之子(宋太祖十世孙),宁宗养子,宁宗死后立为太子,1205—1264年在世。	1224年闰八月—1264年十月
绍定	1228—1233				
端平	1234—1236				
嘉熙	1237—1240				
淳祐	1241—1252				
宝祐	1253—1258				
开庆	1259				
景定	1260—1264				
咸淳	1265—1274	度宗	赵禥	本名孟启,理宗之侄,1260年立为太子,1240—1274年在世。	1264年十月—1274年七月
德祐	1275—1276	恭帝	赵㬎	度宗次子,投降于蒙古帝国,后出家,被赐死,1271—1323年在世。	1274年七月—1276年二月

第三节　所用史料

宋代以来,由于印刷术逐渐普及,价格相对低廉的纸张出现,书籍成本大幅降低。相应地,传世典籍远多以往。这为研究南宋史,特别是杭州灾害史,以及与其相关的科技史和文化史,提供了较为丰富的原始史料。作为必要的背景,也会涉及南宋以前的史料。

一、史书编撰的一般情况

宋代修史机构，分工细而职司专。绍兴元年（1131），大臣汪藻进言："书榻前议论之辞，则有时政记；录柱下见闻之实，则有起居注。类而次之，谓之日历；修而成之，谓之实录。"①时政记、起居注、日历和实录是宋代修史在不同阶段的阶段性成果。

"时政记，则宰执朝夕议政、君臣之间奏对之语也。"②时政记是宋代君臣之间议政、奏对的原始记录。宋代的"起居注"并不局限于记载皇帝的言行，"凡朝廷命令、赦宥，执政官以下进对，文臣御史、武臣刺史以上除拜、祭祀、燕飨、临幸、引见之事，日月、星辰、风云、气候之兆，郡县祥瑞之符，闾阎孝悌之行，户口增减之数，皆书以授著作官"③。宋徽宗政和年间（1111—1118）的三省《修起居注式》专门规定："其太史占验日月、星辰、风云、气候之兆，系于日终。"④由此可知，太史局的伎术官需要每日占验天象，并记录下来。

"日历"的编修，主要是"依时政记、起居注及诸司报状，排日甲乙，编而集之"⑤。宋代行政中枢的"诸司"报状文字记录，皆有严格的时限和质量要求，违者将受惩罚。"省、曹、台、院、寺、监、库务、仓场诸司，被受指挥及改更诏条，并限当日录申修日历所。月内无，即于月终具申，其取索急速者限一日，余皆二日。如追呼人吏，限当日赴所，已出者次日，展限不得过三日。违限及供报草略者，从本所将当行人吏直送大理寺，从杖一百科罪。"⑥

在诸司报状中，凡是天象灾变，需要逐日奏报，并进行比对。"外有太史局崇天台，内有翰林天文院，日具祥变，各以状闻，以参校异同，考验疏密。"⑦这是由皇城内、外两个不同机构，同时奏报天象灾变情况，通过比较观测奏报

---

① 《宋史》卷四四五《文苑七·汪藻传》，第10218页。
② [宋]王明清《挥麈后录》卷一《史官记事所因者有四》，《宋元笔记小说大观》第四册，上海古籍出版社，2001年，第3629页。
③ [清]徐松《宋会要辑稿》职官二之一三，中华书局，1957年，第2378页上。
④ 《宋会要辑稿》职官二之一〇，第2376页下。
⑤ 《宋会要辑稿》职官二之一七，第2380页上。
⑥ 《宋会要辑稿》运历一之二〇，第2137页下。
⑦ 《宋会要辑稿》职官二之一七，第2380页上。

的异同疏密,以达到相互核对校验的目的,反映出宋人对于天象灾变的高度关注与严谨对待。

宋代的"实录"是官修编年体史书的基本成果。在编修过程中,除了依据"日历"外,还会多方收集史料。以北宋《英宗实录》的编修为例,其资料收集多达十四个方面。其中,第七个方面是,"三司令自嘉祐八年四月至治平四年正月八日已前,应虫蝗、水旱灾伤,及德音赦书、蠲放税赋及蠲免欠负,并具实数,供报当院"①;第九个方面是,"工部水监河渠水利,凡有论议改更,礼部但系郡国所申祥瑞……令子细检寻供报本院,不得漏略"②。这些都是对灾害资料收集、汇编的要求。

宋代"国史"是官修纪传体史书的成书,当时亦称为"正史"。编修国史,除以日历、实录为依据外,也广泛征集资料,访求私家著作等。南宋一朝编修完成了高宗、孝宗、光宗和宁宗的《中兴四朝国史》的书稿。此外,宋代还有"会要",除了以日历、实录和国史等为凭借,更是汇集各级政府的档案资料,征集官私文字,加以考订、分类编纂而成。

后世根据上述多种史料,增删删减而成诸类史籍。以上为宋代史书修撰的一般情况。

二、史书编撰的一些问题

1. 南宋后期史料缺失问题

《宋史》为纪传体断代史著作,主要依据宋代的国史、实录、日历、时政记等删削增补而成,记述了北宋太祖赵匡胤建隆元年(960)至南宋赵昺祥兴二年(1279)的历史。全书编撰始于元顺帝至正三年(1343),终于至正五年(1345),历时约两年半。对于《宋史》,有评价认为"详于北宋,略于南宋,南宋后期尤疏略"③,特别是理宗朝及其以后的五十余年间,记载多有

---

① [宋]曾巩《元丰类稿》卷三二《英宗实录院申请》,《影印文渊阁四库全书》(集部)第1098册,台湾商务印书馆,1984年,第638页下。
② 《元丰类稿》卷三二《英宗实录院申请》,第639页上。
③ 白寿彝总主编《中国通史》第七卷《中古时代·五代辽宋夏金时期》甲编第一章《文献资料》第三节《宋代史料》,上海人民出版社,2015年,第6页。

缺失。

元代史学家、文学家苏天爵曾说："(南宋)理、度两朝,事最不完。理宗日历尚二三百册,实录纂修未成国亡,仅存数十册而已。度宗日历残缺。皆当访求。……今理宗实录未完,度宗、卫王、哀帝皆无实录,当先采掇其事补为之乎? 即为正史乎?"①宋代编修实录、国史,一般是在前一位皇帝死后,由即位的皇帝下诏编修。到了南宋晚期,由于政局极为动荡,修史工作大受影响,甚至陷于停顿。所以,国史和会要修到宁宗朝就停顿下来了,理宗朝实录不全,度宗朝连实录都没有来得及编修,更不要说以后的恭宗、端宗等。

另一方面,从蒙古帝国发动摧毁南宋的战争,及至临安城陷落,距离《宋史》的最终编修完成,中间又相隔69年,势必会导致部分史料散佚。正如元代赵汸所说:"况理、度世相近,而典籍散亡……欲措诸辞而不失者,亦难矣哉。"②

2. 高宗朝史料的两个主要问题

灾异或特殊天象,常常会被古人视为来自上天的警示,与国家的安危息息相关。南宋时,关于灾异天象的观察和记录由太史局负责,"太史局每月具天文、风云、气候、日月交蚀等事,实封报秘书省"③。南宋初年,太史局的天文官也跟随高宗迁徙各地,甚至可以止宿大内,"太史局天文官许将带学生内中止宿,以备宣问天象"④。上述为建炎三年五月的诏令,但当时高宗并不在杭州,而是辗转于今天的苏南一带,故此,由太史局天文官记录的灾异、天象等很可能是宋高宗赵构驻跸所在地的信息。

在绍兴八年(1138)南宋"定都"杭州之前,南宋王朝的中枢机构一直流徙不定,"行在"多有不同,扬州、杭州、越州(今绍兴)、平江(今苏州)、建康(今南京)等地都曾是高宗的驻跸之地,政府机构和百官禁卫也多随行,"銮

---

① [元]苏天爵《滋溪文稿》卷二五《三史质疑》,中华书局,1997年,第425页。
② [元]赵汸《东山存稿》卷五《题三史目录纪年后》,《文澜阁钦定四库全书》(集部)第1256册,杭州出版社,2015年,第433页上。
③ [宋]李心传《建炎以来系年要录》卷六七,中华书局,1956年,第1128页。
④ 汪圣铎点校《宋史全文》卷一七上《宋高宗三》,中华书局,2016年,第1143页。

舆一行,皇族、百司官吏、兵卫、家小甚众"①。从建炎元年到绍兴八年的12年中,高宗仅有建炎三年二月至四月、绍兴二年正月至绍兴四年十月、绍兴五年二月至绍兴六年九月以及绍兴八年二月至十二月,总计约5年半的时间停留于杭州,见表1.3。

由于宋高宗"居无定所",很多史料的记载多有混杂模糊之处。特别是这一时期《宋史》中诸多不记地点的灾异信息,后世多将其归为发生于"行在"杭州,恐有不妥,需要仔细甄别、谨慎使用。

表1.3 南宋初期高宗行止简表

时　间	记　　录	出　　处
建炎元年(1127)	五月庚寅朔,帝即位于应天府治。改元建炎。	《宋史》卷二四《高宗纪一》
	十月丁巳朔,帝如扬州。	《宋史纪事本末》卷六三
建炎二年(1128)	正月丙戌朔,帝在扬州。	《宋史纪事本末》卷六三
建炎三年(1129)	正月,帝在扬州。	《宋史纪事本末》卷六三
	二月壬戌,上至杭州。	《宋史全文》卷一七上《宋高宗三》
	四月丁卯,帝发杭州;五月戊寅朔,帝次常州;辛巳,帝次镇江;乙酉,帝至江宁府。	《宋史纪事本末》卷六三
	九月辛亥,帝次平江府;十月癸未,帝至临安,遂如越州。	《宋史纪事本末》卷六三
	十二月己丑,帝乘楼船次定海县。	《宋史》卷二五《高宗纪二》
	十二月庚子,帝移温、台。	《宋史纪事本末》卷六三
建炎四年(1130)	正月甲辰朔,帝舟居于海;三月,帝发温州;四月癸未,帝还越州,寻升越州为绍兴府。	《宋史纪事本末》卷六三

---

① [清]毕沅《续资治通鉴》卷一〇六,中华书局,1979年,第2805页。

(续 表)

时间	记录	出处
绍兴元年(1131)	正月己亥朔,帝在越州。	《宋史纪事本末》卷六三
绍兴二年(1132)	正月壬寅,上御舟发绍兴;丙午,上至临安。	《宋史全文》卷一八上《宋高宗五》
绍兴三年(1133)	正月丁巳朔,帝在临安。	《宋史纪事本末》卷六三
绍兴四年(1134)	正月辛亥朔,帝在临安。	《宋史纪事本末》卷六三
	十月,帝以刘豫入寇,诏亲征;戊戌,发临安;壬寅,次于平江。	《宋史纪事本末》卷六三
绍兴五年(1135)	正月乙巳朔,上在平江。	《宋史全文》卷一九中《宋高宗八》
	二月丁丑,上御舟发平江府;壬午,御舟至临安府。	《宋史全文》卷一九中《宋高宗八》
绍兴六年(1136)	正月己巳朔,帝在临安。	《宋史全文》卷一九下《宋高宗九》
	九月丙寅朔,上发临安府;癸酉,上次平江府。	《宋史全文》卷一九下《宋高宗九》
绍兴七年(1137)	正月癸亥朔,帝在平江,诏移跸建康。	《宋史纪事本末》卷六三
	三月癸巳朔,上次丹阳县;甲子,上次镇江府;乙巳晚,次下蜀镇。	《宋史全文》卷二〇上《宋高宗十》
绍兴八年(1138)	正月戊子朔,上在建康;二月戊寅,上至临安府。	《宋史全文》卷二〇中《宋高宗十一》
	二月戊寅,帝至临安,自此始定都矣。	《宋史纪事本末》卷六三

另一方面,高宗一朝的修史工作受当时政治形势的影响较大。绍兴十四年(1144)四月,权相秦桧以防止借修史诽谤朝政为由,奏请高宗禁止私人撰史。又命其子秦熺为秘书少监,主修国史,借机大量销毁和篡改对自己不利的日历、时政记、诏书和奏章等。正如史料记载,"自秦桧再相,取其罢相

以来一时诏旨,与夫斥逐其门人章疏,或奏对之语稍及于己者,悉皆更易焚弃。由是,日历、时政记亡失极多,不复可以稽考"①。

从时间脉络来看,秦桧于绍兴二年(1132)七月罢相位,绍兴八年(1138)三月复相位,直至绍兴二十五年(1155)十月病死为止,影响修史几达二十年。绍兴二十八年(1158)九月,起居郎洪遵上奏说:"自绍兴九年至今,起居注未修者殆十五年。乞令两制除见修按月进入外,余未毕者,每月带修两月。"对于此项建议,宋高宗"从之"②。

由此可见,自绍兴八年(1138)起,直至秦桧死后数年的绍兴二十八年(1158),南宋修史一直受到严重的政治干扰。加之南宋初年,宋金持续交战,修史受战争的影响也较大,除史料缺失外,其记载也往往详于政治军事,疏于灾异天象等方面。

总体而言,可以认为自建炎元年(1127)到绍兴二十八年(1158)的三十余年间,南宋的官方修史工作一直处于非正常化的状态中。

三、南宋时期灾异史料的总体情况

从表1.4可见,已收集到南宋时期(1127—1276)杭州灾异及其相关的史料2036条。其中,正史类有1805条,占比88.7%;地方志有135条,占比6.6%;其他类有96条,占比4.7%。南宋时期的150年里平均每年占有史料13.6条,其中正史12条、地方志0.9条、其他0.7条。

表1.4 南宋各时期灾异史料数量对比表

	各类史料 合计	各类史料 均值	正史 合计	正史 均值	地方志 合计	地方志 均值	其他 合计	其他 均值
高宗(在位36年)	552	15.3	489	13.6	35	1.0	28	0.7
孝宗(在位27年)	476	17.6	422	15.6	34	1.3	20	0.7
光宗(在位5年)	73	14.6	63	12.6	8	1.6	2	0.4

---

① 《宋史全文》卷二一中《宋高宗十四》,第1670页。
② 《宋史全文》卷二二下《宋高宗十七》,第1840页。

(续 表)

	各类史料 合计	各类史料 均值	正史 合计	正史 均值	地方志 合计	地方志 均值	其他 合计	其他 均值
宁宗(在位30年)	473	15.8	433	14.4	27	0.9	13	0.4
理宗(在位40年)	406	10.2	358	9.0	23	0.6	25	0.6
度宗(在位10年)	46	4.6	30	3.0	8	0.8	8	0.8
恭帝(在位2年)	10	5.0	10	5.0	/	/	/	/
南宋(1127—1276)	2036	13.6	1805	12.0	135	0.9	96	0.7

对比高宗到恭帝七位帝王在位时期的史料数量情况发现，高宗、孝宗、光宗和宁宗各自在位时期的各类史料和正史史料年平均值都超过南宋时期的多年平均值。理宗时期年平均占有史料大幅下降，只有宁宗时期的三分之二左右。度宗和恭帝时期年平均占有史料进一步减少，仅有宁宗时期的三分之一左右。这与此前论述南宋后期史料缺失，可以相互印证。

进一步考察高宗时期的史料年际分布情况发现，在建炎元年(1127)到绍兴八年(1138)的12年间，共有各类史料277条，年平均占有史料23.1条。从绍兴九年(1139)即秦桧复相位的次年，到绍兴二十七年(1157)即起居郎洪遵上奏请修起居注的前一年，这19年间共有各类史料184条，年平均占有史料仅有9.7条，与理宗时期的水平大体相当。从绍兴二十八年(1158)到绍兴三十二年(1162)的5年间，共有各类史料91条，年平均占有史料恢复到18.2条。可见，秦桧位居相位期间对南宋修史工作确有明显的不利影响。

四、南宋时期灾异史料的主要来源

显然，正史部分是南宋时期灾异史料的主要来源，其构成情况值得进一步探究。从表1.5可见，正史类的1805条灾异史料主要来自十部文献典籍。这十部文献典籍中，以《宋史》贡献最多，共计829条，占比45.9%。其中又有455条来自《宋史·五行志》，占比达到25.2%。不容忽视的是，《宋史全文》《宋会要辑稿》《续资治通鉴》《文献通考》和《建炎以来系年要录》五部文献典籍,合计贡献952条灾异史料,占比达到52.7%,超过了《宋史》。上述六部文献典籍合计贡献史料1781条,占正史类史料总量的98.7%,占全部史料总量的87.5%,是研究南宋时期杭州灾异情况的主要史料来源。

表1.5 南宋时期正史史料主要出处及数量表

序号	正史名称	史料数	占比数	备注说明
1	《宋史》	829条	45.9%	"五行志"455条,其余散见于帝王本纪、列传、天文志、河渠志等。
2	《宋史全文》	421条	23.3%	
3	《宋会要辑稿》	194条	10.7%	"食货志"91条、"瑞异志"64条,其余散见于"方域志""刑法志"等。
4	《续资治通鉴》	180条	10.0%	均出自"宋纪"。
5	《文献通考》	115条	6.4%	均出自"物异考"。
6	《建炎以来系年要录》	42条	2.3%	
7	《宋史纪事本末》	9条	0.5%	
8	《续编两朝纲目备要》	8条	0.4%	
9	《续文献通考》	6条	0.3%	
10	《三朝北盟会编》	1条	/	
	合　计	1805条		

自宋理宗登基到宋恭帝投降的52年间,南宋的修史工作每况愈下,甚至陷入停顿。这一时期的杭州灾异史料的来源及构成情况格外值得探究。从表1.6可见,南宋理宗、度宗和恭帝时期(1225—1276),共收集到各类杭州灾异史料462条,正史部分共计398条,占比86.1%。其中《宋史》贡献史料186条,占比达到40.3%。《宋史》中"理宗本纪"和"度宗本纪"合计贡献121条,其次是"五行志"53条,这与南宋中前期的情况有所不同。《宋史全文》和《续资治通鉴》合计贡献史料209条,占比达到45.2%,超过《宋史》的贡献率。此外,地方志类和其他类分别为31条和33条,占比分别为6.7%和7.1%,上述两类史料来源都较为分散。

表 1.6 南宋理宗、度宗、恭帝时期史料主要出处及数量表

序号	正史名称	史料数	占比数	备注说明
1	《宋史》	186 条	40.3%	其中,"理宗本纪"106 条、"度宗本纪"15 条、"五行志"53 条。
2	《宋史全文》	143 条	30.9%	
3	《续资治通鉴》	66 条	14.3%	均出自"宋纪"。
4	《续文献通考》	3 条	0.6%	均出自"物异考"。
5	地方志类	31 条	6.7%	《杭州府志》12 条、《淳祐临安志》6 条,其他散见于各地方志。
6	其他类	33 条	7.1%	《中国气象灾害大典》(浙江卷)8 条、《浙江灾异简志》6 条、《杭州市水利志》5 条,其他散见于宋元时期文集笔记等。
合计		462 条		

五、其他参考史料说明

1. 正史类

清代徐松所辑的《宋会要辑稿》,分门收录北宋至南宋宁宗朝大量的诏令、法令、奏议等典章制度史料,具有明显的档案汇编性质,是当时处理政务的依据。清代毕沅所编的《续资治通鉴》,是记载北宋至元顺帝四百余年的编年体史书。宋元之际佚名编撰的《宋史全文》,为编年体宋史,止于理宗朝,保存了南宋后期的部分史料。元代马端临编撰的《文献通考》,为典制通史,下迄南宋宁宗朝,对宋代典制记载尤为详细。南宋李心传编撰的《建炎以来系年要录》,为高宗朝编年体史书,保存了宋政权南迁以来的信史,元末编修《宋史》时未能访求到该书,故此,对南宋高宗朝的史料有较好的补充。元代佚名编撰的《宋季三朝政要》,为编年体宋史,记述理宗及以下南宋后期部分史料。

政书类史料包括南宋谢深甫等编集的《庆元条法事类》,为当时现行法

令汇编。明代黄淮、杨士奇所辑的《历代名臣奏议》,其中宋代奏议约占十分之七。此外,还有南宋徐梦莘编撰的《三朝北盟会编》、佚名《两朝纲目备要》等。

2. 地方志、文集笔记等

杭州地方志类史料主要包括《乾道临安志》《淳祐临安志》《咸淳临安志》和《严州府志》《嘉泰会稽志》等。杭州城市志或都市笔记类史料,主要包括吴自牧《梦粱录》、周密《武林旧事》以及周煇《清波杂志》等。

宋代文集笔记中也保存了大量史料,多记载史事、典制、见闻和佚事等,如陆游的《老学庵笔记》、周密的《齐东野语》和《癸辛杂识》等。沈括的《梦溪笔谈》还包括许多自然科学方面的记载。洪迈除《容斋随笔》外,还有记载神怪的《夷坚志》,其中含有反映当时灾异情况等的史料。朱熹、真德秀、吕祖谦、叶适等大儒,都有文集传世,保存着大量书信、奏议、制诏、碑传和诗文等。

宋代以来,另有数以百计的各种专门著作,保存了多个方面的史料。如农业和园艺类有陈旉《农书》,建筑类有李诫《营造法式》,数学类有秦九韶《数书九章》,医学类有《政和本草》、《和剂局方》、王惟一《铜人腧穴针灸图经》、陈自明《妇人大全良方》、钱乙《小儿药证直诀》、董汲《脚气治法总要》,法医类有宋慈《洗冤集录》。杂剧、小说(话本)等,也有专门著述。

3. 今人编辑的史料或研究成果

气象史类包括温克刚主编的《中国气象史》、李约瑟主编的《中国科学技术史》(天文气象卷)、刘昭民编著的《中华气象学史》、谢世俊《中国古代气象史稿》、中国农业科学院主编的《中国农业气象学》、葛全胜等《中国历朝气候变化》,以及王鹏飞著述的《王鹏飞气象文选》等。

灾害史类包括邓云特《中国救荒史》、陈桥驿所编的《浙江灾异简志》、邱云飞《中国灾害通史》(宋代卷)、章义和《中国蝗灾史》、中国科学院地震工作委员会历史组编辑的《中国地震资料年表》、于运全《海洋天灾:中国历史时期的海洋灾害与沿海社会经济》、段华明《城市灾害社会学》等。

临安史志类包括何忠礼主编的《南宋史及南宋都城临安研究》、方建新

《南宋临安大事记》、徐吉军《南宋临安社会生活》、姜青青《天开图画在皇城》、陈华胜《大宋王朝的生动面孔》、王水法主编的《八百年前云和月：南宋王朝》、谢和耐《蒙元入侵前夜的中国日常生活》等。

其他专题史类包括杭州市水利志编纂委员会编的《杭州市水利志》、管成学编著的《南宋科技史》、刘黎明《宋代民间巫术研究》、傅伯星《宋画中的南宋建筑》、阎平及孙果青等编著的《中华古地图集珍》、郭黛姮主编的《中国古代建筑史》第三卷《宋、辽、金、西夏建筑》、黄纯艳编著的《宋代海外贸易》、郭文佳《宋代社会保障研究》等。

诸多历史学家、各门学科学者的研究对本书的编写帮助颇多，尽管大部分作者在写作时并无特别的"灾害"视角，却是本书编著不可或缺的重要基石。成百上千的著述与论文不可能一一详加注脚或注明出处，在此一并感谢他们对本书研究的启发和助益。

第四节　灾异史料的可靠性分析

史料的来源不同，可靠程度也不相同。官方记载一般较为可靠，南宋政府曾设置有相对较为完善的雨水、灾害等奏报体系，对来自各渠道的报告有汇总审核制度，有时候皇帝还会亲自核对，并对不实之报给以严斥或追责。此外，杭州为当时的京城首府、国家中枢所在地，一旦出现灾害，易于察觉，且为当政者重视。

文集笔记等个人记录因作者无须考虑任何干扰因素，可完全凭自己的见闻或感觉书写，可靠性也相对较高。但私人记载容易受到信息来源的限制，也会出现以偏概全等问题。方志等因受多种因素干扰，灾情的隐匿或夸大，特别是明清以来的地方志相互传抄引证，以讹传讹的现象时有发生，可靠性有所降低。

由于语言本身具有模糊性，使得史料所载的灾异信息具有一定的误差，它体现在每一条灾异信息的时间、地点、事件、强度、后果等多个方面。例如,《宋史·五行志》等记录原文中多有未注明地点的灾异信息,有认为未注明地点的天气现象或自然灾害应为当时中央政府控制的大部分地区[①]。气候冷暖、干旱等现象具有较大的时空尺度,洪涝、沙尘等相对次之,但《宋史·五行志》中还存在大量的未标注地点的"雨雹""雷""火灾"等信息,这些灾害或天气现象的局地性极强,仍认为发生地点为"中央政府控制的大部分地区",明显过于宽泛。若默认为王朝所在地——都城或皇帝的驻跸之地,则更为合理。

第五节 灾异史料校订及应用的基本原则

灾异史料在流传到今天的过程中会产生许多错误或问题,同时史料涉及的行政区划、时间纪年、社会制度等都与今天有所不同,在使用的过程中也容易产生误解。因此,灾异史料在使用之前和应用过程中需要遵循一定的原则进行处理和校订。

一是原始资料优先原则。一般遵循事件当事人优先,尽量使资料作者与事件时间相近。如马端临的《文献通考》著有《物异考》,记载南宋宁宗朝及以前历代灾异信息,此书成于元大德十一年(1307),而《宋史》成书于至正五年(1345),因此,一般来说《文献通考·物异考》比《宋史·五行志》更加原始。二是典籍校勘优先原则。经过点校、重排出版的史籍包含后人对原始记载的研究成果,史料价值相对更高。三是价值优先原则。决定文献典籍价值的主要因素是写作者的能力水平,它包括作者拥有一定的社会地位,能接触到更加重要或罕见的书籍史料,能收集到更加丰富的原始资料,以及能辨识、审定并融会贯通各种原始记载的能力。四是相互参照原则。灾异记载中的错误,除部分运用专业知识能发现外,一般不容易直接看出问

---

① 张丕远主编《中国历史气候变化》第十三章《过去10000年来中国气温变化的基本特征》,山东科学技术出版社,1996年,第439页。

题。如果能及时应用两种或数种史料互相参照比较,则更为容易发现史料记载的问题所在。

　　此外,就信息的可靠性而言,大约可以确定为近时性、近地性、权威性和统计可靠性四个原则。关于事件的最近记录,特别是当事人记录最可靠。记录附近事物的记录可靠性相对更高,所以当对某一事件具有不同来源的记载时,应选取最基层官员的报告。权威性是指政府记录或名人记录,通常认为他们占有更丰富或更原始的资料。统计可靠性是指对某类天气现象和灾害类别进行特征分析时,依赖更多的事件样本或记录来源,尤其是对某类现象进行大样本的统计分析,可以获得相对可靠的认识或判定。

第二章 水　　灾

第一节　概　　况

以洪水和积涝为主要特征的水灾,一直是威胁中华民族生存与发展的主要自然灾害之一,对南宋王朝和都城临安也同样如此。洪涝灾害每年皆有发生机率,以气候和水利条件为时空背景,以暴雨和连阴雨为直接致灾因素。特别是在山地和江河沿线地带多有洪水发生,江河湖泊水位暴涨暴落,其破坏力可由成语"洪水猛兽"来形容;涝灾出现在排涝不畅的平原及相对低洼地区,以平原城市为重灾区,水位持续上涨,积水为患。而一次大的暴雨过程往往洪灾、涝灾并发,呈现出混合叠加、综合为患的特征。

据史料记载,南宋时期杭州共有93年出现"霖雨""久雨""积雨""大雨""阴雨""淫雨""大风雨""大水"等水灾记录,粗略统计共计140次,个别年份多次出现。其中,关于"久雨"或"霖雨"等长时间阴雨,宋人格外关注,相关记载有七十余次。

总体而言,上述记述相对简略,也不排除较小或次要的水灾并未记录在史料之中。从发生年频次上看,南宋时期杭州水灾平均每1.6年一遇;从发生次数上看,平均每1.07年一遇。以十年为一个阶段,分别统计1127—1136年、1137—1146年直至1267—1276年,共计15个时段的水灾发生次数,其数据如下图。可见,在中间阶段即第4到第11个十年,水灾分布频次较高。

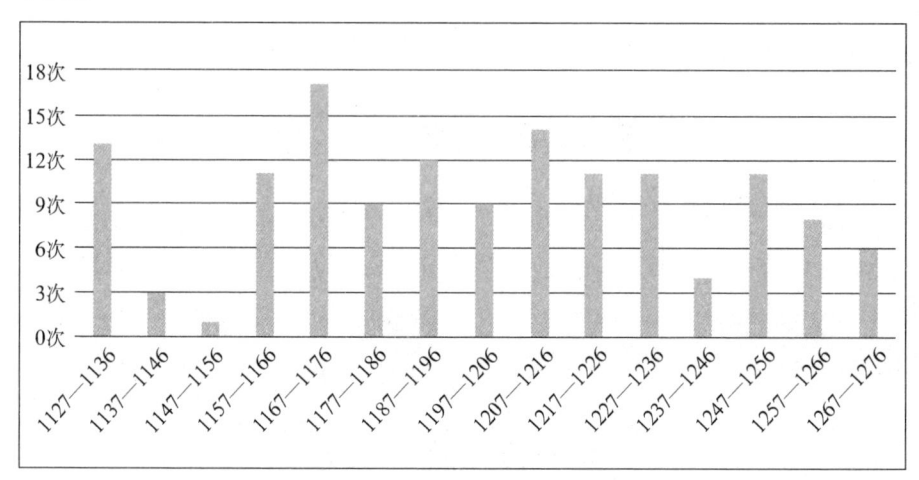

图 2.1　南宋时期杭州水灾次数年代际变化图

从水灾发生月份的数据来看,农历八月水灾发生频率最高,共计22次,这也是台风影响的高发期;其次是五月,水灾发生次数为18次,六月水灾发生次数为16次,农历五、六月间恰是杭州的梅汛期;宋人也格外关注春季和秋季的连阴雨等天气,农历九月、四月、三月和正月,分别出现了16次、12次、11次和11次水灾。需要说明的是,由于连阴雨多出现跨月的情形,部分水灾发生月份取首次发生月份;由于史料记载相对模糊,部分水灾未明确记载发生月份。

表 2.1　南宋时期杭州水灾逐月发生次数统计表

月份	正月	二月	三月	四月	五月	六月	七月	八月	九月	十月	十一月	十二月
次数	11	6	11	12	18	16	12	22	16	7	1	1

水灾往往会导致次生灾害发生。水灾对南宋杭州的农业生产影响很大,经常会导致"伤蚕麦""害稼""损稼""蚕麦不登""雨腐禾麦""久雨败首种""害田稼""伤田稼""首种皆腐""圮田庐""亡麦禾"等;还会导致"漂没田庐""浸民庐""坏军垒"等,对当时的军民住房等造成较大的

破坏。

水灾也导致了不同程度的人员伤亡。史料记载有"溺死者甚众""人多溺死""死者无算""民溺死者众"等较大规模人员伤亡的记录。如果遇到特大洪水,人员伤亡尤为惨重。

第二节　典型案例

一、可怕的山洪

南宋时期杭州因极端降雨导致严重山洪灾害的记录共有 4 次。

第一次发生在宋高宗绍兴三十年(1160)。《宋史》记载,"五月辛卯夜,於潜、临安、安吉三县山水暴出,坏民庐、田桑,溺死者甚众"[1]。同年"五月,久雨,伤蚕麦,害稼"[2]。可见之前的持续性降雨不断累积,最终导致於潜等三县山洪暴发,造成了惨重的人员伤亡和财产损失。

第二次发生在宋孝宗乾道三年(1167)。"七月己酉,临安府天目山涌暴水,决临安县五乡民庐二百八十余家,人多溺死。"[3]闰七月,临安知府周淙向宋孝宗奏报灾情损失数据:"周向等二十四家冲损屋宇,溺死人口……于兴等一百四十一家冲损屋宇,什物不存……盛庆全等七十家冲损一半屋宇、什物……锺友瑞等四十五家各系上户,内有锺友瑞第四等户被水至重。"[4]可见人员伤亡和财产损失颇为严重。

第三次发生在宋宁宗嘉定六年(1213),这可能是一次山洪与地震叠加的复合灾害。"六月丁丑,淳安县山涌暴水,陷清泉寺,漂五乡田庐百八十里,溺死者无算,巨木皆拔。"[5]同年"五月,阴雨经日。辛酉,严州霖雨"[6]。

---

[1]　《宋史》卷六一《五行志一上》,第 899 页。
[2]　《宋史》卷六五《五行志三》,第 962 页。
[3]　《宋史》卷六一《五行志一上》,第 900 页。
[4]　《宋会要辑稿》食货六三之二七,第 6000 页上。
[5]　《宋史》卷六一《五行志一上》,第 904 页。
[6]　《宋史》卷六五《五行志三》,第 964 页。

图 2.2　宋代马兴祖《浪图》,现藏日本东京国立博物馆

淳安县当时属严州统辖,可见又是前期持续降雨引发惨烈的山洪灾害。祸不单行,山洪暴发的前一天,"六月丙子,淳安县地震"①。地震当日,即"六月丙子,严州淳安县长乐乡山摧水涌"②。这次的"山摧"可能是久雨和地震共同作用的结果。先是长乐乡"水涌",次即"六月丁丑","山涌暴水,陷清泉寺,漂五乡田庐",酿成大灾。根据上述史料推测,这可能是由于山体垮塌形成"堰塞湖",而后洪水突然溃围下泄,造成下游五个乡一百八十里的田地、民居等被洪水冲袭。

第四次也极为惨烈,发生在宋度宗咸淳十年(1274),此时已是南宋王朝覆灭的前夜。《宋史》记载,"(八月)癸丑,大霖雨,天目山崩,水涌流,安吉、临安、余杭民溺死者无算"③。超强的降雨造成了严重的山洪和地质灾害,苕溪沿岸的三县民众被洪水冲溺,死者众多,以至于难以统计出一个准确的数据。

---

① 《宋史》卷六七《五行志五》,第 1005 页。
② 《宋史》卷六七《五行志五》,第 1007 页。
③ 《宋史》卷四七《瀛国公纪》,第 619 页。

二、洪水溢西湖

宋宁宗嘉定三年(1210)的大洪水非常典型,水灾损失也十分惨重。《宋史》中有一个全景式的描述过程:"三月,阴雨六十余日。五月,淫雨,至于六月,首种多败,蚕麦不登。"①从当年三月起,连续阴雨天气就接连上演,长达两月有余。其间,雨水可能略有间歇,但到了五月阴雨再次登场,直至六月。

长时间的降雨对农业生产的破坏是毁灭性的。春耕首种或是不出苗,或是田禾萎败。洪水长期淹没农田后,田土中所含的碱性化合物大部分会被分解,时间越久破坏性越大,洪水退后,田地表面会残留一层白色物质。故而,史书有"雨泽愆期,地多荒白"②的记载。

洪水所造成的灾情远不止这些。"五月,严、衢、婺、徽州、富阳、余杭、盐官、新城、诸暨、淳安大雨水,溺死者众,圮田庐、市郭,首种皆腐。行都大水,浸庐舍五千三百,禁旅垒舍之在城外者半没,西湖溢。"③农历五月恰逢江南梅雨季,严州和富阳、余杭、淳安等州县都出现了持续性强降雨,必然会引发江河洪水,造成大量的人员伤亡、财产损失。

在行都临安,情况同样不容乐观。大水淹没或浸泡了城内外五千三百家民居,城外禁军的驻地营房更有半数屋舍被淹。西湖汇聚了周边水系径流,特别是凤凰山、玉皇山、南高峰和北高峰等处有大量客水到来、泻入湖中,湖水就会破堤溢洪,进一步加剧临安城的水患。

从时间上看,农历三月开始的六十余日阴雨应该是春汛,五月到六月的"淫雨"应该属于夏季梅汛期连续性强降雨,春汛接连夏汛共同导致了这场"西湖溢"的特大洪水。

三、超长连阴雨

宋宁宗庆元元年(1195),绵绵不绝的雨水是全年天气的主角。据史书

---

① 《宋史》卷六五《五行志三》,第964页。
② 《宋史》卷一七三《食货志上一》,第2798页。
③ 《宋史》卷六一《五行志一上》,第903—904页。

记载,先是"正月,霖雨"①。雨下个不停,连宁宗皇帝也坐不住了,于是在正月甲辰日,"帝蔬食露祷"②,皇帝斋戒、冒雨祈晴。也许是巧合,到第三天丙午日,雨居然停了。本以为可以松口气,结果"二月,又雨,至于三月,伤麦。五月,霖雨。七月,雨,至于八月"③。除了四月和六月,庆元元年的前八个月,几乎下了六个月的雨。

从二月到八月,再也看不到皇帝祈晴的记录。从情理上讲,正月里皇帝祈晴"成功",没道理后面不会继续。估计是雨一直下,祈晴屡屡失败,史官本着"为尊者讳"的原则,不再提及。

四、城墙倒塌

南宋时期,因降雨导致行都城墙倒塌的记录共有3次。

宋高宗绍兴元年(1131),"行都雨,坏城三百八十丈"④。降雨是城墙倒塌的直接诱因,但深层原因可能是杭州旧城年久失修,且有居民拆城建屋之事。此前,北宋宣和二年(1120)十月,方腊在睦州青溪县⑤举事,到十二月二十九日,攻入杭州城。入城后纵火六日,次年正月二十八日再次火烧官舍、学宫、府库等,吴越国始建的六和塔即于其时被方腊徒众焚毁,给杭州造成了巨大破坏。随后,靖康之难发生,杭州陷入持续动荡。该段城墙倒塌后的次年正月,为了巩固城防,当时的临安知府宋辉重新修缮加固了这段城墙⑥。

到了宋孝宗隆兴元年(1163)三月,"霖雨,行都坏城三百三十余丈"⑦。与明清时期包砖城墙不同,南宋时期临安的城墙、外墙大多数是夯土泥墙。

---

① 《宋史》卷六五《五行志三》,第963页。
② 《宋史》卷六五《五行志三》,第963页。
③ 《宋史》卷六五《五行志三》,第963页。
④ 《宋史》卷六五《五行志三》,第962页。
⑤ 今杭州淳安。
⑥ "绍兴二年正月二十七日,知临安府宋辉言:车驾驻跸本府,城壁理宜严固,昨缘雨雪推倒过州城三百七十九丈……欲乞候修内司打并了当,退下湖、秀等州役兵尽数拨差,并工修筑。从之。"参见《宋会要辑稿》方域二之二四,第7343页上。
⑦ 《宋史》卷六五《五行志三》,第962页。

"用砖石包砌城墙,始于南北朝,但直至元代,只有宫城包砖,其他仍用夯土墙。凡都城与重要州县包砌砖墙,是明代才定的制度。"[1]

夯土城墙最怕雨淋浸泡或墩顶积水,因此,墙体都夯筑成上窄下宽的形制,并以砖瓦或茅草盖顶,以延长使用寿命。尽管如此,霖雨浸泡后的夯土城墙依然容易倒塌。该年十二月,临安府陈辉进奏皇帝曾说:"本府车驾驻跸之地,其周回禁城因春雨连绵,旧城多圮。自德寿宫东及钱湖门北至景灵宫寺等,计三百三十五丈。自今年三月二十一日兴役,至十月二十七日毕。"[2]可见,倒塌的城墙大致分布在德寿宫以东以及钱湖门北至景灵宫两处,经过近八个月的兴役,修筑已经基本恢复。

第三次在宋宁宗庆元五年(1199)五月,"行都雨坏城,夜压附城民庐,多死者"[3]。从南宋初年到宁宗庆元五年,杭州城经过七十余年的发展,人口剧增,城市建设用地极为紧张。很多临安市民的民居多依附城墙而建,这样既可以利用城墙附近的空地,也能借助城墙节省建房成本。然而,为民居所借的城墙必然年久失修且修缮不便。五月的这场大雨导致城墙倒塌,压垮附城的民庐,加之发生在夜里,因此出现了较大的人员伤亡。

第三节 水灾成因分析

宋人已经意识到,天然的地理形势与地貌条件对水灾的形成具有重要影响。杭州西北为天目山脉,溪山诸水皆汇聚于苕溪北流,并归于太湖流域。由于"太湖地低,杭、秀、苏、湖四州民田多为水浸"[4]。加之大面积的围田垦荒、大规模砍伐森林等人为因素往往会加重水患的严重程度,增加水灾的发生频次。

---

[1] 傅伯星《宋画中的南宋建筑》,西泠印社出版社,2011年,第20页。
[2] 《宋会要辑稿》方域二之二五,第7343页下。
[3] 《宋史》卷六五《五行志三》,第964页。
[4] 《宋史全文》卷二二下《宋高宗十七》,第1839页。

一、大面积围田

宋室南渡,中原豪族大举迁入,杭州乃至两浙地区人口迅速增加。由于耕地不足,为扩大土地占有量,豪强大族和迁入百姓纷纷开始围湖造田。围田,也称"治湖造田",是将湖泊或江河加以围拦而耕垦的土地。此法在两浙东、西路尤为盛行。

绍兴二十三年(1253)七月,右谏议大夫史才进奏说:"浙西诸郡水陆平夷,民田最广,平时无甚水甚旱之忧者,太湖之利也。数年以来,濒湖之地,多为军下兵卒侵据为田……盖队伍既易于施工,土益增高,长堤弥望,曰坝田。"①除了军兵,豪门大姓也多占据平时潴水之处或濒湖陂塘,垦殖为田。乾道二年(1166)四月,吏部侍郎陈之茂进言:"豪右有力之家,以平时潴水之处,坚筑塍岸,广包田亩,弥望绵亘,不可数计。"②

两宋时期,绍兴府萧山县的湘湖水域宽广、蓄水量较大,曾经灌溉周边九乡的民田,尤其是夏秋之交的伏旱期,可以引湖水灌溉农田,确保禾稼滋茂。到了宋孝宗年间,湘湖也被填筑为田,"近闻百姓将湘湖填筑以为田"③。白马湖也曾灌溉周边田地百余顷,在绍兴年间有豪民大族想要废湖为田,献入宁寿观为供奉田,后经两浙路的漕臣查验,及时叫停。然而,白马湖后来仍旧围裹垦田④。

淳熙十一年(1184),宋廷下诏,对非法围田进行全面清理,每一处合法的围田则标明界址、立石为凭,共有1489处。由此可见,南宋前期围田之盛、范围之广。

围田挤占的是河道、湖泊、湿地的水域空间,会降低行洪、蓄洪能力,一

---

① 《宋会要辑稿》食货七之四九,第4930页上。
② 《宋会要辑稿》食货六一之一一七,第5932页上。
③ 《宋会要辑稿》食货八之一一,第4940页上。
④ "绍兴中,民沈琮以湖田三千亩,献入宁寿观。有旨,两浙漕臣验视,不可。田议遂寝。"参见[宋]施宿等纂,[宋]沈作宾修《嘉泰会稽志》卷一〇《白马湖》,《宋元方志丛刊》第七册,中华书局,1990年,第6889页上。"(淳熙)十一年正月十一日,诏浙东提举司将开掘过白马湖为田去处,并置立版榜,每季检举晓谕人户,日后不得再有侵占。"参见《宋会要辑稿》食货六一之一二八,第5937页下。

旦洪水来袭,自有溃堤漫坝之忧;到了旱季,又缺乏水源及时灌溉受旱农田。对此,宋人已有清醒的认识。"陂塘淹渎悉为田畴,有水则无地之可潴,有旱则无水之可庮,易水易旱,岁岁益甚。"①正如宋孝宗所言:"闻浙西自围田,即有水患。"②每年大雨时行之际,由于湖河被围田侵占,蓄水量、水流量均减少,蓄泄机能减弱,甚至破坏整个水系的运行机制,遂至泛滥成灾,屡屡成为民患,有年年加重的趋势。

隆兴二年(1164)八月,宋廷有诏云:"江、浙水利,久不讲修,势家围田,堙塞流水。"③这是对高宗时期水利围田的概括。随后,宋孝宗向所谓的"势家"开刀,查处了前两浙西路都统制张子盖。张氏在临安府西北盐官县的长安堰附近大肆围田,"新旧围田九十余亩,占借两县,堙塞水势,久为民患"④。

宋孝宗当政时,曾多次下令严禁围田。例如,隆兴二年(1164)八月,孝宗因久雨,"命江东、浙西守臣措置开决围田"⑤;乾道二年(1166),"除浙西围田,以其壅水害民田故也"⑥;淳熙三年(1176)七月,"禁浙西围田"⑦;淳熙八年(1181)旱灾后,"禁浙西民因旱置围田者"⑧。

宋廷虽然屡屡诏禁,然而豪强权要屡屡相抗或阳奉阴违,竟置诏令于不顾,以至于昔日的江湖草荡皆成田地。淳熙十年(1183),宋孝宗下达严厉的诏旨:"自今,责之知县,不得给据;责之县尉,常切巡捕;责之监司,常切觉察。令下之后,尚复围裹者,论如法。"⑨淳熙十一年(1184)正月,又下诏:"浙东提举司将开过白马湖田,并立板榜,每季检举,自后不得侵占,监司仍加觉察。"该年八月,南宋政府将"立板榜、禁围裹"的做法推而广

---

① 《宋会要辑稿》食货六一之一三八,第 5942 页下。
② 《宋会要辑稿》食货六一之一一七,第 5932 页上。
③ 《宋史》卷一七三《食货志上一》,第 2802 页。
④ 《宋会要辑稿》食货八之八,第 4938 页下。
⑤ 《宋史》卷三三《孝宗纪一》,第 421 页。
⑥ 《宋史全文》卷二四下《宋孝宗二》,第 2033 页。
⑦ 《续资治通鉴》卷一四五,第 3869 页。
⑧ 《宋史》卷三五《孝宗纪三》,第 452 页。
⑨ 《续资治通鉴》卷一四八,第 3966 页。

之,"浙西诸州府,各将管下围田明立标记,仍谕官民不得于标记外再有围裹"①。

总体而言,南宋孝宗一朝的禁围和废田还湖措施取得相当成效,宁宗朝也基本延续了这一政策。绍熙二年(1191),宋廷规定新任的地方官员到任半年后,要报明当地水源湮塞之处,任满时需要将任期内的水利兴修情况绘图上报。嘉泰三年(1203),又设置专门的官员措置围田,知县加"点检围田事"衔,每年检察围田状况,逐级上报。在庆元三年(1197)、嘉定三年(1210)和嘉定八年(1215),也多次颁旨"申严围田增广之禁"②。

连续下达禁止围田的诏书,往往意味着围田屡禁不止的事实。肆无忌惮地围湖造田,致使许多河湖滩涂被侵占殆尽,其中,杭州之西湖、萧山之湘湖、江浙之间的太湖等均上演与水争地的恶性发展,这无形之中加重了水患灾害。

架田是另一种与水争地的垦田耕作之法,是由天然葑田发展而来的。葑田是因泥沙淤积茭草根部,日久浮泛水面形成的自然土地。北宋诗人林逋在《孤山寺端上人房写望》诗中,有描写西湖葑田的诗句:"阴沉画轴林间寺,零落棋枰葑上田。"③一块块葑田像棋盘上的方格子,在西湖的水面上飘荡。

人口的空前增加,耕地的日益不足,使得宋人想尽办法增加农田。受葑田启发,南宋人在水上架设木筏,铺泥而成架田。陈旉《农书》详细记载了架田的建设方法:"若深水薮泽,则有葑田。以木缚为田丘,浮系水面,以葑泥附木架上,而种艺之。其木架田丘,随水高下浮泛,自不淹溺。"④

这种架田"动辄数十丈,厚亦数尺,遂可施种植耕凿,人据其上,如木筏

---

① 《续资治通鉴》卷一四九,第3980、3991页。
② 参见"(庆元)三年三月庚子,禁浙西州军围田",《宋史》卷三七《宁宗纪一》,第483页;"秋七月辛卯,申严围田增广之禁",《续资治通鉴》卷一五九,第4296页;"九月乙亥,申严两浙围田之禁",《续资治通鉴》卷一六〇,第4350页。
③ [宋]林逋《林和靖诗集》卷二《孤山寺端上人房写望》,浙江古籍出版社,1986年,第74页。
④ [元]陈旉《农书》卷上《地势之宜篇第二》,《影印文渊阁四库全书》(子部)第730册,台湾商务印书馆,1984年,第174页上。

然,可撑以往来"①。南宋诗人范成大有诗云:"不看茭青难护岸,小舟撑取菂田归。"②正是其写照。由于在水上耕种者越来越多,地方政府甚至要对架田收税,如范成大诗有云:"无力买田聊种水,近来湖面亦收租。"③可见,架田在当时的江浙等地广泛出现。由于架田均架设在湖、河水面上,雨季来临时,势必会严重影响河道行洪安全,引发水患灾害。

二、植被破坏与水土流失

森林植被的枝干、叶片和根茎乃至地面腐殖质层都可以有效吸收降雨,保护地表不受雨水直接冲刷,有效削减地表径流流量,延滞河道洪峰的到来。反之,破坏地表植被会加速水土流失,增加河道泥沙沉积量,淤高河床,容易造成洪水泛滥。

除了气候变干或水源枯竭等自然因素,植被破坏多源于人为采伐。人们或是将地表天然植被砍伐烧毁,改为农田、用于垦殖,或是为了大量获取薪炭和木材,从而过度采伐。

南宋时,随着政治中心和经济重心的南移,江南地区人口数量急剧膨胀,平原土地开垦殆尽,人地矛盾突出,如围田一般,与山争地趋势也很明显。私人取得山地要比照一般耕地,在地方政府登记领取产权证明。南宋的"鱼鳞图册"就依据田、地、山、塘四种土地性质,绘制图形,书明面积和"四至"。大量的山地被改造成梯田或畲田,以垦荒种植④。

在都城临安,随着人口猛增,且不说建城、盖房、修桥、作具等所需木材,仅居民每日所用的柴薪就数量惊人。南宋临安有"南门柴"之谚,是因为严州等处的薪柴都从富春江顺流而下,从南门入城。这对周边地区森林资源造成了极大压力。庄绰《鸡肋编》中说,宋室南迁后,"今驻跸吴越,山林之

---

① [宋]胡仔《苕溪渔隐丛话》前集卷二七,引蔡宽夫《诗话》,《文澜阁钦定四库全书》(集部)第1530册,杭州出版社,2015年,第226页下。
② [宋]范成大《石湖诗集》卷二七《右春日田园杂兴十二首·其七》,《影印文渊阁四库全书》(集部)第1159册,台湾商务印书馆,1984年,第797页上。
③ 《石湖诗集》卷二七《右晚春田园杂兴十二首·其十一》,第798页上。
④ 赵冈《中国历史上生态环境之变迁》,中国环境科学出版社,1996年,第24—25页。

广,不足以供樵苏。虽佳花美竹,坟墓之松楸,岁月之间,尽成赤地"①。森林采伐之严重,由此可见一斑。

除了大量薪材和建材,各类手工业作坊如造船、造纸、制瓷、烧砖、采矿、冶金、酿酒和棺椁等,所需木材的消耗量也很大。两浙地区造酒时,为使酒清澈,需用一种石灰。"两浙造酒皆用石灰,云无之则不清。……以朴木先烧石灰令赤,并木灰皆冷投醅中。私务用尤多,或用桑柴云。"②石灰要先用木材将其烧红,再和以木灰,所以对树木的需要量很大,当时的桑树、朴树等都被当作柴火使用。临安城内外安抚司和点检所管理着数量众多的酿酒库,自然需要消耗大量的木材。

对于森林砍伐与水土流失的因果关系,南宋人魏岘有着清醒的认识。他说:"万山深秀,昔时巨木高森,沿溪平地竹木,亦茂密,虽遇暴水湍激,沙土为木根盘固,流下不多,所淤亦少。"③后来,由于木材价高和山地耕作等原因,人们竞相砍伐,结果"靡山不童"。一旦下起大雨,"既无林木少抑奔湍之势,又无包缆以固沙土之积,致使浮沙随流奔下,淤塞溪流,至高四五丈,绵亘二三里"。

因此,他提出"植榉柳之属,令其根盘错据,岁久沙积,林木茂盛,其堤愈固,必成高岸,可以永久"。可见,宋人已经意识到森林植被对保持水土具有重要的作用,水土流失特别是泥沙淤积对河湖水利十分不利。正是由于经济利益驱动对森林植被的大肆砍伐才会造成严重的水土流失,只有育林固土才是长久之计。

应该看到,由于江南地区雨热同季,气候条件优越,天然植被的自我更生与恢复机能好,生态系统不似北方那样脆弱,故而其恶化过程相对缓慢。围水造田、山地耕作等垦荒对水利灌溉颇有危害,其租课收入远低于水利之

---

① [宋]庄绰《鸡肋编》卷中,《宋元笔记小说大观》第四册,上海古籍出版社,2001年,第4034页。
② 《鸡肋编》卷上,《宋元笔记小说大观》第四册,第3988页。
③ [宋]魏岘《四明它山水利备览》卷上《淘沙》,《文澜阁钦定四库全书》(史部)第585册,杭州出版社,2015年,第26页下。

害导致的减产绝收,还会影响秋苗等税赋征收以及水旱灾害引出的检放赈济,对南宋政府的财政而言,可谓得不偿失。

三、对水利工作重视不足

宋代尚书省工部下设水部司,是工部四司之一。北宋元丰官制改革后,水部司执掌河流、水渠、堤防、渡桥、舟船漕运、水碾等事①。曾巩曾说:"川渎堤防,宣其利而备其害。"②这句话高度概括了水部司兴利避害的主要职责。

南宋亦设有水部司,但其长官多由别署长官兼任。建炎三年(1129),"屯田郎官兼水部";隆兴元年(1163),工部、屯田、虞部、水部"共一员兼领,自是四司合为一"③。由此,不难想象当时对水利工作的重视程度。陆游曾说:"自元丰官制,尚书省复二十四曹,繁简绝异。在京师时,有语曰:'吏勋封考,笔头不倒。……工屯虞水,白日见鬼。'"④陆游在临安的亲身经历也可看出官员们对水部司少有关注以致门庭冷落。

第四节 救灾举措与防御措施

对于水汛变化的规律,宋人有较为清楚的认识。《宋史·河渠志》记载:"水信有常,率以为准。非时暴涨,谓之客水。"⑤水汛的规律来自季节变化和季风气候,故而"水信有常",非时变化则可能源于客水的影响,这是较为宏观或粗略的认知。事实上,由于夏季风到来的早晚、强弱、进退等

---

① [宋]孙逢吉《职官分纪》卷一一《水部郎中》,《文澜阁钦定四库全书》(子部)第943册,杭州出版社,2015年,第287页下。
② 《元丰类稿》卷二四《水部制》,第574页下。
③ 《宋史》卷一六三《职官志三》,第2588页。
④ [宋]陆游《老学庵笔记》卷六,《宋元笔记小说大观》第四册,上海古籍出版社,2001年,第3510页。
⑤ 《宋史》卷九一《河渠志一》,第1523页。

差异,都会对降水产生明显的影响,其变化规律异常复杂,因此古人特别强调雨泽奏报。

一、雨水奏报制度

自秦汉以来,奏报雨泽已形成惯例。州县一级的官员必须定期向朝廷上报当地的降水实况和农业生产等情况。宋人对雨水的关注不下于历史上任何一个朝代。宋廷要求各级官员实测州县当年各月等时段的降雨量,洞悉主要农作物的需水量,然后因地制宜选择农作物种植,使季候不致失时,旱潦不致为灾。

有文献记载,北宋初咸平元年(998),编撰《册府元龟》的杨亿出知处州(今浙江丽水),第二年杨亿便向朝廷提交了一份《奏雨状》,报告处州的降水及农业生产情况①。杨亿的上奏尚属个别行为,但宋真宗咸平四年(1001)的诏令则带有普遍性的政令性质:"诸州降雨雪,并须本县具时辰、尺寸上州,州司覆验无虚妄,即备录申奏,令诸官吏迭相纠察以闻。"②各州凡是发生降雨或降雪,要以县为单位测量雨雪发生的时间和数量,上报州府后有司需要检验虚实,再向上级报告。对于此项工作,有关官员要相互监督,确保无误。

随后,宋廷又对上报时限做出规定。宝元元年(1038),宋政府确定了上报雨雪时限的要求,"诏诸州旬上雨雪,著为令"③。熙宁元年(1068)二月辛亥,"令诸路每季上雨雪"④。熙宁三年(1070)六月壬戌,"诏司农寺检察诸路所申雨泽,如有水旱特甚州军,以闻"⑤。这道诏令进一步明确,执掌国家仓储、漕运等事务的司农寺负责检察各路上报的降雨信息,如有重要水旱情况则需及时上奏皇帝。

---

① [宋]杨亿《武夷新集》卷一五《奏雨状》,《文澜阁钦定四库全书》(集部)第1116册,杭州出版社,2015年,第237页上、下。
② 《宋会要辑稿》职官二之四五,第2394页上。
③ 《宋史》卷一七三《食货志上一》,第2789页。
④ 《宋史》卷一四《神宗纪一》,第178页。
⑤ [宋]李焘《续资治通鉴长编》卷二一二《神宗·熙宁三年》,中华书局,1995年,第5143页。

第二章 水 灾

宋高宗绍兴三年(1133)七月己未,"诏太史局每月具天文、风云、气候、日月交食等事,实封报秘书省"①。这是目前所见南宋最早要求奏报天气的诏令。宋孝宗淳熙八年(1181)七月,"定上雨水限。诸县五日一申州,州十日一申,帅臣、监司类聚,候有指挥即便闻奏"②。这道诏令明确了由县到州、由州到路三级地方行政机构定期、逐级奏报雨水的基本制度。

但是,出于种种考虑,宋代虚报雨泽之事时有发生。例如,司马光在所上的《应诏言朝政阙失状》中就提及,"诸州县奏雨,往往止欲解陛下之焦劳,一寸则云三寸,三寸则云一尺,多不以其实"。在古人看来,雨量不完全是由自然决定的,还关系到人事。当出现灾害天气时,当地官员或许会因此降级去职,在某种程度上降雨有无、雨量大小都可能决定着官员的仕途前程。同时,由于雨量的观测和上报是由地方官员具体负责的,而非专门机构来执行,这也为弄虚作假提供了方便。

乾道四年(1168)六月甲午,宋孝宗曾说:"昨日汪涓对云:去秋江西水,数州之民,至有无藁秸喂牛者,朕都不知。"蒋芾奏曰:"州县所以不敢申,恐朝廷或不乐闻。今陛下询访民间疾苦,焦劳形于玉色,谁敢隐?"上曰:"朕正欲闻之,庶几朝廷处置赈济。"寻诏诸路漕司以水旱之实闻,州县隐蔽者,并置于法③。从宋孝宗与大臣汪涓、蒋芾的奏对来看,南宋地方官员虚报雨泽或灾情瞒报之事仍然时有发生,故此,宋廷再次下诏诸路漕司要如实上奏,若有隐蔽者,要绳之以法。

淳熙十二年(1185)八月戊寅,"安吉县暴水发枣园村,漂庐舍、寺观,坏田稼殆尽,溺死千余人。郡守刘藻不以闻,坐黜"④。八月的水灾导致了严重的后果,湖州郡守刘藻意图瞒报,被宋廷罢免。这条史料证明,就水旱之灾,南宋政府对地方官施以奖惩措施,也侧证了雨泽或灾情奏报制度在发挥

---

① 《宋史全文》卷一八下《宋高宗六》,第1322页。
② 《宋史全文》卷二七上《宋孝宗七》,第2263页。
③ 《宋史全文》卷二五上《宋孝宗三》,第2061—2062页。
④ 《宋史》卷六一《五行志一上》,第901页。

作用。这与淳熙八年的"定上雨水限"和乾道四年的"州县隐蔽者,并置于法"的条令,可以相互印证。

为尽量杜绝此类虚报瞒报之事,南宋嘉泰二年(1202)的《庆元条法事类》做出了具体且详细的规定:"诸州、县条具雨旸及黍禾稻分数(自四月一日至九月终),县五日一申州,州十日一申安抚转运司,逐司类聚。四川、二广每月,余路每半月开具闻奏。"①从主要内容来看,"庆元诏令"基本沿袭"淳熙诏令",将此条款写入"田令"中,是为了约束地方官的奏报行为。

"庆元诏令"进一步明确了上奏雨泽的具体时段为每年四月至九月,这也是农业生产的关键期。各县每五日一次上报州府,州府每十日一次上报各路,除了四川、二广,各路每半月一次上报都城临安有司。"路"是宋代等级最高的地方机构,大致相当于今天的省,四川和广南东路、广南西路距离临安遥远,故此,上报频次为每月一次。此外,"庆元诏令"还要求地方官在上报雨泽的同时,奏报当地的农作物生长情况和产量,这又可以与当地的气候旱涝互相印证。《庆元条法事类》还规定:"诸州雨雪过常或愆亢,提举常平司体量,次月申尚书户部。"②这是对降雨(雪)异常或出现极端气候时的补充规定或再次强调。

雨水多寡一直是雨泽奏报的核心内容之一。但是,早期用以确定雨水多少并没有统一的量化标准。虽然,人们能直观地感受到雨量的大小和降雨时间的长短,可量化起来并不容易。最初,人们以降雨持续时间的长短来衡量雨量大小,如"凡雨,自三日以往为霖"③。

到了南宋,"今州郡都有天池盆,以测雨水"④。"天池盆"本是宋代州县用于消防蓄水之用的盆状或缸状容器,宋人又将其作为简便的"雨量筒"。

---

① [宋]谢深甫纂修,戴建国点校《庆元条法事类》卷四《职掌》,《中国珍稀法律典籍续编》第一册,黑龙江人民出版社,2002年,第30页。
② 《庆元条法事类》卷四九《农田水利》,第684页。
③ [明]王道焜等编《左传杜林合注》卷二《隐公九年》,《文澜阁钦定四库全书》(经部)第163册,杭州出版社,2015年,第339页下。
④ [宋]秦九韶《数书九章》卷四《天池测雨》,中华书局,1985年铅印本,第107页。

图 2.3　南宋消防陶缸(天池盆)，临安城遗址出土，
张立峰摄于杭州博物馆

但是，由于"天池盆"并无统一的器形标准，实测出来的雨量就会有差异，正如秦九韶所说："不知器形不同，则受雨多少亦异。"①秦九韶《数书九章》的算题"天池测雨"，就是为了解决这个问题，即根据天池盆的口径、底径、盆深和雨深数据，来推算"平地得雨之数"。

不仅如此，宋代还存在另一种衡量雨量的标准，即雨水的入土深度。当时有"一犁雨"之说，诗人们曾有"山边夜半一犁雨，田父高歌待收获"②"桑柔蔽野麦初齐，布谷催耕雨一犁"③等诗句。对此，《皇朝经世文编》中解释说："雨以入土深浅为量，不及寸谓之一锄雨；寸以上谓之一犁雨；过此谓之双犁雨。"④由此可知，"一犁雨"可能是农家对雨水入土深度的估量。

---

① 《数书九章》卷四《天池测雨》，第 107 页。
② [宋]张耒《张耒集》卷一二《有感三首》，中华书局，1990 年，第 204 页。
③ [宋]释道潜《参寥子诗集》卷八《游径山怀司马才仲》，《中华再造善本·唐宋编》集部编号 61，第 14 页。
④ [清]贺长龄辑《皇朝经世文编》卷三六《户政十一·农政上》，转引自李兆洛《凤台县志论食货》，沈云龙主编《近代中国史料丛刊》第 74 辑第 731 册，文海出版社，1966 年，第 1296 页。

熙宁七年(1074),天下大旱。当年九月,甘雨降临,宋神宗就曾在"宫中令人掘地及一尺五寸,土犹滋润,如此必可耕耨"①。皇帝这是将雨水的入土深度当作衡量雨量大小的方法之一,以了解土壤的墒情,表明当时更加注重雨水的实际效果。这些都为宋人实施雨水奏报制度提供了一定的技术保障。

二、灾害救助

宋代的水灾救助,一般分为水灾发生时整备舟楫,抢救落水难民;水灾发生后开仓放粮,救济穷困百姓;以及蠲免税负、借贷种粮,恢复家园和农业生产等。

宋高宗绍兴十四年(1144)六月,江浙、福建等地同时发生大水灾,严州是重灾区之一。"严州水暴至,城不没者数板。通判州事洪光祖集舟以援民,且区处山阜,给之薪粥,卒无溺者。"②严州州治位于今天建德市梅城镇的三江口,西来的新安江与南来的兰江在此交汇,又东流而去。这场洪水突如其来,又来势凶猛,让人措手不及。尽管如此,严州通判洪光祖勉力征集各类舟船,救援被水围困的州县灾民,将其转移至山阜等高处;又筹集钱粮,施给受灾百姓薪柴粥米,使之安然度汛,无一人溺水而亡。

高宗绍兴二十八年(1158)八月,两浙西路发生水灾,钱塘县亦未能幸免;当年九月,两浙东、西路沿江海郡县又发生大风水,海盐县大风水溢,可能是秋台风所致。次年三月辛未,宋廷下诏"以浙西去岁水灾,临安府养济人,令展至三月终止"③。这是对去年受水灾影响的临安府灾民及贫民延长救济期限。

绍兴三十年(1160)五月辛卯(十四日)夜,"於潜、临安、安吉三县山水暴出,坏民庐、田桑,溺死者甚众"。五月辛卯夜的山洪水灾颇具破坏性,损失也很大。五月十八日,御史中丞兼侍讲朱倬、殿中侍御史汪澈进言:"临安

---

① 《宋史全文》卷一二上《宋神宗二》,第702页。
② 《宋史全文》卷二一中《宋高宗十四》,第1689—1690页。
③ 《建炎以来系年要录》卷一八一,第3008页。

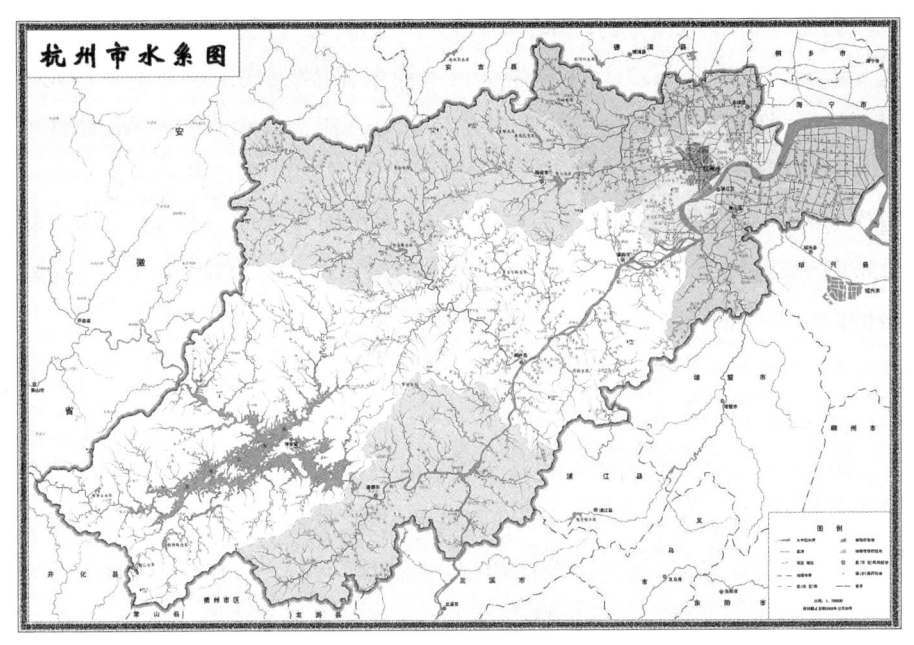

图 2.4　杭州市水系图,位于"三江口"的建德梅城镇(原严州府治)

府於潜、临安两县,山水暴至,居民屋庐漂荡甚众。望令临安府速下两县,委令佐躬亲看验,如有未收瘗者,官给钱收瘗之,及随被害之小大,条具赈恤。"①随即,宋廷下诏赈救:"转运司支拨系官钱米,就委令佐躬亲赈济,无令失所。其未收瘗人口,给官钱如法埋瘗,不得灭裂。"②这主要是针对水灾死者的丧葬事宜进行政府救助。

当年八月初三日,宋廷再次下诏减免於潜、临安两县受灾百姓秋税等。"临安、於潜两县被水居民、漂溺生生之具皆尽者二百六十六户,罹此横灾,深可悯恤。可予各免应户应干苗税科敷及丁身钱等,甚者与免四料,其次免三料,余免两料。"③诏令中的"生生之具"即百姓的生产生活物资,宋廷通过减免这二百六十六户灾民的农业税和人口税等方式,帮助他们恢复生产。

---

① 《宋会要辑稿》食货五九之三六,第 5856 页下。
② 《宋会要辑稿》食货五九之三六,第 5856 页下。
③ 《宋会要辑稿》食货六三之一八,第 5995 页下。

乾道元年(1165)年初以来,由于持续性阴雨天气接连不止,春耕等农事大受影响。二月二十二日,宋孝宗下诏:"浙东、西路灾伤人户合纳乾道元年身丁钱绢,临安府、绍兴府、湖、常州并与全免一年,温、台、明、处州、镇江府并各减放一半。将减下之数,于内库纽支银绢拨还户部。"①宋孝宗是南宋有作为的帝王,其当政期间国力日渐强盛,本次因恶劣天气影响,皇帝下诏大范围免除包括临安府在内的浙东、西路灾伤人户的人口税,免除税额由皇帝的内库出银绢,拨款给户部的国库填补缺额。

三、灾害祈祷

基于天人感应说,古人往往认为天有灾异多是人事不修所致,故而多进行撤乐减膳、禁屠祈晴、决狱释囚和官员罢免等,水灾发生时亦复如此。

乾道元年(1165)年初持续性阴雨天气连续不断,二月二十二日宋孝宗除了减免灾伤人户的人口税,皇帝本人"自二十五日避正殿、减常膳"②,这是以节俭示天下,以期望上天垂怜。乾道三年(1167)八月,"大霖雨",孝宗令人"早晚并进素膳"③,以示斋戒自醒。

"禁屠宰"也是宋人的祈禳手段之一。淳熙四年(1177)六月,王淮等人上奏:"比来积雨,陛下恐妨农稼。初二日禁屠宰,却常膳不御,斋心祈祷。圣德动天,连日开霁,天人相与之理于此可占。"④雨后天晴,大臣们相信这是皇帝斋心祈祷、天人相应的结果。按照惯例,久雨时臣下也要进行祈祷。如乾道元年(1165)二月癸卯,"有司以久雨,引比岁例,分遣郡县吏祷于山川神祇"⑤。地方官员祈晴有"岁例"可依循,多选择名山大川、灵应之地举行祈祷仪式。

古人认为,久雨等灾异是由于"刑狱淹延,有奸和气",故而决狱释囚也成为一项重要的祈禳手段。乾道元年二月,孝宗下诏:"久雨未晴,深

---

① 《宋会要辑稿》食货一二之一六,第5015页下。
② 《宋会要辑稿》食货一二之一六,第5015页下。
③ 《宋史全文》卷二四下《宋孝宗二》,第2050页。
④ 《宋史全文》卷二六上《宋孝宗五》,第2191页。
⑤ 《宋史全文》卷二四下《宋孝宗二》,第2019页。

虑刑狱淹延,有奸和气,可令殿中侍御史章服往大理寺、临安府仁和、钱塘两县,两浙东、西路令提刑躬亲诣所部州县决遣。"①从史料来看,一般是"杂犯死罪至徒罪已上各减一等,断遣杖罪已下并放"②,断放的罪囚名单皇帝还要逐一过目。因各种自然灾害而决狱释囚的事例,宋史屡有记载。

处理冤案也是宋人决狱、招致和气的重要内容之一。宋理宗绍定五年(1232)四月久雨,皇帝命临安府守臣祈晴。五月辛卯,有大臣进言:"积阴霖霪,历夏徂秋,疑必有致咎之征。比闻蕲州进士冯杰,本儒家,都大坑冶司抑为炉户,诛求日增,杰妻以忧死。其女继之,弟大声因赴诉死于道路,杰知不免,毒其二子一妾,举火自经而死。民冤至此,岂不上干阴阳之和?"③蕲州(今湖北蕲春县)进士冯杰被都大坑冶司贬抑为"炉户",开炉炼铜,结果一家七口相继冤死。于是,皇帝下诏将都大坑冶魏岘④罢职。

宋孝宗乾道二年(1166),"正月,淫雨,至于四月"⑤,持续的久雨以至气候"夏寒",共同导致"江、浙诸郡损稼,蚕麦不登"⑥,农业生产受到了极大影响。"(三月)辛未,尚书右仆射、平章事洪适罢。适以文学受知,自中书舍人,半载四迁至右相,然无大建明以究其所学。会霖雨,适引咎乞罢,从之。"⑦因文学出众的洪适半年内连升四级,位居"首相",却无甚作为。适逢霖雨,洪适遂引咎辞职。但是,凡事还要看具体的人和事。例如,宋孝宗乾道三年(1167)八月,"大霖雨,宰执求罢",皇帝却"不允"⑧。因天降灾异,宰执们求罢以应天意,至于最终的去与留,其中必有多种因素的考量。

---

① 《宋会要辑稿》刑法五之四〇,第6689页下。
② 《宋会要辑稿》刑法五之四〇,第6689页下。
③ 《宋史》卷四一《理宗纪一》,第535页。
④ 魏岘也是前述《四明它山水利备览》的作者。
⑤ 《宋史》卷六五《五行志三》,第962页。
⑥ 《宋史》卷六五《五行志三》,第962页。
⑦ 《续资治通鉴》卷一三九,第3712页。
⑧ 《宋史全文》卷二四下《宋孝宗二》,第2050页。

四、兴修水利

兴修水利可以在一定程度上化解或减轻水灾的危害。南宋政府曾采取多种措施加强水利设施建设以应对水患。

南宋前期,江南地区的水利事业进入了快速发展期。例如,隆兴二年(1164)八月丙子日,宋孝宗下诏:"江浙水利久不讲修,积雨无所锺泄,重为秋稼之害。可令逐州守臣考按古迹及今堙塞去处,条具措置奏闻。"①南宋政府对地方守令实行考课制度,以督促其进行水利设施建设。其中,"知州、县令四善四最"中言及有"三劝课之最",要求地方官员倡导"农桑垦殖,水利兴修"②。至于路一级的监司官,如转运司、常平司的考课要求,则有"一劝农桑,如增垦田亩,或创修堤防水利"③。可见,劝农桑、兴水利是官员政绩考核的重要标准之一。

宋高宗和宋孝宗当政时期,曾经实施过大范围的江湖圩田和堤塬修筑工程,在注意防止江河泛滥的基础上,更善于因地制宜地与水争田,初步获得了治水与兴农的双赢,这是适度发展与合理运用的结果。但是,到了南宋中后期,"人们也已经开始尝到大肆破坏生态环境的恶果。长期盲目围湖造田,与水争田,造成水土流失,自然生态失衡,进而导致水旱灾害进一步加剧"④。这是过度或不合理开发运用水利设施而造成的生态恶果。

与之相应的,宋人的"水利兴而旱涝有备"的观念也在不断成熟完善,从一般的堤塍防水、沟渠排灌向着水、土、田综合治理利用的方向发展。"宋代郏亶、单锷、郏侨等都以长于治水理论而著称,对东南水利都有专门论著。郏亶继承范仲淹除害同时兴利的治水原则,指出了但知治水、不知治田,唯知治水患不知治干旱的偏颇;主张全流域全面、综合系统治理。"⑤

---

① 《宋史全文》卷二四上《宋孝宗一》,第 1997 页。
② 《庆元条法事类》卷五《考课格》,第 69—70 页。
③ 《庆元条法事类》卷五《考课格》,第 72 页。
④ 王立霞《论唐宋水利事业与经济重心南移的最终确立》,《农业考古》2011 年第 3 期。
⑤ 张建民《中国传统社会后期的减灾救荒思想述论》,《江汉论坛》1994 年第 8 期。

五、植树造林

宋人已充分认识到林木即是重要的物资,也对降低水旱灾害具有重要作用。因此,南宋政府对植树造林非常重视,并在法律条文中有所体现。

在《庆元条法事类》中,对地方官员任期内植树造林的成绩,就有明确的考核规定。"诸县丞任满,任内种植林木滋茂,依格推赏,即事功显著者,所属监司保奏,乞优与推恩。"①其中,还规定了具体的奖赏标准,如寄禄官阶在"承务郎"以上的县丞,在任内种植林木达到三万株,可以"减磨勘一年"②,即提前一年迁转官阶;在此基础上每增加三万株,可以多减磨勘一年。反之,若任内林木亏减到一定程度,也有相应的处罚措施。

关于林木砍伐,《庆元条法事类》也做出相关规定。"本处应修造者,申请采斫,以时补足。仍委通判点检催促。非通判所至处,即委季点或因便官准此点检。内马递铺点检讫,仍具数申提举官。诸缘道路、渠堰官林木,随近官司检校,枯死者以时栽补,不得斫伐及纵人畜毁损。"③林地以及道路、渠堰旁的官林在采伐或枯死后,要在春时补种,主管部门的官吏要检查催促,点检的数据要及时上报。

南宋军队砍伐树木时需要有专门的"号"。绍兴元年(1131)规定,诸军及三衙被批准后可以打柴。打柴兵士需要持有长官所发给的"号",而且还受到专门官吏的监管。如果士兵没有"号"而砍伐林木,巡尉、乡保可将其捕获送枢密院听候裁决,随行军官也要受到一定的处罚④。宋代禁止砍伐坟墓上的树木,"非理毁伐者,杖一百"⑤。由于焚烧田野秸秆等以至延烧官产山林,要"杖一百,许人告。其州县官司及地分公人失觉察,杖六十"⑥。可见不仅纵火者要受到法律惩处,属地官吏也会因失察受到惩处。

---

① 《庆元条法事类》卷四九《种植林木》,第 685 页。
② 《庆元条法事类》卷四九《种植林木》,第 686 页。
③ 《庆元条法事类》卷四九《农桑门》,第 686 页。
④ 《宋会要辑稿》刑法二之一〇九,第 6550 页上。
⑤ 《庆元条法事类》卷八〇《采伐山林》,第 912 页。
⑥ 《庆元条法事类》卷八〇《失火》,第 913 页。

第五节　影　响

一、祭祀祈晴之异事

祈晴是南宋王朝上至皇帝、下到官员,在精神层面组织水灾救助的重要方式之一,也是一项传承已久的政治文化。在今天看来,祈晴显然无助于灾情的缓解,但对于标榜以德治国的"天子"而言,它的意义不可低估。其中,在孝宗朝有两次祭祀祈晴过程颇具神异色彩,并被记录在正史中。

乾道六年(1170)十一月"连雨",辛巳日宋孝宗进行郊祀大礼,结果"云开于圜丘,百步外有澍雨"①。"澍雨"意指大雨、暴雨。皇帝祭天的圜丘云开雨收,但是百步之外仍然大雨倾盆,实在是令人啧啧称奇。淳熙三年(1176)八、九月间,杭州连续出现大风雨或久雨天气,到十月还未停止。"十月癸酉,孝宗出手诏决狱,援笔而风起开霁。"②令人瞠目的是,皇帝正援笔书写"决狱"诏书时,居然风起云散雨停。这两次祭祀祈晴发生的异事,很难说是巧合,还是史官有意为之,借此对宋孝宗的"神化"。

二、杭州捍江兵

钱塘江潮为杭州之患,由来已久。为了修筑、维护钱塘江江堤,两宋时期杭州厢军均设有"捍江"番号③,他们是专业的水利兵。捍江兵共五指挥,每指挥编额400人,共计2000人;另有修江指挥,编额120人④。修建和维护钱塘江堤一直是捍江兵的本职。此外,这支厢军被用于其他水利工程的情况也不少。

据《宋史》记载,由于杭州城中运河日日接纳钱塘江潮水,沙泥浑浊,一

---

① 《宋史》卷六五《五行志三》,第962页。
② 《宋史》卷六五《五行志三》,第963页。
③ 《宋史》卷一八九《兵志三·厢兵》,第3133、3138页。
④ [宋]潜说友《咸淳临安志》卷五七《武备·厢军》,《宋元方志丛刊》第四册,中华书局,1990年,第3863页。

汛一淤,逐渐填塞。元祐年间,苏轼知杭州期间,征发"捍江兵士及诸色厢军,得一千人,七月之间,开浚茅山、盐桥两河,各十余里,皆有水八尺"①。绍兴三年(1133),有宰执官奏请清淤运河,宋高宗明确提出:"可发旁郡厢军、壮城、捍江之兵。"②捍江兵又被投入运河整治工程之中。

此外,在萧山县也专设捍江营。《嘉泰会稽志》记载:"西兴捍江营在萧山县西,额二百人。"③捍江兵还曾参与浙东运河萧山段的疏浚等工程。据《宋史》记载,萧山县西兴镇通江两闸,江沙壅塞,导致舟楫不通。乾道三年(1167),宋廷"专以'开撩西兴沙河'系衔,及发捍江兵士五十名,专充开撩沙浦"④。

杭州西湖周回三十里,在吴越国时期就设有"撩湖兵士千人,专一开浚"⑤。绍兴九年(1139),南宋政府又"命临安府招置厢军兵士二百人,委钱塘县尉兼领其事,专一浚湖",但是,这项举措实施情况似乎并不理想。到了乾道五年(1169),临安守臣周淙说:"旧招军士止有三十余人,今宜增置撩湖军兵,以百人为额,专一开撩。"⑥

捍江兵、撩湖兵实际上是防治水患、兴修水利、服务社会公共事务的专业兵种。汉唐以来,水患防治和水利建设的劳动力一般直接从民间征调,往往容易耽误农时、耗费民力、激化社会矛盾。上述专业兵种的设立,可谓首创,是宋代政府管理公共事务职能强化的突出表现。特别是军队具有固定编制和严密组织,反应迅速、机动性强、便于调动,适合水患等突发性灾害的应对与防治。

南宋一朝,水灾一直与临安城的盛衰发展同行,除水害、兴水利,也一直是当政者挂念于心的大事之一。南宋时期杭州的水灾令人触目惊心,也为之警醒,其最深刻的启示就是,治水是政府行政管理的重要内容之一,治水的根本宗旨在于综合施策、防患未然。南宋杭州人在充分认知水之利害两

---

① 《宋史》卷九七《河渠志七》,第1613页。
② 《宋史》卷九七《河渠志七》,第1613页。
③ 《嘉泰会稽志》卷四《军营》,第6776页下。
④ 《宋史》卷九七《河渠志七》,第1619页。
⑤ 《宋史》卷九七《河渠志七》,第1612页。
⑥ 《宋史》卷九七《河渠志七》,第1612页。

重性的基础上,制定日渐完备的雨水奏报制度、及时开展水灾救助、兴修河湖水利设施、设置杭州捍江兵以及植树造林、灾害祈禳等水灾的应对策略,都是值得肯定的。

第三章 潮 灾

第一节 概 况

潮汐是海洋水体在日、月天体,尤其是月亮的引力作用下形成的一种周期性运动。杭州湾因其特殊的喇叭口地形,加之周而复始的潮汐运动,成为世界著名的涌潮区,每逢天文大潮汛就会形成闻名遐迩的钱塘江大潮。宋人曾这样形容钱塘江潮的壮观:"盖其涛山浪屋、吞天沃日之势,挟以怒潮、鼓以烈风,虽长江大海无是也。"①

钱塘江潮是难得的自然景观,但有时也会带来难以想象的灾难。在我国古籍中,潮灾常被称为"海溢",这是潮灾发生时海面迅速抬高,大量海水侵入陆地之故。"在地方志中潮灾还有更多名称,如海啸、风潮、海沸、海涨、海立、海决、海翻、海涌等,其内涵大同小异。"②据史料记载,杭州曾多次出现"钱塘大风涛""钱塘江涛大溢""大风雨驾海涛""江溢"等潮灾。

---

① [宋]施谔《淳祐临安志》卷一〇《山川·浙江》,《宋元方志丛刊》第四册,中华书局,1990年,第3315页上。
② 宋正海《东方蓝色文化:中国海洋文化传统》,广东教育出版社,1995年,第63页。

图 3.1　南宋李嵩《月夜看潮图》，现藏台北故宫博物院

一、潮灾的出现频率、时间分布及朔望规律

据统计，南宋时期杭州共有 30 次潮灾记录，平均约 5 年一遇。但是，该数据并不能完全反映南宋时期杭州湾潮灾的真实情况。正如宝祐三年（1255）十一月，监察御史兼崇政殿说书李衢进言所说："国家驻跸钱塘，今逾十纪。惟是浙江东接海门，胥涛澎湃，稍越故道，则冲啮堤岸，荡析民居，前后不知其几。"①

分析现有潮灾史料发现，南宋时期杭州潮灾的发生频次存在三个明显的"高—低"变化周期。第一个高峰期为建炎元年（1127）到绍兴十六年

---

① 《宋史》卷九七《河渠志七》，第 1611 页。

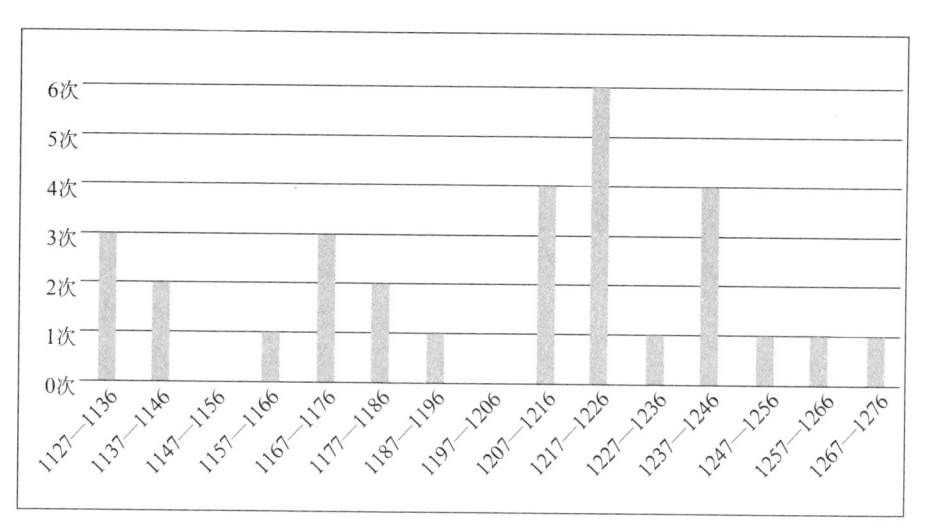

图 3.2　南宋时期杭州潮灾次数年代际变化图

(1146),20 年间共出现潮灾 5 次,平均 4 年一遇。该高发期可能与南宋迁都初期海塘年久失修、宋廷疲于应付外辱有关。第二个高峰期为乾道三年(1167)到淳熙十三年(1186),20 年间共出现潮灾 5 次,平均 4 年一遇。第三个高峰期为开禧三年(1207)到淳祐六年(1246),40 年间共出现潮灾 14 次,平均 2.85 年一遇,这一时期不仅是潮灾暴发的最高峰,且多次出现大潮患,最值得关注。

在有月份记载的 18 次潮灾中,农历七月、八月的发生频次最高,均有 5 次,共计占 55.5%;其次是五月和九月,分别有 3 次和 2 次,占 27.7%。上述四个月份共计 15 次,占 83.3%,属潮灾绝对高发月份。根据自然资源部发布的《2022 年中国海平面公报》记述:"8—10 月为浙江沿海季节性高海平面期,也是钱塘江口咸潮入侵高发期,若遭遇热带气旋袭击,高海平面、天文大潮和风暴增水叠加将加剧灾害致灾程度。"[①]这与南宋潮灾发生时段是基本一致的,只是《公报》言及的月份为公历而已。

---

① 自然资源部发布《2022 年中国海平面公报》,索引号:000019174/2023-00011,2023 年 4 月,第 18 页。

表 3.1　南宋时期杭州潮灾逐月发生次数统计表

月份	正月	二月	三月	四月	五月	六月	七月	八月	九月	十月	十一月	十二月
次数	0	1	0	1	3	0	5	5	2	0	0	1

"朔望大潮期是指的初一、十五前后的 2—3 天内。即每月的十二—十八、二十七—初四日是天文大潮期,此间的海平面较高,如与风暴相耦合,易发生特大潮灾。"①简言之,朔望大潮期是每月朔日(初一)和望日(十五)前后三天为大潮汛。为了考察南宋杭州潮灾发生日期与朔望大潮期之间的关系,统计有明确日期记录的潮灾个例 13 个,其中有 10 次潮灾就出现在朔望大潮期内,占比达 76.9%。由此可见天文大潮期对潮灾的形成具有重要的作用。

二、潮灾灾情分析

钱塘江潮的破坏力极为惊人,潮灾所造成的损失也是多个方面的。南宋杭州潮灾损失主要分为九类。

一是"坏堤",这在史料中最为常见。"潮来之时,遏江流使不得下,以至上激塘身,下搜塘底,而泛滥冲激其危险较滨临大洋者加甚焉。"②南宋时期钱塘江堤塘时常被汹涌的大潮冲坏或冲毁,统计共有 17 次"坏堤"的记录,占比 56.7%。有时威力特别大的潮灾一次性冲毁的江堤或海塘可以超过千余丈。如孝宗淳熙元年(1174)七月壬寅、癸卯日,"钱塘大风涛,决临安府江堤一千六百六十余丈"③。

二是"圮田庐",即江岸崩塌,屋舍田地被毁,甚至直接沦入江海中,统计共有 13 次记录,占比 43.3%。"圮田庐"是潮灾中破坏力最大、损失最为严

---

① 于运全《海洋天灾:中国历史时期的海洋灾害与沿海社会经济》,江西高校出版社,2005年,第 82 页。
② [清]方观承等修,[清]查祥等纂《敕修两浙海塘通志》卷一《图说》,《续修四库全书》(史部)第 851 册,上海古籍出版社,2002 年,第 407 页下。
③ 《宋史》卷六一《五行志一上》,第 900 页。

重的情况,史料记载中曾出现"漂居民六百三十余家,仁和县濒江二乡坏田圃"①"百里生聚,荡为洪波"②"蜀山沦入海中,聚落、田畴失其半,坏四郡田"③等惨烈景象。

三是"害田稼",共出现6次,占比20%。一方面,潮水冲突滨江的农田,使之沦入江海中,不复为民所有。更多的情况则是,潮水会带来大量高盐度的海水,倒灌于农田中,使庄稼被卤死,土地盐渍化,从而导致农田减产乃至绝收,即所谓"冲坏田野,苗腐昏垫"④。

四是人员伤亡,史载有4次明确的人员伤亡记录,占比13.3%。其中,有2次因大量民众聚集观看农历八月十八日的钱塘江大潮而引发人员伤亡,死者均有数百人之多,其余2次是大潮破堤,漂溺民众所致。如绍定二年(1229)九月初三日,"乘衢船,雨骤涨,至桐江富春间,所谓三江口者,怒风驾涛来……溺于浙江渡者以千计。又至京知,没台城为鱼者以数万计,皆是日也"⑤。因风雨潮三碰头,汹涌的大潮突袭,溺死在浙江渡口的百姓数以千计,杭州城内淹溺者竟多达万人。值得高度关注的是,尚有多次江岸崩溃、田地尽没为海的记载,虽然史料中未见人员伤亡的记述,但恐怕亦在所难免。

五是"没盐场"1次。盐场多分布于海涂附近,潮灾来袭就可能一扫而空。嘉定十二年(1219),"盐官县海失故道,潮汐冲平野三十余里,至是侵县治,庐州、港渎及上下管、黄湾冈等(盐)场皆圮"⑥。

六是冲垮桥梁1次。如绍兴十年(1140)八月十八日,钱塘江大潮,"惊涛激岸,(跨浦)桥震坏"⑦。跨浦桥在运河南端,与钱塘江北岸交接处,旁有浙江亭,是观潮的好去处,但也易于为涌潮所损。

七是冲溃城门1次。嘉定十三年(1220),"潮怒啮堤,由候潮门抵、新门

---

① 《宋史》卷六一《五行志一上》,第900页。
② 《淳祐临安志》卷一〇《山川三·捍海塘铁幢浦》,第3318页下。
③ 《宋史》卷六一《五行志一上》,第904页。
④ 《宋会要辑稿》食货五八之三三,第5837页下。
⑤ [宋]方大琮《铁庵集》卷四一《孺人赵氏墓志铭》,《文澜阁钦定四库全书》(集部)第1212册,杭州出版社,2015年,第619页下—620页上。
⑥ 《宋史》卷六一《五行志一上》,第904页。
⑦ 《咸淳临安志》卷九二《纪事》,第4204页下。

溃"①。新门即新开门,因宋孝宗时新开,故名。位于临安城东,候潮门北,贴沙河岸。

八是"覆舟",因潮灾直接发生覆舟的记载有 2 次,分别发生于绍熙五年(1194)七月"大风驾海涛,行都坏舟甚众";嘉定十年(1217)冬,"浙江涛溢,覆舟"。此外,尚有多次钱塘江覆舟沉溺事件。如绍兴七年(1137)六月十五日,"浙江、西兴两岸济渡,多因过渡人众争夺上船,或因渡子乞觅邀阻,放渡失时,致多沉溺。自绍兴元年至今年,已三次失船,死者甚众"②。隆兴元年(1163)十月初三日,钱塘江渡船"中流覆舟,舟中之人并殒非命"③。淳熙十年(1183)二月初三日,"龙山渡官许元礼装渡船,至浮山沉覆"④。覆舟事故如此频繁,其原因较为复杂,或因船只陈旧,或因船只超载,或因潮涨浪高,或因突遇暴风,若几种因素并加,则更容易发生覆舟事故。其中,因涨潮覆舟事故中也有人祸缘故,南宋周密记录一个典型案例:"西兴渡以舟子不谨,驱趁渡人上沙太早,既而潮至,趋岸不及,溺死者近百人。"⑤

九是淤塞运河河道。南宋时期,临安城内的"盐桥河、市河日纳潮水,沙泥浑浊,一汛一淤"⑥。说明江潮入侵是河道淤积填塞的隐患之一。龙山河南接钱塘江,北通城内河道,为防止内河淤塞,乾道五年(1169),在龙山河与钱塘江相通处设龙山浑水闸,入城处河道设清水闸,潮水入河稍为澄清后,再导放入城内,以减缓城内运河的河道淤塞。

表 3.2 南宋时期杭州潮灾简表

序号	年 份	具体时间	描述	灾情损失	人员伤亡	气象条件	备注
1	绍兴二年(1132)	八月十八日	钱塘观潮,洪涛出岸	激薪崩摧。	死者数百人。	大风	天文大潮汛

---

① [明]萧良干修,[明]张天怵等纂万历《绍兴府志》卷一九,明万历十五年刻本,第 44 页。
② 《宋会要辑稿》刑法二之一五〇,第 6570 页下。
③ 《宋会要辑稿》方域一三之一〇,第 7535 页上。
④ 《宋会要辑稿》方域一三之一四,第 7537 页上。
⑤ [宋]周密《癸辛杂识》续集上《船吼》,《宋元笔记小说大观》第六册,上海古籍出版社,2001 年,第 5786 页。
⑥ 《淳祐临安志》卷一〇《河渠》,第 3325 页上。

(续 表)

序号	年份	具体时间	描述	灾情损失	人员伤亡	气象条件	备注
2	绍兴三年（1133）	/	江涛冲突	仁和县白石至盐官县上管,堤捍沦毁,百里生聚成洪波。	/	/	
3	绍兴五年（1135）	七月初四日	萧山海潮	害稼。	/	大风	
4	绍兴十年（1140）	八月十八日	钱塘江大潮,惊涛激岸	冲坏跨浦桥	数百观潮者压溺而死。	/	天文大潮汛
5	绍兴十四年（1144）	/	潮水冲裂堤岸	冲裂堤岸。	/	/	
6	绍兴二十二年（1152）	/	潮水冲裂堤岸	冲裂堤岸。	/	/	
7	绍兴三十二年（1162）	/	潮水漂涨	钱塘石岸毁裂,民不安居。	/	/	
8	乾道七年（1171）	/	潮水冲裂堤岸	冲裂堤岸。	/	/	
9	乾道九年（1173）	/	钱塘江怒潮	毁庙子湾石岸。	/	/	
10	淳熙元年（1174）	七月壬寅、癸卯(十七、十八)日	钱塘大风涛	决临安府江堤一千六百六十余丈,仁和县灢江二乡坏田圃,漂居民六百三十八家。	/	大风	天文大潮汛

（续　表）

序号	年　份	具体时间	描述	灾情损失	人员伤亡	气象条件	备注
11	淳熙四年（1177）	四月己亥（三十）日、五月庚子（初一）日	钱塘江涛大溢	败临安府堤八十余丈,再败临安府堤一百余丈。	/	大风	天文高潮位
12	淳熙四年（1177）	九月丁酉、戊戌(初一、初二)日	大风雨驾海涛	败钱塘县堤三百余丈。	/	大风雨	天文高潮位
13	绍熙五年（1194）	七月乙亥（十六）日	萧山县大风驾海涛	行都坏舟甚众,坏堤,伤田稼。	/	大风拔木	天文大潮汛
14	开禧三年（1207）	/	临安城艮山门外潮水冲荡	钱塘江石塘、民舍受损。	/	/	
15	嘉定八年（1215）	/	杭州湾海溢	临平坏堤。	/	/	
16	嘉定十年（1217）	冬	浙江涛溢	坍濒江庐舍,覆舟。	溺死甚众。	/	浙江即钱塘江
17	嘉定十二年（1219）	/	畿县盐官海失故道,潮汐冲平野三十余里,侵县治	庐州港及上下管、黄湾岗等场皆坍,蜀山沦入海中,聚落、田畴失其半,坏四郡田。	/	/	

第三章 潮 灾

(续 表)

序号	年 份	具体时间	描述	灾情损失	人员伤亡	气象条件	备注
18	嘉定十三年（1220）	/	潮怒噬堤，实不可遏	由候潮门抵，新门溃。	/	/	新门在临安城东、候潮门北
19	嘉定十五年（1222）	七月	暴流与江涛合	萧山受害独惨，漂荡庐舍，冲坏田野，苗腐昏垫。	/	久雨大水	
20	嘉定十五年（1222）	秋	钱塘江潮入临安城东北，至盐官县治三里附近	盐官县西南四十余里尽没为海，原捍海石塘仅剩中间十余里。	/	/	
21	嘉定十六年（1223）	九月二十七、二十八日	钱塘江溢	坍沿江民庐，余杭、钱塘、仁和县坏田稼。	/	大水大风	天文高潮位
22	嘉定十七年（1224）	/	海坏畿县盐官地	坏地数十里。	/	/	
23	绍定二年（1229）	九月初三日	大雨骤至，江水暴涨，怒风驾涛	/	浙江渡溺死者千计，临安城内万计。	大雨怒风	天文高潮位
24	嘉熙二年（1238）	秋	钱塘江溢，江潮由海门捣月塘，奔团围头	民庐僧舍，坍四十里，渐逼军营。	/	暴风淫雨	

(续　表)

序号	年　份	具体时间	描述	灾情损失	人员伤亡	气象条件	备注
25	嘉熙三年（1239）	七月乙亥（初八）日	海潮大溢、水失故道	盐官县七八十里间溃为洪流。	/	/	原文已亥,查无,疑为乙亥日
26	嘉熙四年（1240）	八月	钱塘江潮	冲垮江堤,仁和县临江五乡受灾为甚,尽蠲五乡苗税。	/	/	
27	宝祐二年（1254）	/	江潮	侵啮堤岸。	/	/	
28	开庆元年（1259）	八月戊子（十七）日	江塘为潮水冲决	江塘决。	/	大雨如倾	天文大潮汛
29	咸淳六年（1270）	五月	海溢	坏萧山捍海塘千余丈,新林被虐为甚,岸址荡无存者。	/	大风	
30	景炎二年（1277）	六月十二日	杭州潮入城,堂奥可通舟楫	/	/	飓风大雨	

第二节　特大潮灾案例

宋孝宗淳熙元年（1174）七月壬寅日、癸卯日,"钱塘大风涛,决临安府江堤一千六百六十余丈,漂居民六百三十余家,仁和县濒江二乡坏田圃"①。七月壬寅(十七)日恰逢天文大潮汛,钱塘、仁和等地出现大风涛,从出现月份和大风两个因素推断,这可能是台风风暴潮所致,且一直持续到癸卯日,即次日——七月十八日。最终,这次潮灾造成临安府大段江堤崩塌、大量房屋漂没,以及仁和县濒临钱塘江岸两个乡的田地损毁。

淳熙四年(1177)连续2次出现严重潮灾。"(五月)己亥夜,钱塘江涛大溢,败临安府堤八十余丈。庚子,又败堤百余丈。"②按照宋人编订的四时潮候表③,五月己亥为农历五月三十日,正值天文大潮汛,潮水先是冲毁江堤八十余丈,到次日即六月庚子日,又有百余丈江堤损毁。同年九月,更加猛烈的大风驾驭着海潮连续两日袭击杭城及其周边地区。"九月丁酉、戊戌,大风雨驾海涛,败钱塘县堤三百余丈。"④九月丁酉、戊戌为农历九月初一、初二日,也正值天文大潮汛。此外,余姚、上虞、定海和鄞县仅江堤损毁就超过一万丈,约合现在的三十多公里,溺水而亡者也有很多。

宋宁宗嘉定十年(1217)冬季,"浙江涛溢,圮庐舍,覆舟,溺死甚众"⑤。钱塘江古称"浙江",亦名"折江"或"之江"。此次"浙江涛溢"摧毁房屋,覆灭舟船,溺死者甚众,可见破坏力巨大。一般的天文大潮或风暴潮很难有此威力,尤其是它的发生时间为冬季,较为罕见。

嘉定十二年(1219),"盐官县海失故道,潮汐冲平野三十余里,至是侵县治,庐州、港漖及上下管、黄湾冈等场皆圮。蜀山沦入海中,聚落、田畴失其半,坏四郡田。后六年始平"⑥。盐官县位于钱塘江入海口北岸,南宋时期隶属于临安府。这次"海失故道"伴随着潮汐冲上陆地原野,深入三十余里直达盐官县治所,诸多滨海港口、盐场等垮塌。更加恐怖的是,大片陆地沦入海中,其中包括"蜀山"和"四郡"的田地村镇。此次事件后六年,海潮冲突江岸的情形才渐渐平复,可见其骇人程度。由于资料缺乏,难以判断这

---

① 《宋史》卷六一《五行志一上》,第900页。
② 《宋史》卷六一《五行志一上》,第900—901页。
③ 《淳祐临安志》卷一〇《潮候》,第3317页上—3318页上。
④ 《宋史》卷六一《五行志一上》,第901页。
⑤ 《宋史》卷六一《五行志一上》,第904页。
⑥ 《宋史》卷六一《五行志一上》,第904页。

次"潮汐冲平野"事件究竟是地震引发,还是海水侵蚀导致的堤岸崩塌,抑或是钱塘江水文动力发生重大变化所造成的一次剧烈的河道变迁。可以想象的是,由于大片陆地沦入海中,势必造成重大的损失。

嘉定十五年(1222)"七月,萧山县大水。时久雨,衢、婺、徽、严暴流与江涛合,圮田庐,害稼"①。从久雨、大水和暴流等记录分析,这是持续性降雨在杭州上游的"衢、婺、徽、严"四州形成的洪水,并与"江涛"汇合,引发的一次雨、潮叠加灾害,最终冲毁房屋和农田。至于是否为台风所为,尚难定论。

坍江是钱塘江河口的又一灾害。由于河口大多为粉沙土,缺乏粘性,容易被冲蚀,在潮流和洪水的作用下,往往引起堤岸崩塌,产生大面积的坍江。此坍彼涨,往往是一岸坍塌,另一岸又涨出新的沙滩,而沙滩上的盐户等百姓则随之搬家,时而北岸,时而南岸,"十年九搬家"。比之"十年河东,十年河西"的变迁又不知快多少。

第三节 成因分析

潮汐本是在天体引潮力作用下形成的海平面周期性涨落现象,如果说天体引力给予普天下的潮汐以同等机遇的话,那么中国的钱塘江则格外受到眷顾,钱塘江潮也最为典型。那是什么原因造就了壮观的钱塘江潮呢?

从海洋环境来看,"长江口、杭州湾和舟山群岛附近是我国沿海潮流的最强区域","浙闽沿海是我国沿海潮差最大区"②。杭州湾是典型的喇叭形强潮河口湾,属浅海非正规半日潮海区。"东海潮波推进到杭州湾,受喇叭口平面形态的收缩以及水深变浅、底床摩擦阻力作用,潮波逐渐由前进波转为驻波性质,自湾口向里潮差沿程递增。"③

---

① 《宋史》卷六一《五行志一上》,第904页。
② 《海洋天灾:中国历史时期的海洋灾害与沿海社会经济》,第55页。
③ 梁娟《人类活动影响下的钱塘江河口环境演变初探》,《海洋湖沼通报》2010年第2期。

与此同时,"每年8—10月为我国沿海地区一年中的海平面最高值时段,此时也正是热带气旋影响中国东南沿海的高峰期,在高海平面和风暴潮的共同作用下,海南、福建、浙江和江苏沿海及珠江三角洲和长江三角洲将成为中国沿海的危险海岸带"[1]。杭州正处于上述海岸带上,堪称最危险的海岸带之一。

历史上,杭州湾潮汐的变化情况十分复杂,潮灾的形成和演变过程受岸线变迁、地面沉降、海平面升降、风暴侵袭、洪水顶托、天文大潮以及沿海开发、堤岸防护等多种因素影响,需要进一步分析。

一、钱塘江河口及杭州湾岸线变迁

钱塘江河口受海潮冲击、主流线摆动、泥沙淤积和人工治理等因素影响,几千年来发生了很大变化。历史上杭州湾岸线变迁情况大致如下:

4世纪以前,杭州湾北侧海岸线,由大尖山向东,经澉浦至王盘山,折东北至柘林、奉贤一带。而后,"随着长江口南岸沙嘴的延伸,杭州湾南岸加积,改变了海水的动力条件,引起杭州湾北岸的内坍"[2]。到了唐末五代时期,"海潮直逼金山脚下,海盐一带岸线在县东2.5公里的望月亭附近"[3]。杭州湾上述北岸线大致保持至南宋初年,之后岸线又开始迅速内坍。

金山西南的盐官(今浙江海宁)海岸地处钱塘江北岸河口段,为钱塘江的强潮段,南宋以来一直在内塌。"绍兴初,江涛连年冲突,自仁和白石至盐官之上管,百里生聚,荡为洪波,堤捍百端,随即沦毁,癸丑岁方定。"[4]盐官一带岸线的后退,尤以南宋嘉定年间最为剧烈。嘉定十二年(1219),"盐官县海失故道,潮汐冲平野三十余里,至是侵县治,庐州、港渎及上下管、黄湾冈等(盐)场皆圮。蜀山沦入海中,聚落、田畴失

---

[1] 吴涛等《中国近海海平面变化研究进展》,《海洋地质与第四纪地质》2007年第4期。
[2] 邹逸麟编著《中国历史地理概述》上编第三章《海岸线的变迁》第五节《杭州湾海岸》,福建人民出版社,1993年,第74页。
[3] 《中国历史地理概述》,第74页。
[4] 《淳祐临安志》卷一〇《山川三·捍海塘铁幢浦》,第3318页下。

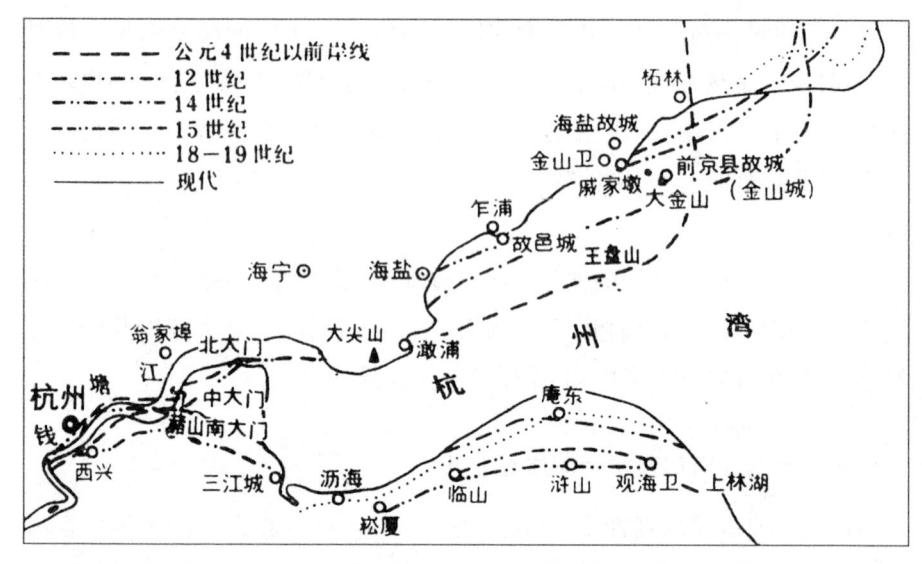

图3.3 钱塘江河口和杭州湾历史变迁图(引自《中国历史时期海岸线的变迁》)

其半"。嘉定十五年(1222),浙江西路提举刘垕上奏进言:"数年以来,水失故道,早晚两潮,奔冲向北,遂致(盐官)县南四十余里尽沦为海。"[1]潮水奔涌冲击致使盐官县城南部二十公里土地沦于江海,诸多盐场坍塌入江海中,蜀山也沦没成为孤岛。

南宋时期,钱塘江河口段南北两侧的岸线虽然时有变迁,但总的趋势是北坍南涨。

杭州至尖山之间的河口江道,历史上有南大门[2]、中小门[3]与北大门[4]三条通道。钱塘江河道主河槽在三条通道间时有变迁,南宋时基本稳定在南大门。例如,《咸淳临安志》中记载:"海门,在仁和县东北六十五里,有山曰赭山,与龛山(隶绍兴府)对势,潮水出其间。"[5]直至乾隆二十四年(1759)才相对稳定于北大门入海,并逐渐形成今日的岸线

---

[1] 《宋史》卷九七《河渠志七》,第1615页。
[2] 龛山、赭山之间。
[3] 赭山、河庄山之间。
[4] 河庄山、海宁海塘之间。
[5] 《咸淳临安志》卷三一《山川十·海门》,第3647页下。

形势。

一千年来,钱塘江河口地貌形态发生过剧烈调整,尤以杭州、尖山间的河口段最为显著,发生了著名的"三门之变"。在7—12世纪,钱塘江冲出杭南—萧西丘陵地区后,自西兴以西向东急拐弯,于龛山、赭山之间的南大门及赭山、河庄山中间的中小门入杭州湾。当时,钱塘江河口段及杭州湾是比较顺直的喇叭口状,北岸自杭州经赭山至大尖山,南岸自西兴经龛山、党山至三江口,北大门宽度约在15公里①。海潮可以长驱直入,上溯至富春江段,据地方志记载,至迟在宋代以前,桐庐、富阳交界处即有"看潮里""潮逆里",富阳城西则有"看潮社"等地名,14世纪下半叶时潮流可达桐庐以南芦茨附近的严滩②。

嘉定十二年(1219)的"海失故道"事件,最为重要的是使钱塘江河道首次向河庄山以北的北大门摆动,以至于海宁以南江岸坍退20余公里③。"三门之变"导致钱塘江河口段河道向北弯曲,反过来又使河口动力条件发生改变,其影响极为深远。

二、海平面上升对潮灾的影响

从长期变化的角度来看,潮灾还受到海平面升降的影响,海平面升降运动是历史上潮灾强度周期性波动的重要背景条件。

有学者根据历史文献资料,讨论两宋年间太湖地区水患的成因、苏北平原以及杭州湾两岸海岸线的后退,认为造成这种环境演变的背景是海面上升。据研究,"北宋初年(10世纪中叶)至南宋中期(13世纪初)海平面上升的幅度约1.5~2米,最高海面约比现代海面高1米左右"④。这

---

① [清]杨鏸《海塘揽要》卷一《三门图说》,"北大门约阔三十余里",故宫博物院编《故宫珍本丛刊》第235册,海南出版社,2001年,第186页上。
② 参见王庆等《一千年来中国东部平原地区四个主要河口的动力地貌演变机制与环境》,《历史地理》第十九辑,上海人民出版社,2003年,第240—250页。
③ 《海塘揽要》卷一《潮由中门图说》:"自唐开元(713—741)以后,至宋嘉定(1208—1224)以前,潮无不由中门出入……自嘉定十二年(1219)潮失故道,盐官县南四十余里,尽沦于海。"第187页上。
④ 满志敏《两宋时期海平面上升及其环境影响》,《灾害学》1988年第2期。

次高海面大约在12世纪末至13世纪初期达到最高点,这可以从这以后,重修的江北沿海的范公堤,江苏如皋、海陵的土月堰以及浙江余姚的施堤内侧再没有重新修筑海塘,沿海土地也没有再继续沦入大海等现象得到证实①。这一时段的下限与南宋杭州第三次潮灾高发期(1207—1246)约略吻合,说明此次潮灾暴发高峰期与海平面大幅升高有着较为直接的对应关系。

太湖平原自北宋初以来水患严重,当时严重的水患可以从很多湖泊形成于宋代这个现象中得到一定反映。位于苏州市东郊的独墅湖被围垦时,发现湖底许多春秋至宋代的井及文物,而无宋代以后的,也反映这里是宋代时成湖的②。昆山市陈墓镇南五保湖中,有一陈妃水冢,为南宋孝宗(1162—1189年在位)妃陈氏墓,推测这五保湖当是在南宋孝宗年间以后形成的③。

通过地层剖面沉积物研究与C14年代测定表明,在2300—1200aBP期间(其时代下限恰在南宋中期),苏北平原建湖地区正处于最后一个高海面时期,海面波动上升,最高时超过现代海面1.5米左右④。通过对地层剖面中孢粉分析和古气候再造,在2300—1200aBP期间,苏北平原建湖地区气温高于现代,最高可超过1℃左右⑤。研究表明,1230—1260年期间我国气候发生明显突变,此前气候为温暖偏湿,此后寒冷偏干⑥。由于气候转冷,陆地覆冰增加,河流入海水量减少,从而导致海面下降。

从潮灾资料分析,在南宋末期海面已开始下降。淳祐七年(1247)到德祐二年(1276)是杭州潮灾的低发期,30年间仅出现3次⑦。此外,南宋末年

---

① 王文、谢志仁《中国历史时期海面变化(Ⅰ)——塘工兴废与海面波动》,《河海大学学报(自然科学版)》1999年第4期。
② 王文、谢志仁《从史料记载看中国历史时期海面波动》,《地球科学进展》2001年第2期。
③ 昆山市地方志编撰委员会编《昆山县志》,上海人民出版社,1990年,第706页。
④ 赵希涛主编《中国海面变化》,施雅风总主编《中国气候与海面变化及其趋势和影响》第2卷,山东科学技术出版社,1996年,第102页。
⑤ 《中国海面变化》,第159—162页。
⑥ 张丕远等《中国近2000年来气候演变的阶段性》,《中国科学(B辑)》1994年第9期。
⑦ 这也可能是史料缺失所致。

连续出现"潮失信"的记录。咸淳十年(1274)十二月"庚午,度宗梓宫发引至浙江上,俟潮涨绝江,潮失期,日晡不至"①。这是史料中钱塘江潮失期的最早记载。德祐二年(1276)二月壬寅"元兵屯钱塘江沙上,临安人方幸,波涛大作,一洗空之,而潮三日不至"②。钱塘江接连发生的"潮失信"可能与气候冷期海面下降有关,即与"南宋后期至元初曾出现过海面下降"③这一研究结论相互吻合。

三、气象条件对潮灾的影响

海平面上升和钱塘江河口及杭州湾岸线南进北退是南宋杭州潮灾发生的基本背景。但细究其直接成因,又大致可以将南宋杭州潮灾分为"风暴潮""洪潮"和"海啸"三类。杭州湾地处亚热带季风气候区,冬季盛行东北风或偏北风,风力强劲,有寒潮大风;春季,冬季风衰退,南北气流交替加剧,低气压及锋面活动频繁,常有大风风向多变;夏季盛行东南风或偏南风,一般风力弱于冬季风,但6—9月常受台风大风的影响;秋季开始有冷空气南下入侵,锋面活动增加④。总体而言,杭州湾风能资源丰富,大风天气较多。

当台风登陆、温带气旋入海、飑线或冷空气过境时,常常伴随着强风和气压骤变所引起的局部海面振荡或非周期性增、减水现象,称之为风暴潮。特别是当天文高潮位与风暴潮相互叠加时,就会出现异常增、减水的极值水位⑤。

南宋杭州潮灾发生时有气象条件记录的案例共13个,占潮灾总数的43.3%,其中11次出现"大风""怒风"等风力条件,可以确认为"风暴潮"的占潮灾总数的36.7%;7次出现"大雨""久雨""大水"等降水条件,可以确认为"洪潮"的占潮灾总数的23.3%;5次同时出现"大风雨"等风雨同步的

---

① 《宋史》卷四七《瀛国公纪》,第621页。
② 《续资治通鉴》卷一八二,第4979页。
③ 王文、谢志仁《从史料记载看中国历史时期海面波动》,《地球科学进展》2001年第2期。
④ 张培坤、郭力民等编著《浙江气候及其应用》,气象出版社,1999年,第3—4页。
⑤ 《中国海面变化》,第184页。

气象条件,可以确认为"风雨潮"三碰头的占潮灾总数的16.7%。

考虑到无气象条件记录的潮灾形成并非与气象条件无关,而只是气象条件可能发生于外海或杭州以外的地域,潮灾所在地区很少或没有感知,故而史料中没有记载;也应该考虑到史料可能存在的记录缺失等可能。因此,可以推断与气象条件有关的潮灾实际次数要多于13次。

表3.3 风暴潮、洪潮和风雨潮与潮灾数量占比表

	风暴潮	洪潮	风雨潮
潮灾总数占比	36.7%	23.3%	16.7%
有气象记录潮灾数占比	84.6%	53.8%	38.5%

以发生时间、大风雨同步为判定条件,在表3.4《与气象条件密切相关的南宋杭州潮灾简表》中,基本可以确认序号为5、8、9、10和13的潮灾案例的主导天气系统应为台风;从杭州地区基本气候以及大风发生时间判断,序号为1、2、3和6的潮灾案例中的主导天气系统是台风的可能性也较大。台风所引发的风暴潮占可确认风暴潮的比例介于45.4%到81.8%之间,是南宋时期杭州风暴潮发生的主要影响因素。

此外,还有7个案例出现降水记录,大雨、久雨可引起钱塘江水位暴涨、洪水肆虐,加之下游入海口海潮的"顶托",从而形成"洪潮"灾害。序号为7和11的潮灾中仅提及"久雨大水"和"大雨如倾",是较为典型的洪潮案例。

最为严重的"洪潮"灾害发生于宋理宗绍定二年(1229)九月初三日,"雨骤涨,至桐江富春间,所谓三江口者,怒风驾涛来……溺于浙江渡者以千计。又至京知,没台城为鱼者以数万计"。从大雨骤至、怒风驾涛等气象条件来看,这很可能是一次秋台风天气过程。大雨引发钱塘江水暴涨,并与风暴潮"碰头",水位急剧抬升使临安第一渡口"浙江渡"溺死者多达千余人,城内淹溺者逾万人。

此次潮灾波及范围远不止杭州。据王象祖撰写的《浙东提举叶侯生祠记》记载:"绍定二年,台郡夏旱秋潦。九月乙丑朔(初一日)复雨,丙寅(初

二日)加骤,丁卯(初三日)天台、仙居水自西来,海自南溢,俱会于城下,防者不戒,袭朝天门,大翻栝苍门城以入,杂决崇龢门,侧城而出,平地高丈有七尺,死人民逾二万。"①此条记录详述洪潮自九月初一日酝酿到初三日暴发的具体时间,以及洪水西来与南溢海潮交汇于天台仙居城下,继而描述潮水涌入城内的行进路线和受灾情况,台州府城内平地水深近5.4米。

由此可见,"洪潮"常常由于江河洪水与海潮来水群发共发,相互作用与影响,使受灾范围扩大化,灾害损失也格外严重。

表3.4 与气象条件密切相关的南宋杭州潮灾简表

序号	年份	具体时间	描述	气象条件	备注
1	绍兴二年(1132)	八月十八日	钱塘观潮,洪涛出岸,激薪崩摧。	大风	天文大潮汛
2	绍兴五年(1135)	七月初四日	萧山海潮,害稼。	大风	
3	淳熙元年(1174)	七月壬寅、癸卯(十七、十八)日	钱塘大风涛,决临安府江堤一千六百六十余丈,仁和县濒江二乡坏田圃,漂居民六百三十八家。	大风	天文大潮汛
4	淳熙四年(1177)	四月己亥(三十)日、五月庚子(初一)日	钱塘江涛大溢,败临安府堤八十余丈,再败临安府堤一百余丈。	大风	天文高潮位
5	淳熙四年(1177)	九月丁酉、戊戌(初一、初二)日	大风雨驾海涛,败钱塘县堤三百余丈。	大风雨	天文高潮位
6	绍熙五年(1194)	七月乙亥(十六)日	萧山县大风驾海涛,行都坏舟甚众,坏堤,伤田稼。	大风拔木	天文大潮汛

---

① [宋]林表民编《赤城集》卷一〇《浙东提举叶侯生祠记》,《文澜阁钦定四库全书》(集部)第1398册,杭州出版社,2015年,第683页下。

（续　表）

序号	年　份	具体时间	描　述	气象条件	备　注
7	嘉定十五年（1222）	七月	暴流与江涛合，萧山受害独惨，漂荡庐舍，冲坏田野，苗腐昏垫。	久雨大水	
8	嘉定十六年（1223）	九月二十七、二十八日	钱塘江溢，坍沿江民庐，余杭、钱塘、仁和县坏田稼。	大水大风	天文高潮位
9	绍定二年（1229）	九月初三日	大雨骤至，江水暴涨，怒风驾涛。	大雨怒风	天文高潮位
10	嘉熙二年（1238）	秋	钱塘江溢，江潮由海门捣月塘，奔团围头，民庐僧舍，坍四十里，渐逼军营。	暴风淫雨	
11	开庆元年（1259）	八月戊子（十七）日	江塘为潮水冲决。	大雨如倾	天文大潮汛
12	咸淳六年（1270）	五月	海溢，坏萧山捍海塘千余丈，新林被虐为甚，岸址荡无存者。	大风	
13	景炎二年（1277）	六月十二日	杭州潮入城，堂奥可通舟楫。	飓风大雨	

现代研究表明，当台风所引起的风暴潮传到大陆架可分为三个阶段。第一阶段在台风远在外海时，可能会出现"先兆波"，表现为海面的微微上升或下降。第二阶段为台风已逼近或过境时，可急剧升高潮位，谓之主振阶段，风暴潮灾害主要出现在此阶段。但主振阶段持续时间不长，一般为数小时到一天。第三阶段为台风过境后，特别是台风平行于海岸移动时，在大陆

架上,往往显现出一种特殊类型的波动——边缘波。这一系列的事后振动,谓之"余振",可长达2—3天。此阶段的危险在于"余振"与天文潮高潮叠加,会形成二次潮灾。

从下表4个案例中,可发现以下共同点:一是气象条件都有大风出现,可判定均为风暴潮过程,从发生月份来看极有可能是台风所致;二是从具体发生日期均在朔望大潮期内,可判定是4次典型风暴潮与天文高潮位叠加案例;三是潮灾造成的损失均较为严重;四是潮灾均持续至少2天,由台风风暴潮主振阶段一般为数小时或一天,故而推断4个案例中很有可能出现风暴潮第三阶段的"余振"与天文高潮叠加的情况。

表3.5 南宋杭州风暴潮与天文高潮叠加对比表

年份	具体时间	描 述	灾情损失	气象条件	备注
淳熙元年(1174)	七月壬寅、癸卯(十七、十八)日	钱塘大风涛	决临安府江堤一千六百六十余丈,仁和县濒江二乡坏田圃,漂居民六百三十八家。	大风	天文大潮汛
淳熙四年(1177)	四月己亥(三十)日、五月庚子(初一)日	钱塘江涛大溢	败临安府堤八十余丈,次日再败临安府堤一百余丈。	大风	天文高潮位
淳熙四年(1177)	九月丁酉、戊戌(初一、初二)日	大风雨驾海涛	败钱塘县堤三百余丈。	大风雨	天文高潮位
嘉定十六年(1223)	九月二十七、二十八日	钱塘江溢	坍沿江民庐,余杭、钱塘、仁和县坏田稼。	大水大风	天文高潮位

现代意义上的海啸是指海下地震、火山爆发或海底山崩、滑坡以及彗星入海等激起的几百到上千公里的海洋巨波,其中地震是海啸的主要成因。目前,尚未发现南宋时期杭州曾遭受过海啸袭击的直接史料记载。

四、影响潮灾的社会因素

从社会原因看,潮灾损失增大与沿钱塘江两岸居住人口的增长、城市聚居区不断扩张、钱塘江滩涂不合理开发以及大规模的沿江屯田等有一定关系。

大量人群聚集观潮突发意外情况造成或加剧潮灾。绍兴二年(1132)和绍兴十年(1140)2次潮灾事故,为农历八月十八日钱塘观潮盛事。前者因"岸高二丈许,上多积薪,人皆乘薪而立。忽风驾洪涛出岸,激薪崩摧,死者有数百人"[①]。后者因潮水冲击跨浦桥,"惊涛激岸,桥震坏入水,凡压溺而死数百人"[②]。由于大量人流观潮,潮水将岸边柴薪及上面站立的人群卷入滔滔江水中;或因人群大量聚集拥挤,桥面负荷骤然加重,加之当日海潮较平时为大,造成跨浦桥垮塌,观潮人群被压溺而死。

应该说,以上2例潮灾属于偶然灾害事件,它们与当时全民总动员的观潮习俗密切相关,更直接的原因则是观潮时对安全防范措施的忽视,从中可以挖掘出比较深刻的社会含义和警示意义。

第四节　对策与治理

一、宋人对潮汐的认识与研究

北宋真宗乾兴元年(1022),著名科学家、画家、诗人和官员燕肃写成《海潮论》,明确提出日月的作用是海潮的成因。文中虽未言及引力,但是肯定了潮汐与日、月之间具有的密切关系。

> 大率元气嘘吸,天随气而涨敛,溟渤往来,潮随天而进退者也。以

---

① 《鸡肋编》卷中,《宋元笔记小说大观》第四册,第4023页。
② 《咸淳临安志》卷九二《纪事》,第4204页下。

日者,重阳之母,阴生于阳,故潮附之于日也;月者,太阴之精,水者阴,胡潮依之于月也。是故随日而应月,依阴而附阳,盈于朔望,消于朏魄,随于上下弦,息于辉朒,故潮有大小焉。①

与燕肃同时期的张君房,发展了唐代窦叔蒙的潮时推算图,以月亮在黄道上的视运动度数为横坐标,十二时辰"著辰定刻"(一天为100刻)为纵坐标,从而使潮汐与月亮之间对应的运动关系反映得更为精准。

燕肃还是潮汐研究史中第一个提出具体潮汐时差的人。他认为潮时逐日推迟,时间有大尽、小尽(一个月30天和29天)之分,将一天定为100刻,大尽的具体潮汐时差为3.72刻、小尽为3.73刻。②

> 今起月朔夜半子时,潮平于地之子位四刻一十六分半,月离于日在地之辰,次日移三刻七十二分,对月到之位,以日临之,次潮必应之,过月望复东行,潮附日而又西应之,至后朔子时四刻一十六分半,日月潮水亦俱复会于子位。于是知潮当附日而右旋,以月临子午,潮必平矣;月至卯酉,汐必尽矣;或迟速消息又小异,而进退盈虚终不失于时期。③

这段话不仅肯定潮汐涨落规律,还明确当月亮在子时或午时接近上中天时,会达到大潮位;当月亮在卯时或酉时上中天时,是小潮位。

燕肃还对钱塘江潮做出了科学解释。此前,学者公认钱塘江涌潮其"激怒之理",是南北两岸有对峙的龛山、赭山,形同"海门"约束水势所致的岸狭势逼说。燕肃否定了单纯的"海门说","东溟自定海吞余姚、奉化二江,俟之浙江,尤甚逼狭,潮来不闻有声"④。他认为"盖以下有沙滩(水中沙坎

---

① 《咸淳临安志》卷三一《山川十·浙江》,第3642页下。
② 白欣、李莉娜、贾小勇《官员科学家燕肃》,《西南交通大学学报(社会科学版)》2005年第6期。
③ 《咸淳临安志》卷三一《山川十·浙江》,第3642页下—3643页上。
④ 《咸淳临安志》卷三一《山川十·浙江》,第3643页上。

为滩),南北亘连",这些沙坎不但妨碍行舟,同样也"隔碍洪波,蹙遏潮势"。由于潮波在行进中受阻,"浊浪堆滞,后水益来,于是溢于沙滩,猛怒顿涌,声势激射,故起而为涛耳,非江山浅逼使之然也"①。这从南海而来的商人船只惧怕经行钱塘江江底的沙坎,从而自杭州湾口以外换小船绕道自浙东运河来杭,也可得到证实。

燕肃以后,南宋的马子严、朱中有等都对潮汐有所研究。马子严《潮汐说》:"朔后三日,明生而潮壮;望后三日,魄见而汐涌。"此是说潮汐应月,每月初三、十八日前后潮势最大。朱中有自称,"生长海滨、往来钱塘五十年"②。嘉定甲申年(1224),朱中有著成《潮赜》,详细讨论沙滩导致激潮的作用,形成了一个简单的潮头高低经验模式,并观察到涨潮退潮通常采取不同的水道。

> 燕公所谓滩者,水中沙也。钱塘海门之滩,亘二百里。夫水盈科而后进,潮涨未及滩,则钱塘之江尚空空也。及既长而冒之,自滩斗泻入江,又江沙之涨或东或西无常地,潮为沙坼所排轧,其激涌震天动地峨峨而来,水之理也。……故钱塘潮候,率迟于定海者,定海平进,而钱塘必候登滩而后至于江。其初来也,从浙江亭望之,仅若一线,非潮小也,其地远,所见微耳。渐近则渐大,非潮大也,所见渐近渐大,固宜。及夫潮退,则或由滩中低处,或从滩两尾,滔滔以至于海。盖滩中高而两头渐低,高处适当钱塘之冲,其东稍低处,乃当钱清、曹娥二江所入之口,钱清江口滩最低,潮头甚小,曹娥江口滩稍高于钱清,故潮头差大。③

朱中有还发现气象条件对潮涌具有重要作用,认识到强风增水对于潮位高、低具有正、负叠加效应。"非朔望正汛而大,或当汛而反小,盖适遇巨

---

① 《咸淳临安志》卷三一《山川十·浙江》,第3643页上。
② [宋]张淏纂修《宝庆会稽续志》卷七《拾遗·潮赜》,《宋元方志丛刊》第八册,中华书局,1990年,第7178页下。
③ 《宝庆会稽续志》卷七《拾遗·潮赜》,第7180页上—下。

风。风顺推之而来,后浪拥前,故忽大,而且久不退;风逆则抑之而退,前浪遏后,故骤小,而且久不进耳。"①他还援引嘉定十六年(1223)发生于宁波的风暴潮为例:"癸未九月二十七、八间,东北大风,庆元城(今宁波)外沿江平地潮上二丈余,河水为咸卤所杂,鱼悉浮,此其验也。"②由于风助潮势,宁波的外浃江岸平地水深超过6米,可见此次风暴潮的猛烈程度。

北宋至和三年(1056)八月,将作监主簿、监浙江税场吕昌明复位了《浙江四时潮候表》③,即按着一年四季详细记载了浙江涌潮的每月上半月和下半月的日、夜潮位的高低变化情况。

表3.6 浙江四时潮候表

日 期		春季、秋季(同)			夏 季			冬 季		
上半月	下半月	日潮	潮位	夜潮	日潮	潮位	夜潮	日潮	潮位	夜潮
初一	十六	午末	大	子正	午末	大	子正	午末	大	子初
初二	十七	未初	大	子末	未初	大	子末	未正	大	子末
初三	十八	未正	大	丑初	未正	大	丑初	未末	大	丑初
初四	十九	未末	大	丑末	未末	大	丑正	申初	大	丑末
初五	二十	申正	下岸	寅初	申初	下岸	丑末	申正		寅初
初六	二十一	寅末	渐大	申正	寅初	小	申正	寅末		申末
初七	二十二	卯初	渐小	酉初	寅末	小	申末	卯初		酉初
初八	二十三	卯末	渐小	酉正	卯初	小	酉初	卯末		酉正
初九	二十四	辰初	小	酉末	卯末	小	酉正	辰初	小	酉末
初十	二十五	辰末	交泽	戌正	辰初	交泽	酉末	辰末	交泽	戌初
十一	二十六	巳初	起水	戌末	辰末	起水	戌初	巳初	起水	戌正
十二	二十七	巳正	渐大	亥初	巳初	渐大	戌正	巳正	渐大	戌末
十三	二十八	巳末	渐大	亥正	巳正	渐大	亥初	巳末	渐大	亥初
十四	二十九	午初	渐大	亥末	午初	渐大	亥末	午初	渐大	亥正
十五	三十	午正	极大	子初	午末	大	子初	午正	渐大	亥末

---

① 《宝庆会稽续志》卷七《拾遗·潮赜》,第7182页上。
② 《宝庆会稽续志》卷七《拾遗·潮赜》,第7182页上。
③ 《淳祐临安志》卷一〇《潮候》,第3317页上—3318页上。

《浙江四时潮候表》与吴自牧在《梦粱录》中对潮汛大小、时间的记载相互吻合。"若以每月初五、二十日,此四日则下岸,其潮自此日则渐渐小矣。以初十、二十五日,其潮交泽起水,则潮渐渐大矣。初一至初三、十五至十八,六日之潮最大,银涛沃日,雪浪吞天,声若雷霆,势不可御。"①

《浙江四时潮候表》比英国的《伦敦桥涨潮时间表》要早一百五十余年,是世界上至今保留最早的潮候表。当年,该表曾经刻碑立于钱塘江畔的渡口处,用于告知民众适时避潮观潮。南宋时期临安曾有多次钱塘江覆舟沉溺事件发生,《浙江四时潮候表》的出现可以为钱塘江渡口的管理者"监渡官"和往来舟船的梢工渡子提供避让潮水的科学依据,从而避免或减少因潮水冲击而导致的覆舟沉溺事件发生。

二、钱塘江防御潮灾的工程性措施

历史上,钱塘江口的江流、海潮出入,有南大门、中小门与北大门三条通道。南宋以前,潮流基本从南大门出入,直冲杭州一带。从南宋后期开始,海潮来势屡屡趋向于北大门,直冲盐官②一带海岸。因此,海塘修筑的重点从杭州一线直至盐官一带。由于潮流常趋南大门,杭州湾南岸的萧山等处海塘也时有溃决,因此,修筑记录也不在少数。

杭州城南临钱塘江,为南宋都城的航运与货物集散带来方便,正如《西湖游览志》所说:"杭之为郡,枕带江海,远引瓯闽,近控吴越,商贾之所辐辏、舟航之所骈集,则浙江为要津焉。"③但是,钱塘江潮的猛烈冲击,却给航运乃至都城安全带来严重的威胁。

北宋政府曾于大中祥符五年(1012)至庆历四年(1044)的30多年,先后修筑钱塘江堤塘五、六次。"钱唐边江土恶不能堤,钱氏以薪为之,水至即溃。皇祐中,工部郎中张夏出使,置捍江兵五指挥,专采石增修,众赖以安。"④从吴越

---

① 《梦粱录》卷一二《浙江》,第281页上。
② 今海宁盐官镇。
③ [明]田汝成《西湖游览志》卷二四《浙江胜迹》,清光绪二十二年钱塘丁氏嘉惠堂重刊本。
④ [宋]周煇《清波杂志》卷六《江岸》,《宋元笔记小说大观》第五册,上海古籍出版社,2001年,第5079页。

国开始,钱塘江堤塘的修筑相继采用柴塘、竹笼石塘、叠砌石塘等多种塘工形式。

北宋末年至南宋初期,堤塘年久失修,屡屡毁坏。南宋定都杭州后,曾于绍兴十四年(1144)、绍兴二十二年(1152)、乾道七年(1171)、淳熙三年(1177)、嘉定十年(1217)、嘉定十六年(1223)、嘉熙三年(1239)七次大规模维修与加固钱塘江堤塘,把六和塔、庙子湾、浙江亭等处靠近都城的泥岸改为石堤。

例如,宋高宗绍兴二十二年(1152)十一月乙卯,吏部尚书兼侍讲林大鼐进言:"武林江山之会,大江潮信,一日再至。顷者江流失道,滩碛山积,潮与洲斗,怒号激烈,一城为之不安枕。虽诏守臣、漕司专意堤堹,日计营缮,才成即决,不支年岁。臣以为南至龙山,北至红亭,二十里间,乃潮势奔冲之下流,正迎敌受患之处,虽缮治无益也。望选历练谙晓之士,专置一司,博询故老,讲究上流利病,古今脉络,而后兴工。……"对此,宋高宗是持认可态度的,他说:"恐浸淫为害,可令乘冬月水不泛溢时,治之为易。"①最终,宋高宗采纳了林大鼐的建议,在农闲水浅的冬季施工,修筑南至龙山、北至红亭二十里的堤塘。

嘉定十五年(1222),朝廷命浙西提举刘垕专任修治盐官县海塘之事。刘垕在实地踏勘考察后,指出盐官潮患主要有两个方面:"一曰陆地沦毁,二曰咸潮泛溢。"②陆地沦毁于江海之中,人力无法可施,故而刘垕更侧重于治理咸潮。除整修盐官县城外东、西两道咸塘外,他在咸塘之内整修原有的袁花塘和淡塘,以作为第二道堤防,称为"土备塘"。筑土备塘所需的土料,在挖土后成为一条与土备塘并行的河,称为"备塘河"。该河能拦截从海塘漫溢和渗透过来的咸水,还成为筑塘时运送木石材料的水路专线,起到一举多得的作用。这一创举成为后世修治海塘的范式。

修建闸口、清除淤积是防备海潮兼且确保运河畅通的重要工程性措施

---

① 《续资治通鉴》卷一二九,第3431页。
② 《宋史》卷九七《河渠志七》,第1615页。

之一。绍兴十三年(1143)四月庚辰,两浙转运副使张叔献请求依照元祐年间的古迹于华亭置闸,以抵御咸潮入侵。宋高宗赵构说:"今边事息,当于民事为急。民事当以农为先。朕观汉文帝诏书,多为农而下,以农者,天下之本。置闸,其利久远,不可惮一时之劳也。"①于是,皇帝下诏令张叔献措置修建闸口。

宋孝宗乾道五年(1169),临安知府周淙"重修浙江浑水、清水、保安三闸,仍奏请置监官一员"②。浑水闸和清水闸在临安城东南的便门外,每遇潮涌则关闭,潮平水清则开启,因此,重修上述水闸十分必要。乾道三年(1167),萧山县西兴镇通江两闸为江沙壅塞,舟楫不通。而后,"募人自西兴至大江,疏沙河二十里,并浚闸里运河十三里,通便纲运,民旅皆利"③。这是将里运河经西兴至钱塘江三十三里河道的江沙清淤,以便由浙东运河转运而来的漕船畅通无阻。

为了修筑、维护钱塘江江堤,两宋时期杭州的厢军中均设有"捍江"番号,是专业的水利兵。捍江兵共五指挥,每指挥编额400人,共计2000人;另有修江指挥,编额120人④。如乾道三年(1167),为了防止萧山县里运河至钱塘江段河道因潮水不定,复有填淤,"差注指使一人,专以'开撩西兴沙河'系衔,及发捍江兵士五十名,专充开撩沙浦,不得杂役,仍从本府起立营屋居之"⑤。为了防止江潮泥沙反复淤积,又征发捍江兵士五十名、设置"开撩西兴沙河"差官一员,专门负责河道泥沙开撩事宜。可见,修建和维护钱塘江堤、进行河道清淤等工作,一直是捍江兵的本职。

三、加强对钱塘江渡口管理

前文言及潮灾危害时,钱塘江渡口或因潮涨浪高,或因突遇暴风,很容易出现覆舟事故。除了提供《浙江四时潮候表》,指导渡口舟楫及时避潮,

---

① 《宋史全文》卷二一中《宋高宗十四》,第1671—1672页。
② 《咸淳临安志》卷三九《山川一八·水闸》,第3715页下。
③ 《宋史》卷九七《河渠志七》,第1619页。
④ 《咸淳临安志》卷五七《武备·厢军》,第3863页下。
⑤ 《宋史》卷九七《河渠志七》,第1619页。

还通过种种措施加强渡口管理。宋高宗绍兴七年(1137)六月十五日,尚书省官员进言:"浙江、西兴两岸济渡,多因过渡人众争夺上船,或因渡子乞觅邀阻,放渡失时,致多沉溺。自绍兴元年至今年,已三次失船,死者甚众。"而后,宋高宗也意识到加强渡口管理的必要性,随即下旨:"如装载过数,梢工杖八十,致损失人命,加常法二等。监官故纵与同罪,不觉察杖一百。"①

在南宋名臣吕颐浩知临安府期间,开始设置浙江监渡官,以船只大小确定载客多少,此后,超载舟覆事故大减。隆兴元年(1163)十月初三日,钱塘江渡船中流覆舟,舟中乘客多殒于非命,有大臣再次陈请严格钱塘江两岸渡口的管理。于是,宋孝宗下诏:"(当日监渡官、枢密使臣)吉演放罢,(当日覆舟梢公)李胜编管五百里。仍令户部申严行下。"②

严格渡口管理,体现在对监渡官的奖善惩劣。宋孝宗淳熙十年(1183)二月初三日,临安知府王佐上奏说,龙山监渡官许元礼装渡船至浮山沉覆,而后"监渔浦镇霍令询、监渔渡郭孝忠将带人船救活七十九人,已将龙山渡官许元礼奏罢,其霍令询、郭孝忠乞赐旌赏"③。最后,霍、郭二人各自给予减三年磨勘的奖励,至于龙山渡口的监渡官许元礼则被罢免。

第五节 影 响

一、观潮与"弄潮"风俗

杭州湾为世界著名的涌潮区,每逢天文大潮汛就会形成闻名遐迩的钱塘江大潮。北宋著名词人柳永《望海潮》中说:"云树绕堤沙,怒涛卷霜雪,天堑无涯。"④大诗人苏轼也曾作《望海楼晚景》诗,望海楼在今杭州主城区

---

① 《宋会要辑稿》刑法二之一五〇,第 6570 页下。
② 《宋会要辑稿》方域一三之一〇,第 7535 页上。
③ 《宋会要辑稿》方域一三之一四,第 7537 页上。
④ [宋]柳永《望海潮》,唐圭璋编《全宋词》,中华书局,1965 年,第 39 页。

南部的凤凰山上,北宋时期在此能见到钱塘江大潮,其诗云:"海上涛头一线来,楼前指顾雪成堆。从今潮上君须上,更看银山二十回。"①

宋代杭州已形成观潮习俗,特别是农历八月十八日更是盛况无双。南宋朱中有《潮颐》一文,对钱塘江潮有生动描写:

> 观夫潮之将来,先以清风,渺一线于天末,旋隐隐而隆隆。忽玉城之嵯峨,浮贝阙而珠宫。尔若鹏徙,又类鳌抃。荡潏冲突,倏忽千变。震万鼓而霆碎,扫犀象于一战。既胆丧而心折,亦神凄而目眩。已而潮平,迤逦东去。②

南宋都市笔记文学《梦粱录》记载:"每岁八月内,潮怒胜于常时,都人自十一日起便有观者,至十六、十八日倾城而出,车马纷纷,十八日最为繁盛。"③周密《武林旧事》中的《观潮》一文更对当时都城市民观潮情形有着详细精彩的记述:

> 浙江之潮,天下之伟观也。自既望以至十八日为最盛。方其远出海门,仅如银线;既而渐近,则玉城雪岭,际天而来,大声如雷霆,震撼激射,吞天沃日,势极雄豪。杨诚斋诗云"海涌银为郭,江横玉系腰"者是也。
>
> 每岁京尹出浙江亭教阅水军,艨艟数百,分列两岸,既而尽奔腾分合五阵之势,并有乘骑弄旗标枪舞刀于水面者,如履平地。倏尔黄烟四起,人物略不相睹,水爆轰震,声如崩山;烟消波静,则一舸无迹,仅有"敌船"为火所焚,随波而逝。
>
> 吴儿善泅者数百,皆披发文身,手持十幅大彩旗,争先鼓勇,溯迎而

---

① [宋]苏轼著,[清]王文诰集注,孔凡礼点校《苏轼诗集》卷八《望海楼晚景五绝·其一》,中华书局,1982年,第368—369页。
② 《宝庆会稽续志》卷七《拾遗·潮颐》,第7184页上。
③ 《梦粱录》卷四《观潮》,第256页下。

上,出没于鲸波万仞中,腾身百变,而旗尾略不沾湿,以此夸能。而豪民贵宦,争赏银彩。

江干上下十余里间,珠翠罗绮溢目,车马塞途。饮食百物,皆倍穹常时,而赁看幕,虽席地不容闲也。禁中例观潮于"天开图画"。高台下瞰,如在指掌。都民遥瞻黄伞雉扇于九霄之上,真若箫台蓬岛也。①

南宋吴琚曾有《酹江月·观潮应制》描绘其一时盛况,该词上阙描写钱塘涌潮到来时的奇观,奇肆壮丽;下阙描述弄潮和观潮的情景,亦有声有色,其中还隐寓恢复中原之志。

玉虹遥挂,望青山隐隐,一眉如抹。忽觉天风吹海立,好似春霆初发。白马凌空,琼鳌驾水,日夜朝天阙。飞龙舞凤,郁葱环拱吴越。

此景天下应无,东南形胜,伟观真奇绝。好是吴儿飞彩帜,蹴起一江秋雪。黄屋天临,水犀云拥,看击中流楫。晚来波静,海门飞上明月。②

这是一首应制词。淳熙十年(1183)八月十八日,宋孝宗与太上皇(宋高宗赵构)往浙江亭观潮。太上皇喜见颜色,曰:"钱塘形胜,东南所无。"宋孝宗起奏曰:"钱塘江潮,亦天下所无有也。"③太上皇宣谕侍宴官,令各赋《酹江月》一曲,至晚进呈。太上皇以吴琚为第一。

浙江潮的雄奇豪壮,潮来前水军的检阅,潮来时弄潮演习的分合变化,吴儿的精彩竞赛,都市民众的观潮情景,一一摄于笔底,美不胜收。尤其是弄潮儿的表演最为精彩。"其杭人有一等无赖、不惜性命之徒,以大彩旗或小清凉伞、红绿小伞儿,各系绣色缎子满竿,伺潮出海门,百十为群,执旗泅

---

① [宋]周密著,李小龙、赵锐评注《武林旧事》卷三《观潮》,中华书局,2008年,第88—89页。
② 《武林旧事》卷七《乾淳奉亲》,第206页。
③ 《武林旧事》卷七《乾淳奉亲》,第206页。

水上,以迓子胥弄潮之戏。或有手脚执五小旗,浮潮头而戏弄。"①这一场景堪称宋代版的冲浪表演,然而弄潮儿郎们既无冲浪板,又要擎执旗伞浮于潮头之上,其难度显然不小,一旦疏忽大意,往往有沉没于江底者。

为此,早在北宋治平年间(1064—1067),杭州郡守蔡襄作《戒约弄潮文》:"斗牛之外,吴越之中,惟江涛之最雄,乘秋风而益怒。乃其俗习,于以观游。厥有善泅之徒,竞作弄潮之戏。以父母所生之遗体,投鱼龙不测之深渊,自为矜夸。时或沉溺,精魄永沦于泉下,妻孥望哭于水滨。生也有涯,盍终于天命;死而不吊,重弃于人伦。推予不忍之心,伸尔无家之戒。所有今年观潮,并依常例。其军人百姓辄敢弄潮,必行科罚。"②

官府虽然禁止,然而风俗已成,"亦不能遏也"。"弄潮"运动惊险刺激,颇受当时杭州人推崇。"弄罢江潮晚入城,红旗飐飐白旗轻。不因会吃翻头浪,争得天街鼓乐迎。"③此诗不写观潮、弄潮之事,却写弄潮儿得胜回城受到热烈欢迎的情景,其自豪感油然而生。

宋代文学作品《乐小舍拼生觅偶》简直就是一场临安市民观潮弄潮的实录。那四面涌潮、潮水最大的"团围头",潮头每年都将一些观潮市民冲入水中,一群不惜性命也要观潮的市民……如此等等,皆为事实,将此可与《梦粱录》《武林旧事》中观潮弄潮记载互相印证,印象更深。

"潮失信"是指潮汛该大不大,该小不小,该来不来,都谓之失信,也称"潮汐异常"。《辍耕录》记载,南宋德祐二年(1276)正月,元军统帅伯颜率军进入临安城,"范文虎安营浙江沙涘,太皇太后望祝曰:'海若有灵,当使波涛大作,一洗而空之。'潮汐三日不至,军马宴然"④。正如诗人吴兴华《钱塘江怀古》所述"铁甲屯江潮不至",如之奈何?

潮水仿佛在和杭州开玩笑,就在临安陷落的第二年,也就是元朝至元十

---

① 《梦粱录》卷四《观潮》,第256页下。
② 《梦粱录》卷四《观潮》,第256页下。
③ 钱唐军人《弄潮诗》,《梦粱录》卷四《观潮》,第256页下、257页上。
④ [明]陶宗仪《辍耕录》卷一《浙江潮》,《文澜阁钦定四库全书》(子部)第1068册,杭州出版社,2015年,第15页下。

四年(1277)六月十二日,一场大潮灾袭击旧日的南宋都城,"杭州飙风大雨,潮水入城,堂奥可通舟楫"①。历史的无奈与天威的莫测,怕是尽在钱塘江畔的潮来潮往中。

二、潮神与伍公庙

出于对潮水的恐惧,钱塘江两岸地区很早就产生"潮神"崇拜现象。其中,最早的"潮神"是春秋末期吴国大夫伍子胥。吴王夫差听信谗言,赐剑命伍子胥自杀,并抛尸于钱塘江上,因其死时充满怨气,越人对其抱有敬畏之心,故而将汹涌奔腾的潮水看做伍子胥发怒所致,"子胥因随流扬波,依潮来往,荡激崩岸"②。潮神崇拜产生以后,其祭祀持续不断。宋末元初的刘一清记载:"自春秋至皇宋千有余年景象,相传理宗赐额忠清,又建阁,于门之上,御书英卫之阁以扁之,每岁春秋醮祭。"③其祭祀不仅限于民间,政府官员每年也要派员祭祀。苏东坡任杭州刺史时曾撰文道:"保障斯民,以食此邦。……完我岸闸,千夫奏功。牲酒薄陋,报微施丰。"④

伍公庙,在伍公山顶,又名"忠清庙""伍相庙""子胥祠"等,供奉伍子胥。吴国人民同情吴子胥,编写神话,传说伍子胥死后驱江水为涛,所以"钱江潮"又名"子胥涛",并在吴山上立祠奉祀。《梦粱录》记载:"忠清庙在吴山,其神姓伍名员,乃楚大夫奢之子,自唐立祠,至宋亦祀之。每岁海潮大溢,冲激州城,春秋醮祭,诏命学士院撰青词,以祈国泰民安,累赐美号曰忠武英烈显圣福安王。有行祠在仁和县治东南隅。"⑤

自唐至宋,伍子胥作为"潮神"被官方一再进封,每年春秋两次,举行持续三天三夜的隆重祭祀仪式,以祈求潮神保佑,不要出现"江涛毁岸""冲激

---

① 民国《杭州府志》卷八三《祥异二》,民国十一年铅印本,成文出版社,1974年,第1631页上。
② [汉]赵晔《吴越春秋》卷三《夫差内传》,《文澜阁钦定四库全书》(史部)第464册,杭州出版社,2015年,第36页下。
③ [元]刘一清《钱唐遗事》卷一《伍子胥庙》,《影印文渊阁四库全书》(史部)第408册,台湾商务印书馆,1984年,第970页下。
④ [宋]苏轼著,孔凡礼点校《苏轼文集》卷六二《祭英烈王祝文》,中华书局,1986年,第1921页。
⑤ 《梦粱录》卷一四《山川神》,第286页下。

州城"的灾祸。在八月十八日观潮盛典结束后,南宋官方往往也会举行祭祀潮神的仪式:"其日帅司备牲礼、草履、沙木板,于潮来之际,俱祭于江中,士庶多以经文投于江内。"①南宋理宗嘉熙三年(1239),钱塘江海潮大溢,弥望七八十里之外,皆溃为洪流,知临安府赵与𢡟祈求于"潮神",巧合的是水患顿息,于是上奏朝廷,建立"英卫阁"②,宋理宗亲书"英卫"匾额。

洪迈《夷坚丁志》中还记载了一则颇具神异色彩的传说。神明要借钱塘江潮惩罚临安"凶淫不孝之人"③。为能做到彻底的惩恶护善,神明一步步地作出周密的部署,先是选定一个合适的时间——八月十八,以及恰当的地点——钱塘江岸边的跨浦桥,目的是轻而易举将恶人聚集在一起。在八月十八之前的两天,向一部分江上居民公布恶人的名单,以防恶人漏下,好人误上。次夜,又告诫桥畔人家来日不可登桥。最后,当所有应受惩罚的恶人聚集在桥上观潮时,桥震坏落入水中全部淹死。故事开端、发展,至此达到高潮,但小说并没到此结束,还有尾声,"既而死者家来,号泣收敛",还借路人的言语进一步证实神明没有枉杀一个好人。这则故事,当是对绍兴十年(1140)八月十八日钱塘江大潮,"惊涛激岸",冲坏跨浦桥这一历史事实的演绎。

古代文献中,常将潮灾与宿命论、因果报应论等相联系,形成对潮灾原因的一种特有迷信的探究理论。这种思想也反映在历史文献对于潮灾的记载中。例如,嘉定十七年,"海坏畿县盐官地数十里。先是,有巨鱼横海岸,民脔食之,海患共六年而平"④。由有限的信息推测,这可能是一次伴有鲸鱼自杀或搁浅现象的潮灾现象。根据目前的科学研究情况,可以初步得知,鲸鱼自杀现象的原因之一是其脑内的导航系统受到太阳粒子等的干扰而出现偏差。

但是,古时的先民们因为不能理解这种现象而将其视为上天的某种暗

---

① 《梦粱录》卷四《观潮》,第 257 页上。
② 《咸淳临安志》卷七一《忠清庙》,第 3995 页下。
③ [宋]洪迈《夷坚丁志》卷九《钱塘潮》,《笔记小说大观丛刊》第八编,新兴书局,1928 年,第 2236 页。
④ 《宋史》卷六二《五行志一下》,第 915 页。

示,并将后几年此处出现的海溢灾害,与其沿海居民分食鲸鱼牵强联系在一起。这种特有的因果联系的观点曾深深地影响着沿海滨江的居民,甚至是当时南宋政府的决策活动。

自古以来,杭州就是中国乃至世界上受风暴潮危害最为严重的地区之一。南宋时期杭州的潮灾由于受到钱塘江及杭州湾口岸线变迁、海平面升降以及堤岸人口防护等多种因素影响,潮灾之严重、影响之深远为历史所罕见。南宋人在应对潮灾方面亦作出了不懈努力,尤其是工程性措施令人印象极为深刻。未来,随着全球气候变化加剧,风暴侵袭、洪水顶托、天文大潮同位相叠加影响,可能会导致潮灾呈加重的趋向,这一变化趋向应该引起足够重视,并在防灾减灾救灾和工程规划设计中加以充分地考量。

第四章 旱　　灾

第一节 概　　况

　　相对于洪涝，干旱是降水的另一个极端变化所致。俗谚有云："水淹一条线，旱扫一大片。"与水灾相比，旱灾波及的范围往往更广，持续时间更长，伴生灾害更多，灾害损失更重，因此，更加令宋人感到恐惧。旱灾具有渐进性、持续性、累积性等特征，虽然它不像洪水和地震等突发性灾害那样能够激起人们的救助热情，却能造成十分严重的损失，影响宋人经济社会生活的各个方面。

　　干旱的持续累积往往会对资源环境和社会经济带来极大的冲击、严重的影响。如旱灾会引发水资源耗竭、农田干裂，甚至是赤地千里、颗粒无收，极大地破坏与农业有关的社会生产链，引发食物短缺、饥荒和流民，甚至会导致饿殍遍野等人寰悲剧，严重影响社会安定。旱灾容易诱发瘟疫、蝗灾和火灾等次生灾害，夏旱或者夏秋连旱还会带来高温热浪天气，若旱情长时间持续也会造成饮水困难。

　　旱灾在南宋时期的杭州及其周边发生频率依然很高。统计《宋史》等各类史料记载，南宋时期杭州共出现"旱""大旱""不雨""祈雨"等记录71年，共计73次，发生频率略低于水灾记录，约为两年一遇。

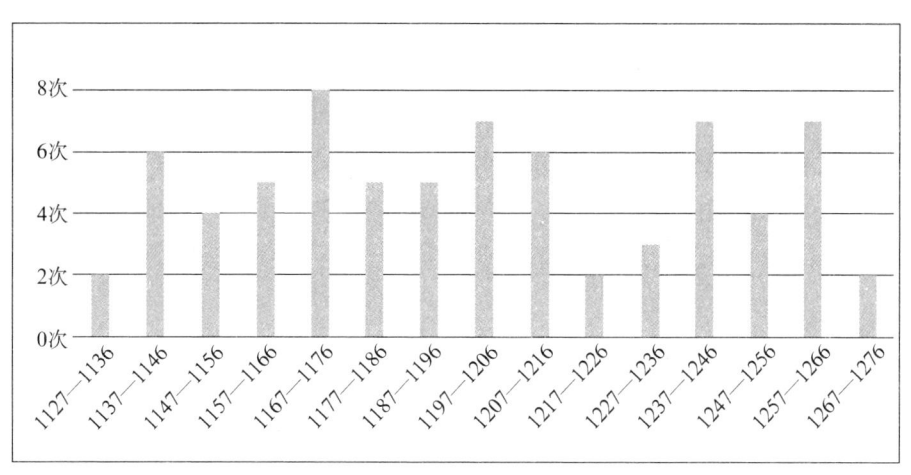

图 4.1　南宋时期杭州旱灾次数年代际变化图

统计旱情发生的季节时段表明,夏旱发生频次最高,共计 19 次;其后,依次为夏、秋连旱,共计 16 次,秋旱有 12 次,春、夏连旱有 6 次,春、夏、秋三季连旱有 4 次,春旱、冬旱、秋冬连旱各有 3 次,冬、春连旱 1 次,合计 67 次。另有剩余的 6 次,因史料未记载旱情出现起止月份或季节,故未列入统计。此处季节划分按照农历月份,即春季(正月—三月)、夏季(四月—六月)、秋季(七月—九月)、冬季(十月—十二月)。由上述统计可以认定,夏、秋季节是旱灾发生的主要季节时段。

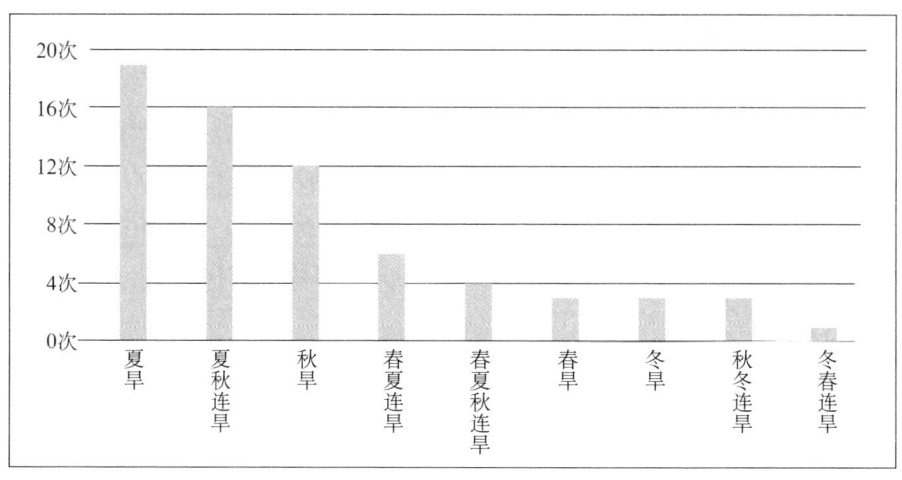

图 4.2　南宋时期杭州各季旱灾发生频次分布图

第二节 典型案例

一、罕见的大范围连旱

宋孝宗淳熙七年(1180),曾经发生了一场几乎波及南宋国土全境的大旱灾。

干旱始于湖南,随着旱情不断发展,影响范围迅速扩大,波及绍兴府等27个州府,杭州也在所难免。"行都自七月不雨,皆至于九月。"①本次旱情不仅范围广,而且十分严重,"皆大旱"。旱情持续时间也很长,如湖南等部分地区"自四月不雨……自七月不雨,皆至于九月……八年正月甲戌,积旱始雨"②,个别地区甚至到次年正月旱情方才缓解,是典型的夏、秋、冬连旱。从史料的具体记载来看,杭州的旱情基本持续了三个月,以秋旱为主。

不幸的是,在接下来的两年里,又连续发生了较大范围的严重干旱。淳熙八年(1181)的旱情,从七月持续到十一月,是一场秋、冬连旱,包括临安府、绍兴府和严州在内的27个州府以及"京西、淮郡皆旱"③。如此罕见、连续的大旱,对农业生产的打击是毁灭性的。

当年冬季,"行都、宁国、建康府、严、婺、太平州、广德军饥,徽、饶州大饥,流淮郡者万余人"④。持续的大旱,致使作物枯萎、庄稼无收,到了冬季,杭州及各地出现饥荒和流民,国家需要采取措施进行救灾。"浙东常平使者朱熹进对论荒政,请蠲田赋、身丁钱,诏江、浙、淮、湖北三十八郡并免之。"⑤理学大师、时任"浙东常平提举"的朱熹上奏宋廷,请求免除受旱地区的农田税和人口税。鉴于灾情的严重性,孝宗下诏一并免去包括两浙路在内的三十八个州郡的相应税赋,以减轻灾民负担,帮助顺利

---

① 《宋史》卷六六《五行志四》,第976页。
② 《宋史》卷六六《五行志四》,第976页。
③ 《宋史》卷六六《五行志四》,第976页。
④ 《宋史》卷六七《五行志五》,第991页。
⑤ 《宋史》卷六七《五行志五》,第991页。

度过荒年。

也是在当年,"行都大疫,禁旅多死"①。虽然尚难以断定旱灾与大疫的发生是否具有直接的因果关系,但是,可以肯定的是旱情对瘟疫具有催发、助长的作用。陆游曾在《冬暖》一诗中描述这年冬季气候失常、久无雨雪、天气燠热的情景。其诗云:"今年岁暮无风雪,尘土肺肝生客热。经旬止酒卧空斋,吴蟹秦酥不容设。日忧疾疫被齐民,更畏螟蝗残宿麦。浓霜薄霰不可得,太息何时见三白!"②该诗当年十一月作于绍兴山阴县,距离杭州并不遥远。中医里的"客热",原指"小儿发热,进退不定,如客之往来"③,此处当指由于气候暖干、尘土飞扬,使人脏腑燥热。旱灾持续令陆游日渐忧虑百姓身被疾疫、螟蝗残食宿麦的困苦,叹息难得浓霜薄霰,更不知何时能下三场冬雪,滋润大地、杀灭害虫。

然而,旱情并未就此结束。到了第三年,也就是淳熙九年(1182),"夏五月,不雨,至于秋七月",有34个州府和5个县"皆旱"④。又是夏秋连旱,又是全国范围的大旱。也许是早有准备,史料未见当年再有饥民流徙的情况出现。

连续三年的大范围旱灾极其考验南宋王朝的综合国力和救灾能力。旱灾首发年淳熙七年(1180)距离南宋建国已五十年,当时国家相对稳定富庶,国力较强,宋孝宗也是南宋诸帝中较有作为的皇帝,救灾举措相对得力,因此,除了瘟疫造成人员病亡,未见史料有大量饿殍的记载。但是,应该看到这样历史罕有的大范围、连续性的旱灾极伤国家和百姓的元气,特别是对农业生产的破坏很大。

二、超长时间的干旱

宋光宗绍熙五年(1194),出现持续时间超长的旱情。史书记载,"春,

---

① 《宋史》卷六二《五行志一下》,第926页。
② [宋]陆游著,钱仲联校注《剑南诗稿校注》卷一四,上海古籍出版社,1985年,第1098页。
③ 李经纬等主编《中医大辞典》(第2版),人民卫生出版社,2009年,第1339页。
④ 《宋史》卷六六《五行志四》,第976页。

浙东、西自去冬不雨,至于夏秋"①。包括杭州在内的两浙东路和两浙西路自去年冬天不雨,一直持续到本年春、夏、秋三季,几乎一年都没怎么下雨。陆游在当年夏季曾作歌谣《云童童行》一首,叙述当时雨来复收,空闻惊雷,青秧欲枯,焦急盼雨的情景。其歌谣曰:"云童童,挟雨来。雨未濡土云已开,不能为人敛浮埃。山南山北空闻雷,青秧欲槁吁可哀!"②

此后,当年八月、十月杭州又连续出现了水灾和久雨等情况。到了冬季,"亡麦苗,行都、淮、浙西东、江东郡国皆饥"③。在前旱后涝的异常气候的影响下,麦禾枯槁、农业绝收,杭州等地出现了饥荒,至于饥荒的严重程度和具体损失,史料缺少记载,相信不会轻。

三、典型的春、夏、秋连旱

宋宁宗嘉定八年(1215)"春,旱,首种不入。四月乙未,祷于太乙宫。庚子,命辅臣分祷郊丘、宗社。五月庚申,大雩于圜丘,有事于岳、渎、海,至于八月乃雨"④。这是一次典型的春、夏、秋三季连旱,其间宋宁宗亲到太乙宫、圜丘连续祈雨,又命辅臣分头祈雨,旱情一直持续到八月,"行都百泉皆竭"⑤。

屋漏偏逢连夜雨。"四月,飞蝗越淮而南。江、淮郡蝗,食禾苗、山林草木皆尽。乙卯,飞蝗入畿县。"⑥所谓"畿县",即都城临安的郊县。自古旱蝗相随,飞蝗自北向南迁飞,直至临安府。当年夏秋两季,各地饥民竞相捕打蝗虫,官府以粟米易蝗虫,所捕灭的蝗虫数以千百石。

持续的旱灾、蝗灾对农业生产破坏很严重,饥荒随之而来。当年五月乙酉,"发米振粜临安府贫民"⑦。随后,宋廷又下诏:"两浙、江淮路谕民杂种粟、麦、麻、豆,有司毋收其赋,田主毋责其租。"⑧因为旱灾,水作庄稼受损严

---

① 《宋史》卷六六《五行志四》,第 977 页。
② 《剑南诗稿校注》卷二九,第 2012—2013 页。
③ 《宋史》卷六七《五行志五》,第 992 页。
④ 《宋史》卷六六《五行志四》,第 977 页。
⑤ 《宋史》卷六六《五行志四》,第 978 页。
⑥ 《宋史》卷六二《五行志一下》,第 918 页。
⑦ 《宋史》卷三九《宁宗纪三》,第 512 页。
⑧ 《宋史全文》卷三〇《宋宁宗三》,第 2571 页。

重,宋廷发布诏书劝农暂时改种粟、麦、麻、豆等旱作庄稼,以期抢抓农时,尽可能减少损失。

第三节 干旱与旱灾的影响

一、干旱与灾异群发

宋宁宗嘉定元年(1208)四月二十五日,有大臣进言:"自去岁以来,蝗蝻为灾,隆冬无雪,入春不雨,以迄于今。……闻之道路旱势甚广,江、湖、闽、浙,所至皆然。遗蝗复生,扑灭难尽。漕渠不通,米价腾踊,人情嗷嗷,几不聊生。"①该年闰四月,宁宗下诏:"命大理、三衙、临安府、两浙州县决系囚。"②由此推断,杭州也处于旱区。

上述史料基本概括南宋旱灾的主要影响。旱情从去年冬季一直持续到本年四月,隆冬无雪,入春不雨,江南大部分地区都受到波及。旱灾导致了蝗灾反复发生,扑灭不尽,导致运河水浅、漕运不通,进而造成外路输送的"客米"断绝,米价飞涨,临安饥民甚至普通百姓都嗷嗷待哺,民不聊生。

大范围的旱灾引发的后果是严重的,特别是饥荒。当年晚些时候,"淮民大饥,食草木,流于江、浙者百万人"③。百万饥民吃光草木之后,流徙于更为富庶的江、浙一带,并波及杭州。"是岁,行都亦饥,米斗千钱"④,输入性的饥荒、饥民与杭州本地的旱灾、饥荒叠加,进一步推高粮价,以至于一斗米也要价值千钱,几乎十数倍于平日,发生大饥荒在所难免。

嘉定二年(1209)再次出现严重的夏旱,灾情极为惨烈。史书记载:"夏四月,旱,首种不入,庚申,祷于郊丘、宗社。六月乙酉,又祷,至于七月乃雨。"⑤旱情整整持续三月有余,皇帝数次祭天祈雨也无济于事。大范围的

---

① 《宋会要辑稿》瑞异二之二七,第 2095 页上。
② 《宋史》卷三九《宁宗纪三》,第 503 页。
③ 《宋史》卷六七《五行志五》,第 992 页。
④ 《宋史》卷六七《五行志五》,第 992 页。
⑤ 《宋史》卷六六《五行志四》,第 977 页。

严重旱灾导致"首种不入",两淮路的饥民流移到江南,直至杭州。

随饥民而来的,是更为可怕的疫病灾害。"夏,都民疫死甚众。淮民流江南者饥与暑并,多疫死。"①大旱加之盛夏高温,行都出现瘟疫,连杭州的百姓都死者甚众,在饥饿和瘟疫的双重打击下,流徙而来的两淮饥民更是难以幸免。如果说,饥馑在夏天还只出现在两淮地区的话,随着旱情发展,农业的大幅减产绝收,到冬季竟然连杭州也出现大饥荒。"冬,行都大饥,殍者横市,道多弃儿。"②饿死的人躺倒在街市上,无人收尸;逃荒的父母连自己都养不活,只有忍痛将儿女抛弃在道路上。一国之都,尚且惨况如此,更是难以想象其他地区又该是怎样一幅情景。

分析这次罕见灾荒的成因,连续两年的大旱当属罪魁祸首。嘉定元年的旱灾不仅令农业生产大受打击,以至于"行都亦饥,米斗千钱",还将百万流民推到江、浙一带,行都临安也涌入了数量庞大的灾民。然而,祸不单行。嘉定二年的夏旱"首种不入",给南宋王朝的农业生产以毁灭性的打击,加之新的流民不断涌入和瘟疫的肆虐横行,惨剧不可避免。

与淳熙七年到淳熙九年连续三年的大旱灾相比,宋孝宗的救灾举措显然更为得力,故而,史书上少有饥殍者横于街市的记载;关于宁宗的救灾之举,史书中反复出现的是祈雨,至于其他举措却少有提及。

二、干旱与高温热浪和饮水匮乏

干旱尤其是夏旱往往伴随着高温热浪天气,进而引发水源枯竭、饮用水困难,有时候其导致的后果十分惨重。绍兴五年(1135)五月,"浙东、西旱五十余日"③。农历五、六月正值盛夏时节,该年的夏旱几乎持续了两个月。同时,"五月,大燠四十余日,草木焦槁,山石灼人,暍死者甚众"④。"燠"意为暖热、火气;"暍"意为中暑。夏旱与高温相互叠加,以至于草木枯萎,山石

---

① 《宋史》卷六二《五行志一下》,第926页。
② 《宋史》卷六七《五行志五》,第992页。
③ 《宋史》卷六六《五行志四》,第975页。
④ 《宋史》卷六三《五行志二上》,第935页。

滚烫,很多老幼病弱或中暑或干渴而死。

再如,南宋嘉定八年(1215)夏五月,"大燠,草木枯槁,百泉皆竭。行都斛水百钱,江、淮杯水数十钱,喝死者甚众"①。从史料记载看,该年是春夏连旱②,到了夏五月,又迎来高温热浪天气,本应郁郁葱葱的草木都枯萎了,众多流水淙淙的泉源也全部干涸,一斛③水在杭州竟卖一百钱,旱情更为严重的江淮地区,一杯水竟要数十钱,可见干旱缺水到了何种程度?在这种极端恶劣的气候条件下,很多买不起水的人都干渴而死。

三、干旱与蝗灾

古人很早就注意到严重旱灾往往会诱发蝗灾或与蝗灾相伴而生,即古书上所谓的"旱极而蝗"。

蝗虫是一种性喜温暖干燥的昆虫,干旱气候对它们的繁殖、生长、发育和存活有许多益处。干旱年份由于地表水位下降,土壤含水量降低,土质坚实,地表植被稀疏,蝗虫产卵数大增,可达每平方米数十万粒卵。随着旱情的发展,河湖水面缩小,低洼地带裸露,又为蝗虫提供了更多适合产卵和生存的场所。同时,干旱导致植物含水量降低,蝗虫以此为食,生长快,繁殖力高。相反,多雨和阴湿环境对蝗虫的生存繁衍有许多不利的影响。

南宋时期杭州有四次较为典型的旱灾与蝗灾伴生暴发的案例。第一次是在宋孝宗淳熙九年(1182),"夏五月,不雨,至于秋七月",南宋全境多达34个州府和5个县"皆旱"。六月乙卯,"飞蝗过都,遇大雨,堕仁和县界"。迁飞而来的蝗虫飞临行都杭州,因为遇到大雨天气,有大批蝗虫被雨水冲击、堕落于临安府仁和县境内。

第二次在淳熙十四年(1187),"五月,旱。六月戊寅,有事于山川群望。

---

① 《宋史》卷六三《五行志二上》,第936页。
② 参见《宋史》卷六六《五行志四》,第977页。"春,旱,首种不入。四月乙未,祷于太乙宫。庚子,命辅臣分祷郊丘、宗社。五月庚申,大雩于圜丘,有事于岳、渎、海,至于八月乃雨。"
③ 按南宋文思院的五斗斛计算,约为30升水。参见张勋燎《南宋国家标准的文思院官量和宁国府(安徽宣城)自置的大斗大斛》,《社会科学战线》1980年第1期。

甲申,帝亲祷于太乙宫。七月己酉,大雩于圜丘,望于北郊,有事于岳、渎、海凡山川之神。时临安、镇江……皆旱……至于九月,乃雨"①。又是大范围的夏、秋连旱,宋孝宗多次亲自祈雨,都没有效果。该年七月,"临安府仁和县管下蝗蝻生发,已有羽翼……诏:临安府速措置施行(捕蝗),毋致滋长"②。又是在临安府仁和县境内,有蝗蝻生发,已有羽翼。这应该是上一年蝗虫产下的虫卵,在干旱的气候条件下生长发育,导致蝗灾暴发。

第三次是在宋宁宗嘉定元年(1208)四月,"自去岁以来,蝗蝻为灾,隆冬无雪,入春不雨,以迄于今。……闻之道路旱势甚广,江、湖、闽、浙,所至皆然。遗蝗复生,扑灭难尽"。这次的旱灾自去年冬季酝酿,进而春旱与夏旱相连,上年的蝗卵生发、迁飞,一时间扑灭难尽。到了五月,夏旱导致"江、浙大蝗"③。这次大蝗灾的波及范围很大,两浙东、西路和江南东、西路都受其害。

最为典型的是嘉定八年(1215)的旱蝗之灾。当年春季,"旱,首种不入。四月乙未,祷于太乙宫……至于八月乃雨。江、浙、淮、闽皆旱……行都百泉皆竭,淮甸亦然"④。这是一次春、夏、秋三季连旱,不仅波及范围广,而且旱情极为严重,杭州的泉源和地表水几乎都干涸了。"四月,飞蝗越淮而南。江、淮郡蝗,食禾苗、山林草木皆尽。乙卯,飞蝗入畿县。……自夏徂秋,诸道捕蝗者以千百石计,饥民竞捕,官出粟易之。"⑤当年四月,蝗虫飞过淮河,横扫江淮地区,山林草木和农田庄稼都被吃个净光,四月乙卯日,蝗虫抵达杭州郊县。朝廷号召饥民百姓捕捉蝗虫,并用蝗虫换取粮食,捉到的蝗虫以千百石计,可见蝗灾为祸的严重程度。

四、干旱与疫病

在古代很多流行性疾病因难以区分其类别,故通称为"疫"或"疫病"。

---

① 《宋史》卷六六《五行志四》,第 977 页。
② 《宋会要辑稿》瑞异三之四五—四六,第 2126 页下—2127 页上。
③ 《宋史》卷六二《五行志一下》,第 918 页。
④ 《宋史》卷六六《五行志四》,第 977—978 页。
⑤ 《宋史》卷六二《五行志一下》,第 918 页。

极端的气候环境如干旱,往往会诱发、催生或助发疫病的流行性,并可能延长发生时间,放大发生范围,增强灾害的破坏力。南宋时期杭州有三次与严重旱灾相伴随的疫病爆发或流行。

第一次是在宋孝宗淳熙八年(1181)。当年七月,"不雨,至于十一月"①,秋、冬连旱波及包括临安府在内的27个州府,范围不可谓不广。这年"行都大疫,禁旅多死"。行都杭州发生大疫,就连身体强壮的禁军士卒都多有人员死亡,可见疫情之重。由于难以区分这场流行性疾病种类,因此,也很难判断旱灾与疫病的具体关系。

第二次是在宋宁宗庆元二年(1196),"五月,不雨"②。同一时间行都疫情流行,"五月,行都疫"③。疫情与旱情的发生时间同步性很好,虽然仍然很难据此断定两者间有直接的因果关系,但盛夏五月的高温干旱无疑是有利于疫情的发生发展。

最严重的是宋宁宗嘉定二年(1209)的旱灾与疫情。"夏四月,旱,首种不入,庚申,祷于郊丘、宗社。六月乙酉,又祷,至于七月乃雨。浙西大旱,常、润为甚。淮东西、江东、湖北皆旱。"④夏、秋连旱导致首种不入,形成饥荒,饥民流徙南下杭州。其后果就是,"夏,都民疫死甚众。淮民流江南者饥与暑并,多疫死"。连杭州居民都因瘟疫死者甚众,何况饥饿与暑旱交攻的灾民呢?

在古代医疗卫生条件较差,人们主要的保洁措施就是自然水清洗,干旱时由于水源短缺,特别是夏季高温期蚊虫病菌滋生,饮食腐败变质,很容易导致疫情发生。另一方面,唐以前杭州城市的主要饮用水来自地下,由于濒临大海,地下水质咸苦,居民饱受卤饮之苦。唐朝代宗年间(766—779)李泌任杭州刺史,他带领民众开凿相国井、西井、金牛井、白龟井、方井、小方井等六井,利用自然倾斜的地势,先以竹筒后改为瓦管,引西湖水入六井,从而解

---

① 《宋史》卷六六《五行志四》,第976页。
② 《宋史》卷六六《五行志四》,第977页。
③ 《宋史》卷六二《五行志一下》,第926页。
④ 《宋史》卷六六《五行志四》,第977页。

决居民的饮水问题,大大促进了杭州城市发展。907年,钱镠为吴越王,建都杭州,又在西湖畔建"涌金池",以增加居民的淡水供应。因此,从饮水安全的角度看,但凡旱情严重,百泉枯竭,西湖就会成为杭州城市居民的主要水源地甚至是唯一的水源地,而这个水源地一旦被病菌污染,特别是当时的西湖还是少有流动的"死水",那么,疫情爆发就会成为必然,且一发而不可收拾。

五、干旱与火灾

南宋的打更人常会敲着竹制的梆子,在夜间边走边吆喝"天干物燥,小心火烛"。这是由于暖干的气象条件最容易诱发或助发城市火灾。对此,宋人也有着清醒的认知。绍兴三年(1133)四月到七月,杭州及其周边地区发生了持续性旱灾。当年七月二十二日,宋高宗下诏申严火禁:"昨缘临安府申请,桥道去处居民搭盖茅草席屋,并令拆去……时为久缺雨泽,故有是诏。"① 查考史料发现,南宋时期杭州有四次与干旱相伴的火灾记录。

宋高宗绍兴九年(1139)"六月,旱六十余日,有事于山川"②。这是一次夏、秋连旱,旱情从六月持续到七月,"二月己卯,行都火。七月壬寅,又火"③。二月的火灾与此次旱灾无关,七月行都的火灾却与干旱发生时间重叠,旱情对火灾应有一定的助发作用。绍兴十二年(1142)"三月,旱六十余日"④。这是春、夏连旱,从三月持续到四月,结果杭州接连发生火灾,"三月丙申,行都火。四月,行都又火"⑤。

宋孝宗淳熙十四年(1187)"五月,旱。六月戊寅,有事于山川群望。甲申,帝亲祷于太乙宫。七月己酉,大雩于圜丘,望于北郊,有事于岳、渎、海凡山川之神。时临安、镇江……皆旱……至于九月,乃雨"。又是夏秋连旱,旱情从五月一直持续到九月,宋孝宗多次祈雨都没有效果。"五月,大内武库

---

① 《宋会要辑稿》方域一三之二七,第7543页下。
② 《宋史》卷六六《五行志四》,第975页。
③ 《宋史》卷六三《五行志二上》,第932页。
④ 《宋史》卷六六《五行志四》,第975页。
⑤ 《宋史》卷六三《五行志二上》,第932页。

灾,戎器不害。六月庚寅,行都宝莲山民居火,延烧七百余家,救焚将校有死者。"①先是大内武库在五月发生火灾,到了六月庚寅日,宝莲山又有七百余家民居烧成白地,连救火的禁军将校都有牺牲的,可见火势之大。

到了宋宁宗嘉定十三年(1220)"冬,无冰雪。越岁,春暴燠,土燥泉竭"②。这年冬天没有冰雪,气候既暖又干,这种气候条件一直持续到第二年春天,以至于气温骤升,土壤墒情极差,地表泉源多有枯竭。如此天气,一旦用火不慎,极易引发大火。嘉定十三年"十一月壬子,行都火,燔城内外数万家、禁垒百二十区"③。当年十一月壬子日,一场大火将杭州城内外数万个家庭焚烧一空,连禁军的营房也烧毁一百二十个,整个行都已成烈火焚城之势。

六、干旱与漕运

时至宋代,太湖流域的苏、湖、秀等州是重要的产粮区。南宋驻跸杭州以后,京师每日的粮食都要靠江南运河从太湖流域等地运送而来;长江中上游的四川、两湖、江西等地区的财赋、漕粮通常也由长江浮船而下,入江南运河到达杭州。正如朱熹在《敷文阁直学士李公(椿)墓志铭》的记述:"京师月须米十四万五千石,而省仓之储多不能过两月。……籴洪、吉、潭、衡军食之余及鄂商船,并取江西、湖南诸寄积米,自三总领所送输以达中都(临安),常使及二百万石,为一岁备。"④吴自牧在《梦粱录》中也说:"细民所食,每日城内外不下一、二千余石,皆需之铺家。……杭城常愿米船纷纷而来,早夜不绝可也。"⑤

南宋时已有"苏湖熟,天下足"⑥的谚语,两浙西路的苏州、镇江、湖州、

---

① 《宋史》卷六三《五行志二上》,第933页。
② 《宋史》卷六三《五行志二上》,第936页。
③ 《宋史》卷六三《五行志二上》,第935页。
④ [宋]朱熹《晦庵先生朱文公文集》卷九四《敷文阁直学士李公墓志铭》,《朱子全书》(修订本)第25册,上海古籍出版社、安徽教育出版社,2010年,第4326页。
⑤ 《梦粱录》卷一六《米铺》,第294页下。
⑥ [清]厉鹗辑撰《宋诗纪事》卷一〇〇《谣谚杂语》,上海古籍出版社,1983年,第2367页。

嘉兴等地是全国最大的产米区,所产稻米除本地消耗存储外,剩余的大部分或上供、或和籴,多输入杭州。各路供给临安的粮米多用纲船沿大运河运输而来,一般纲船的运载量都比较大,可达六七百石乃至上千石。这种纲船吃水深度较大,对运河的水位水量要求较高。运河水浅时,就需要倒换小船或拉纤通过。到了临安府境内,公、私米多走新开运河,新开运河"在余杭门外、北新桥之北,通苏、湖、常、秀、镇江等河,凡诸路纲运及贩米客船,皆由此河达于行都"①。

大旱之年,运河水浅,势必影响纲船漕运供给。遇旱情十分严重的大旱之年,甚至会出现运河断流,漕运中断,进而直接威胁临安的粮食安全。淳熙十四年(1187),临安大旱,运河自奉口至北新桥三十六里的水道尽皆干涸。为了平抑粮价,确保粮食供给安全,南宋政府遂征役兴工,开浚奉口河,"自奉口斗门通放客船六百余只,相继舳舻不绝,谷直遂平"②。

第四节　对策与措施

一、旱情奏报

早在南宋初年,宋廷已屡次下诏,要求太史局和地方政府及时奏报水旱情报。

绍兴三年(1133)四月到七月,发生持续性旱灾。当年七月己未,宋高宗下诏:"太史局每月具天文、风云、气候、日月交食等事,实封报秘书省。"乾道七年(1171)七月和十一月,杭州接连缺少降雨。十一月二十四日,宋孝宗下诏:"近日阙少雨泽,令临安府精加祈祷。仍令两浙安抚转运司行下所部州军,委守令严洁祈祷,务在感应;每五日一次,具雨泽文状申尚书省。"③此处,宋廷的诏令明确要求,两浙路所辖州军每五日提交一次当地降雨量情

---

① 《淳祐临安志》卷一〇《城外运河》,第3328页上。
② 《宋会要辑稿》方域一六之四一,第7596页上。
③ 《宋会要辑稿》瑞异二之二四,第2093页下。

况,并向尚书省报告。

淳熙三年(1176)五月丙午日,宋孝宗再次下诏:"令逐路漕臣具得雨日分及布种次第申尚书省。"①本次诏令再次明确了各地"得雨"的日数和分数,即某一时段内的降雨日数和逐日雨量,以及各地农业耕种情况,一并上报尚书省。

到了淳熙八年(1181)"七月,不雨,至于十一月"②。这次旱情波及临安府等26个州府及京西、淮郡等地,受旱范围很广。为了及时了解各地旱情的发展情况,当年七月,宋廷"定上雨水限",要求"诸县五日一申州,州十日一申,帅臣、监司类聚,候有指挥即便闻奏"。这些都是宋廷对各地上报降雨情况作出的具体且明确的规定。

及时奏报各地降雨情形,是为了便于宋廷准确判断州县地方旱情,为正确地作出有针对性的救灾举措提供决策依据。这可以从宋高宗与大臣的一段对话找到印证:"国朝以来,四方水旱,无不上闻,故修省、蠲贷之令随之。"③

尽管屡有诏旨,要求地方官加强水旱灾害奏报,但情况似乎并不理想。绍兴三年(1133)九月戊午日,宋高宗下诏:"诸路水、旱等事,令监司、郡守即时闻奏,如敢隐默,当置典宪。"④绍兴七年(1137)的春、夏两季,又连续发生干旱。当年七月壬申日,宋高宗曾对臣下说:"朕患不知四方水旱之实,宫中种两区稻,其一地下,其一地高。昨日亲阅之,地高者其苗有槁意矣。"⑤为了随时验看水旱之情和田间农情,宋高宗自己在宫中种植两区水稻,以便对比高下田地的水旱差别。

到了宋孝宗年间,宋廷也曾屡屡下诏,要求地方官员如实上奏水旱之灾。乾道四年(1168)六月,杭州等地再次发生旱情。六月甲午日,大臣蒋芾上奏说:"州县所以不敢申,恐朝廷或不乐闻。今陛下询访民间疾苦,焦劳形

---

① 《宋史全文》卷二六上《宋孝宗五》,第2174页。
② 《宋史》卷六六《五行志四》,第976页。
③ 《宋史全文》卷一八下《宋高宗六》,第1325页。
④ 《宋史全文》卷一八下《宋高宗六》,第1326页。
⑤ 《宋史全文》卷二〇上《宋高宗十》,第1502页。

于玉色,谁敢隐?"宋孝宗回答说:"朕正欲闻之,庶几朝廷处置赈济。"紧接着,宋孝宗就下诏,要求各路漕司官员将水旱灾情的实际情况上报宋廷,如果州、县官员有隐匿不报等情形,要置于国法惩处。

对于州县官员瞒报水旱灾荒,曾有朝臣分析过个中因由。乾道九年(1173)十月,浙东诸州县发生旱情,大臣进言:"州郡水旱,往往讳言,虽有陈奏,未必能尽其实。……盖讳言水旱者,虑朝廷罪其失政也;不尽其实者,虑州用之阙而不继也。"①州郡官员瞒报或报而不实,往往是出于错误的"政绩观",他们害怕朝廷因灾罪责其人,或者担心由于灾荒减放税赋,导致"州用"的不足。为此,即便有属县官员或者受灾百姓申报旱荒,请求减免税赋,他们也会百般阻挠,"必欲其无所陈而后已"。

对此,朝臣提出针对性的建议:"凡有旱伤,必须从实检放,不得乱有沮抑,致奸和气。仍乞令逐路常平提举官躬亲巡历,同帅漕之臣觉察按劾以闻。"②对于上述建议,孝宗是认可的,他要求"申严行下",各路掌管赋税钱粮的安抚使司、转运使司和常平使司的官员要深入基层巡视,发现不法者随时奏报弹劾。

二、祈雨

选择高等级的祭祀场所举行祈雨仪式,是南宋政府上至皇帝、下到官员在精神层面组织抗旱的重要方式之一。除此之外,帝王在旱情严重时往往有下罪已诏、避正殿、撤乐、减膳、素服、蔬食、禁屠之举。从效能上看,如上抗旱方式显然无助于实际旱情的解决,但对标榜以德立国的帝国和"天子"而言,它的意义不可低估。

遇到自然灾害向上天和有关神灵祈祷,是南宋王朝一项传承已久的政治传统。这在旱灾发生时显得尤其突出。据《宋史》记载,因旱灾而祈雨的记录要明显多于其他灾害,这里统计到的数据就多达 26 次。

---

① 《续资治通鉴》卷一四三,第 3834 页。
② 《续资治通鉴》卷一四三,第 3834 页。

高宗时期有 5 次祈雨记载。例如，绍兴三年（1133）"四月，旱，至于七月，帝蔬食露祷，乃雨"①。宋高宗赵构亲自祈雨，并且不食荤腥、露天祷告，诚意十足，于是"乃雨"。至于后续的 4 次祈雨，如绍兴十一年（1141）"七月，旱。戊申，有事于岳渎。乙卯，祷雨于圜丘、方泽、宗庙"②。尽管祈雨的地点级别很高，但是都没什么结果。

史料中屡屡出现有事于"山川"和"岳渎"，意指祭祀山河之神以祈雨。圜丘，古代帝王冬至祭天大典的场所，又称祭天坛；方泽，古代夏至祭地祇的方坛，因为坛设于泽中，故称；宗庙，一般指帝王祭祀祖先的庙宇。尽管祈雨的地点级别很高，但史书中缺少祈雨结果的记载，可能多以失败告终。

宋孝宗乾道四年（1168）"夏六月，旱，帝将撤盖亲祷于太乙宫而雨。……八月，诏颁皇祐祀龙法于郡县"③。也许是感动于孝宗撤去华盖，忍受烈日曝晒之苦的诚意，这次祈雨成功。但是，除了这一次在太乙宫祈雨成功，宋孝宗的 6 次祈雨也多以失败告终。

宋孝宗淳熙七年（1180），"湖南春旱，诸道自四月不雨，行都自七月不雨，皆至于九月。……祷雨于天地、宗庙、社稷、山川群望"④。淳熙十四年（1187）"五月，旱。六月戊寅，有事于山川群望。甲申，帝亲祷于太乙宫。七月己酉，大雩于圜丘，望于北郊，有事于岳、渎、海凡山川之神"。所谓"大雩"，是指古代的一种吉礼，祭祀能兴云降雨的"山川百源"。"六月甲申昧爽，祷雨太乙宫，乘舆未驾，有大声自内发，及和宁门，人马辟易相践，有失巾屦者。"⑤孝宗这次祈雨出行还导致交通事故，"有大声自内发"，可能是远处传来的雷声导致人群和马匹惊慌践踏，以至于很多人的头巾和鞋子都丢失。

宁宗似乎十分热衷于祈雨活动，其祈雨次数达到破纪录的 15 次，可惜几乎没有成功过，以至于在最后一次祈雨仪式中，他居然自虐般地"日午曝立，祷于宫中"⑥。结果，还是滴雨未下。以下摘记几次祈雨记录，不再一一

---

① 《宋史》卷六六《五行志四》，第 975 页。
② 《宋史》卷六六《五行志四》，第 975 页。
③ 《宋史》卷六六《五行志四》，第 976 页。
④ 《宋史》卷六六《五行志四》，第 976 页。
⑤ 《宋史》卷六二《五行志一下》，第 915 页。
⑥ 《宋史》卷六六《五行志四》，第 978 页。

作过多解释。

庆元六年(1200)"四月,旱;五月辛未,祷于郊丘、宗社"①。嘉泰元年(1201)"五月,旱。丙辰,祷于郊丘、宗社。戊辰,大雩于圜丘"②。嘉泰二年(1202)"春,旱,至于夏秋。七月庚午,大雩于圜丘,祈于宗社"③。开禧三年(1207)"二月,不雨。五月己丑,祷于郊丘、宗社"④。嘉定元年(1208)"夏,旱,闰月辛卯,祷于郊丘、宗社"⑤。嘉定八年(1215)"春,旱,首种不入。四月乙未,祷于太乙宫。庚子,命辅臣分祷郊丘、宗社。五月庚申,大雩于圜丘,有事于岳、渎、海,至于八月乃雨"。当年"(四月)乙卯,飞蝗入畿县。己亥,祭酺,令郡有蝗者如式以祭"⑥。

除了圜丘、方泽和宗庙之外,太乙宫也是南宋皇帝常去的祈雨地点。太乙宫,又作太一宫,其位置"在新庄桥南"⑦。宋高宗绍兴十七年(1147),"行宫北隅择爽垲地建祠",延续"京都祠五福太一"⑧传统,其格局比北宋更加突出道教宫观特性和官方色彩。太乙宫设位供奉太乙十神像,即"五福、君基、大游、小游、天一、地一、四神、臣基、民基、直符"⑨。皇帝至此乃是祈天求福,盼降甘露。当灾情十分严重,且先期祈求未获感应时,皇帝才会走出都城,赶赴圜丘祈雨,作最后努力。而一般的祈雨首选之地总是杭州城北的太乙宫,这不仅是因为在太乙宫祈祷具有与圜丘相似的效应,且同时可以借助周边其他礼制建筑来巩固加强祷雨效力。因祈祷对象为天神,与旱情关系最为紧密,所以皇帝先至太乙宫,向南回皇城的途中,再到明庆寺"拈香行礼"⑩。

宋代祈雨仪式形式多样,范围广泛。"既有朝廷制度化了的常祀,也有

---

① 《宋史》卷六六《五行志四》,第977页。
② 《宋史》卷六六《五行志四》,第977页。
③ 《宋史》卷六六《五行志四》,第977页。
④ 《宋史》卷六六《五行志四》,第977页。
⑤ 《宋史》卷六六《五行志四》,第977页。
⑥ 《宋史》卷六二《五行志一下》,第918页。
⑦ 《咸淳临安志》卷一三《太乙宫》,第3481页上。
⑧ 《咸淳临安志》卷一三《太乙宫》,第3481页上。
⑨ 《咸淳临安志》卷一三《太乙宫》,第3481页上。
⑩ 参见赵嗣胤《南宋临安研究——礼法视野下的古代都城》,复旦大学硕士学位论文,2011年,第59页。

大旱或雨水不足时的时旱报祈;既有对五方上帝的大祀,也有对社稷、风师、雨师、雷神的中祀;既有对先祖先贤人格神的祭祀,也有对五岳山川自然神的祭祀;既有佛道两家对所奉观音、玉皇诸神的祭祀,也有大众对住地诸种山神水灵的祭祀。"① 可见,宋代祈雨祭祀已不再是儒家一统天下的局面,而是一幅吸收释道、民间巫术等诸多元素的综合图景。

祈雨是古人意识中人与神沟通的仪式,这就需要某种人神沟通文体,来达至上苍降下甘霖的目的。这类文体的形式有不少,主要包括祈雨文、祝文、祭文、青词、疏和斋文等。在南宋大量的祈雨文作者群体里,不乏陆游、朱熹、真德秀等大家硕儒。

据不完全统计,在《全宋文》中,南宋王朝与祈雨、祷雨有关的诏书,"高宗9篇,孝宗6篇,光宗4篇,宁宗15篇"②。仅从诏书的数量看,在宁宗一朝祈雨仪式举行得最为频繁,这在某种程度上反映了当时干旱多发、旱灾严重。

有时皇帝还会下"罪己诏"。淳熙十年(1183),由于长久的旱情,宋孝宗于七月十二日下"罪己诏",其在诏书里大致说道:"朕涉道日寡,秉事不明,政化失中,以干阴阳之和。乃季夏涉秋,旱暵为虐,大田失望,民靡错躬。夕惕以思,反己自咎。意者听断弗烛厥理,委任有非其人,狱讼不得其平,赋敛所共者大,阿谀成习、雷同顺指者众,忠谠切直之言郁于上闻,致此眚灾,下逮黎庶。侧躬祗畏,忧心惨切。退次贬食,虚己求言,仰答天心,庶迎善气。发朕至诚之虑,匪事虚文之行。"③

宋孝宗将久旱归咎于自己"涉道日寡,秉事不明,政化失中,以干阴阳之和",并进行自省或自我批评,并要求群臣上书言事,以"直言"对皇帝开展批评,指出施政的缺失,以期通过内修人事消弭天灾。

值得关注的是,在乾道四年(1168)南宋政府正式向各路州县颁布"祭龙祈雨雪(法)",将"皇祐二年祭龙祈雨雪(法),内添入绘画龙等样制,从礼

---

① 杨晓霭、肖玉霞《宋代祈谢雨文的文体类别及其所映现的仪式意涵》,《西北师大学报(社会科学版)》2012年第4期。
② 杨晓霭、肖玉霞《宋代祈谢雨文的文体类别及其所映现的仪式意涵》,《西北师大学报(社会科学版)》2012年第4期。
③ 《宋会要辑稿》仪制六之三〇,第1948页下。

部行下临安府镂板"①。通过祭祀龙神,以达到祈雨的目的,就需要一套标准的祭龙程序,礼部特意制定了"画龙"样制,并镂板大量印刷,分发于州县。

这种"祀龙法"是宋代州县盛行的祈雨仪式之一。其大致的程序是,选择一处灵验的名山大川或庙宇神祠,筑起一座阔一丈三尺、高二尺的三级方坛,坛外二十步以白绳为界,与周遭分隔开来。坛上植有竹枝,张挂绘有飞腾矫健的云龙形象画作。经过斋戒沐浴的州县官员,先以酒脯告祭社令,用柳枝洒水于龙画上,然后手捧祝文,高声诵读祈雨②。

祈雨的龙画中多以"风雨云雾"作为不可或缺的画面内容,南宋陈容的龙画便有此风。《图绘宝鉴》记载,陈容不仅深得龙画的变化之意,其作画过程也颇为狂放:"泼墨成云,噀水成雾,醉余大叫,脱巾濡墨,信手涂抹,然后以笔成之。"③这似乎与陈容落拓不羁的性格相映成趣。在《云龙图》中,画家用劲笔勾画龙体,仅龙眼及龙爪施以赭色,龙身周围腾卷的云雾则运墨笔迅扫而成,整个画面水墨淋漓。以这样的龙画祈雨,祈祷者也会平添两分信心。

到了嘉定元年(1208),又因旱灾与蝗灾迭出,"颁醅式于郡县"④;嘉定八年(1215),"祭醅,令郡有蝗者如式以祭"⑤。"醅"为神名,《周礼·地官·族师》记载:"春秋祭醅亦如之。"郑玄注:"醅者,为人物灾害之神也。"⑥南宋朝廷先后数次把祭祀方法颁布郡县,使各地按照统一"流程"和"模式"祈雨或祭祀灾害之神。由此可见,仪式化的祭祀礼仪对于当时的自然灾难具有特殊的地位和意义。

事实上,当时很多人对于祈雨仪式颇不以为然。大儒朱熹曾说:"向在浙东祈雨设醮,拜得脚痛。自念此何以得雨?自先不信。"⑦朱熹认为,即便

---

① 《宋会要辑稿》礼四之一五,第463页上。
② 《宋史》卷一二四《礼志二十七》,第1680—1681页。
③ [元]夏文彦《图绘宝鉴》卷四《宋南渡后》,《影印文渊阁四库全书》(子部)第814册,台湾商务印书馆,1984年,第597页。
④ 《宋史》卷六二《五行志一下》,第918页。
⑤ 《宋史》卷六二《五行志一下》,第918页。
⑥ 夏征农、陈至立主编《辞海》(第六版普及本)中册,上海辞书出版社,2010年,第3030页。
⑦ [宋]黎靖德编,王星贤点校《朱子语类》卷一二六《释氏》,中华书局,1986年,第3033—3034页。

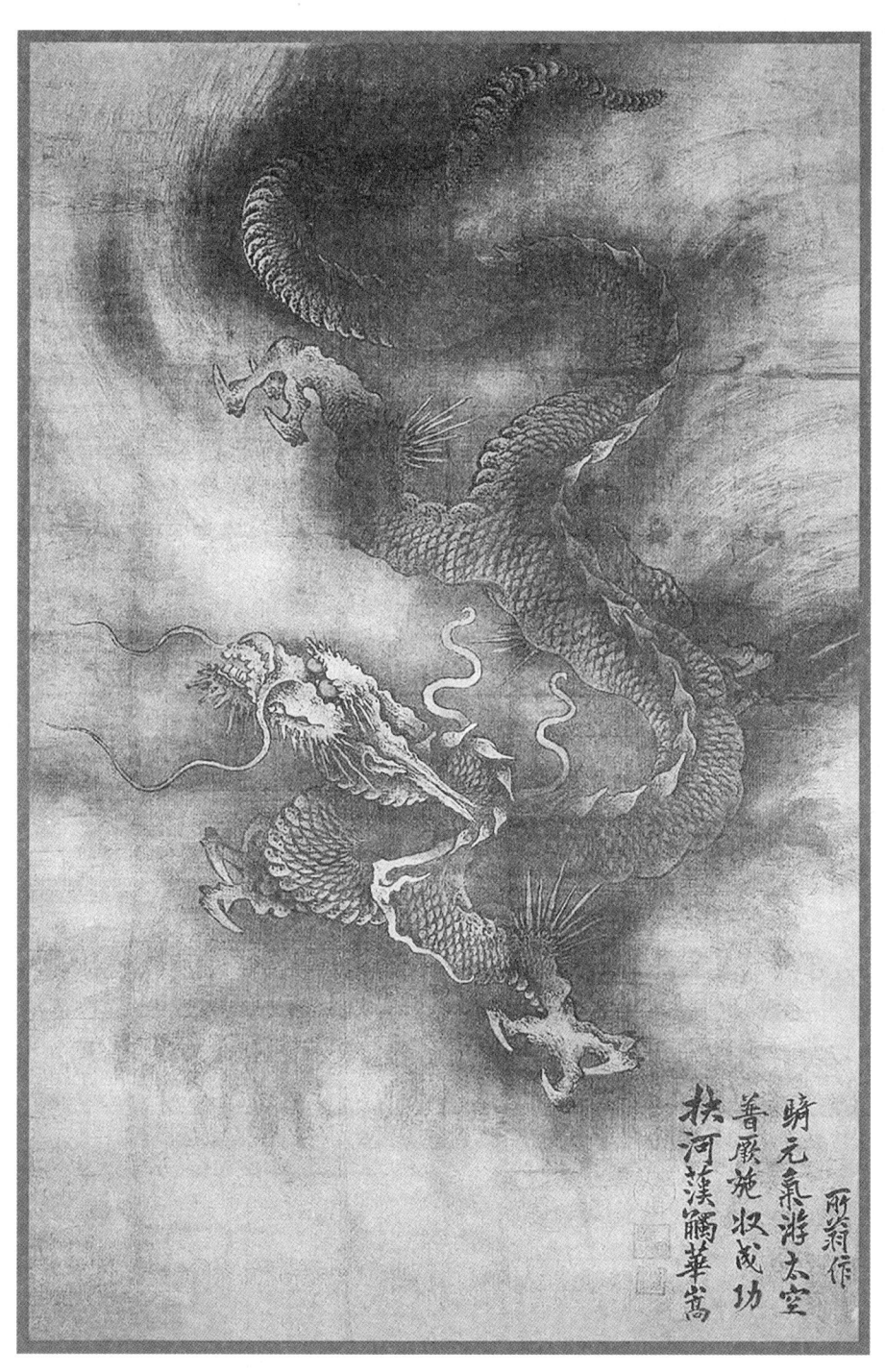

图 4.3　南宋陈容《云龙图》，现藏广东省博物馆

祈雨也是以诚意感召山川阴气。他说:"祈雨之类,亦是以诚感其气。如祈神佛之类,亦是其所居山川之气可感。今之神佛所居,皆是山川之胜而灵者。雨亦近山者易至,以多阴也。"①此祈雨之说已非单纯地向神佛祈祷,而是以诚意感召山川阴气,是带有某种程度的"唯物观"了。

三、兴修水利

在南宋政治比较清明的孝宗年间,王朝在兴修水利上较为注重实效。对于兴修水利与防备旱灾的关系,乾道九年(1173)八月,宋孝宗曾经论说:"意水利不修,失所以为旱备乎?今诸道名山,川源甚众,民未知其利。然则通沟渎、潴陂泽,监司、守令顾非其职欤?"②孝宗之言既有水利与备旱关系的认识论,也对中央政府的监司和地方州县的守令们提出了明确要求,"通沟渎"可以畅通水脉,"潴陂泽"可以节蓄水源,都是切实的防旱之举。

例如,淳熙十五年(1188)九月二十四日,宗正寺主簿张澈上奏说:"盐官县东乡官塘六十里,与南路市潮浦相通,旧有三闸隳坏,遇涝即咸水冲荡民田,遇旱即易至死涸。又新城县诸乡村旧有陂塘,今皆淤塞。若于农隙之时兴此水利,即田难遇旱,亦庶几矣。"③对此,宋孝宗是极为赞同的,命令提举司、临安府相度措置,兴修水利,以备应对旱灾。

淳熙二年(1175)十月,孝宗对工程质量低劣的有关官员进行处分时说:"昨委诸路兴修水利以备旱干,今岁灾伤乃不见有灌溉之利,若非当来修筑灭裂,即是元申失实。"④史称,孝宗时"水利之兴,在在而有,其以功绩闻者既加之赏矣,否则罚亦必行,是以年谷屡登,田野加辟,虽有水旱,民无菜色"⑤。

---

① 《朱子语类》卷九〇《礼七·祭》,第2292页。
② 《续资治通鉴》卷一四三,第3833页。
③ 《宋会要辑稿》瑞异二之二六,第2094页下。
④ 《宋史全文》卷二六上《宋孝宗五》,第2170页。
⑤ [宋]留正等《增入名儒讲义皇宋中兴两朝圣政》卷五四,《续修四库全书》(史部)第348册,上海古籍出版社,1995年,第634页上。

四、陈旉的蓄水防旱思想

在《农书》中,南宋农学家陈旉总结了通过建设陂塘堰坝以蓄水防旱的思想。

建设陂塘堰坝要因地制宜,合理布置工程设施。《农书》记载:"高水所会归之处,量其所用而凿为陂塘,约十亩田即损二三亩以潴畜水。春夏之交,雨水时至,高大其堤,深阔其中,俾宽广足以有容。"[1]其大意是说,若农田居于高处,要勘察地势,在高处来水汇集的地点,凿为陂塘,贮蓄雨水和地表径流。此外,还要考虑陂塘足够深阔,陂塘的大小依据灌溉所需要的水量,大约十亩田划出二、三亩来凿塘蓄水。"高田早稻,自种至收,不过五六月,其间旱干不过灌溉四五次,此可力致其常稔也。"如此可以充分发挥陂塘的蓄水防旱作用。

高地易旱,要安排好农事,合理用水。陈旉总结山区稻田自下而上薅耨放水,控制水源流失的经验。其大致做法是,先在最高处蓄水,然后在最低一级的田丘放水耨薅,自下而上,逐级放水、耨田、烤田、灌田,次第灌溉,"浸灌有渐,即水不走失"[2]。若是上下各级农田同时放水,水源易于流失,若是不幸无雨干旱,"欲水灌溉,已不可得,遂致旱涸焦枯,无所措手。如是,失者十常八九"[3]。

五、旱灾与水井

旱灾来临,杭州有不少知名水井成为百姓活命的水源,对此宋人也多有记载。

吴山井在吴山北麓大井巷内。《咸淳临安志》记载,此井为吴越国王钱俶时名僧德韶国师所凿,此井之水"不杂江湖之味,故泓深莹洁,异于众

---

[1] 《农书》卷上《地势之宜篇第二》,《影印文渊阁四库全书》(子部)第730册,第173页下—174页上。
[2] 《农书》卷上《薅耨之宜篇第八》,《影印文渊阁四库全书》(子部)第730册,第178页上。
[3] 《农书》卷上《薅耨之宜篇第八》,《影印文渊阁四库全书》(子部)第730册,第178页上—下。

泉"①。淳祐七年(1247)杭州大旱,"城中诸井皆涸,独此日下万绠"②,即便每日垂下井绳打上万桶水,井水不减不盈,活人无数。如今此井尚存,一泉开井口五眼,名为"钱塘第一井"。

天井在五云山顶真际院遗址内,因它是西湖景区海拔最高的水井,故称"天井"。《咸淳临安志》记载,天井"大旱不竭"③,虽屡经大旱,井水从不干涸。在宝月山宝月寺遗址之西有乌龙潭,《咸淳临安志》记载,乌龙潭深黝如井,"莫测浅深,亢旱不竭"④。另有一说,在天井山下有天井巷也有乌龙潭,"晴则潭水碧色可爱;将雨则湛黑,郡人以此候晴雨,多验"⑤。

南宋时期杭州发生过的重大干旱灾害,尤其是那些严重程度为近百年所未见的旱灾,以及伴生的火灾、蝗灾和疫病等次生灾害,往往会造成更为深重的灾难,这在干旱灾害及其对策研究方面有着重要的参考价值。当前,全球大范围气候变暖的事实已经引起社会各界的广泛关注和行动,在此背景下的更为极端与罕见的重大旱灾发生或重现的可能性,正日益为社会经济可持续发展研究所关切。就此而言,南宋时期杭州人于极端旱灾下受到的影响与应对,都具有特殊的价值和意义。

---

① 《咸淳临安志》卷三七《吴山井》,第 3686 页上。
② 《咸淳临安志》卷三七《吴山井》,第 3686 页上。
③ 《咸淳临安志》卷三七《天井》,第 3686 页下。
④ 《咸淳临安志》卷三六《黑龙潭》,第 3681 页下。
⑤ 《咸淳临安志》卷三六《黑龙潭》,第 3681 页下。

第五章　异常冷暖

第一节　概　　况

冬冷夏热、春温秋凉是杭州的气候常态。然而,这一切并非是一成不变的。随着控制杭州的冬夏季风或冷暖气团的进退、对峙与强弱变化,甚至是一日之内的晴雨天气快速转换,杭州天气的冷暖状况也会发生剧烈变化。异常高温与低温皆属于灾害性天气,是气温变化的两个极端。

两宋之交的医家庄绰从中原南渡两浙以后,对当地多变的天气印象非常深刻。在《鸡肋编》中,他说:"浙西谚曰:'苏杭两浙,春寒秋热。对面厮啜,背地厮说。'言其反覆如此。又云:'雨下便寒晴便热,不论春夏与秋冬。'言其无常也。"[1]这是南渡宋人对于江南苏杭一带天气寒温多变、反复无常的感性认知。

一般而言,当气候偏离"常态",如该热不热反凉,当冷不冷反暖,以及出现极端的寒冷与酷热,就会引起宋人的关注或对他们的生产生活带来明显的影响,史官与文人们往往会记录在案。特别是当这些异常冷暖事件造成灾害损失时更是如此。

---

[1]　《鸡肋编》卷上,《宋元笔记小说大观》第四册,第3983页。

南宋杭州冷暖状况的资料大体分为直接和间接记载,前者多是直接感受到天气寒热变化和影响后果等,如冬寒、西湖结冰、春寒、凉夏等;后者主要是物候异常,如冬季桃李华、虫不蛰、草木焦槁,以及由于寒、热变化引起的社会反应,如酷暑"虑囚"、雪寒赈恤等活动。

统计记录异常冷、暖的史料,明显少于干旱、洪涝等资料。究其原因,是历史气候记载的实质是对灾害或灾异的记录,主要涉及事关国家经济命脉的农业生产等,或是影响王朝政治的上天"警示",这是当时人们所关注的重点。与旱涝灾害相比,异常冷暖现象的重要程度显然要低很多。尽管如此,能被宋人记录于史料之中的冷暖事件,依然具有特异性或代表性。

第二节 异常暖事件

一、酷暑

南宋时期杭州发生异常暖事件共有27次。其中,夏季酷暑有13次,出现夏季"大燠"即极端酷暑记录有2次。

第一次发生于绍兴五年(1135),"五月,大燠四十余日,草木焦槁,山石灼人,暍死者甚众"。就在此次盛夏酷暑天气里,退隐于吴兴卞山的南宋名臣叶梦得,在避暑期间著成了著名的《避暑录话》。书中记载:"绍兴五年五月,梅雨始过,暑气顿盛,父老言数十年所无有。"[1]"今岁热甚,闻道路城市间多昏仆而死者……产妇、婴儿尤甚。"[2]从叶梦得的记录来看,当年的酷暑天气显然具有极端性,具体表现在数十年不遇,以及多有百姓缺乏饮用水或是由于中暑等疾病而昏厥、死亡。

一般而言,盛夏季节江南地区的酷暑气候是由于强大且稳定的副热带高压长时间控制,副热带高压的控制或影响范围很大,杭州多在其中。当年

---

[1] [宋]叶梦得《避暑录话·序》,《宋元笔记小说大观》第三册,上海古籍出版社,2001年,第2580页。

[2] 《避暑录话》卷一,《宋元笔记小说大观》第三册,第2596页。

五月二十四日,有宰执进言请求皇帝"虑囚",宋廷下诏:"正当时暑,窃虑刑狱淹延枝蔓,行在委刑部郎官及御史一员,临安府属县并诸路州军令监司分头点检。"①这是委派各级官吏点检临安府及其他地区羁押的轻罪囚犯,提前将其释放,即能预防暑夏疫病可能在监狱内流行,也希望行此"仁政"可以感召上天,尽快结束异常的酷暑天气。

第二次发生于嘉定八年(1215)。《宋史》记载:"夏五月,大燠,草木枯槁,百泉皆竭,行都斛水百钱,江、淮杯水数十钱,喝死者甚众。"②事实上,当年杭州等地已经发生了春、夏连旱,再叠加盛夏季节的高温热浪天气,使得这次极端酷暑天气具有极强的破坏性,高温天气与饮水枯竭共同造成大量的人口死亡。

酷暑之下,世间如火炉炼狱,最苦的仍是普通百姓。周密曾引用唐文宗"人皆苦炎热,我爱夏日长"和柳公权"薰风自南来,殿阁生微凉"诗句来讽刺当政者。他说:"盖薰风之来,惟殿阁穆清高爽之地始知其凉。而征夫耕叟,方奔驰作劳,低垂喘汗于黄尘赤日之中,虽有此风,安知所谓凉哉?"③当政者只是贪图自己的安逸享乐,无所作为,不悯顾百姓的生死困苦。

二、暖冬

南宋时期杭州出现"冬温""冬燠如夏"等暖冬天气记录11次。

例如,庆元六年(1200),"冬燠无雪,桃李华,虫不蛰"④。整个冬季异常偏暖且无降雪发生,不仅出现了桃李开花的反常物候现象,本应蛰伏冬眠的昆虫或动物也一直在活跃,至于是何种蛰虫并无具体记载。

再如,嘉定六年(1213)冬季,"燠而雷,无冰,虫不蛰"⑤。该年暖冬无

---

① 《宋会要辑稿》刑法五之三四,第6686页下。
② 《宋史》卷六三《五行志二上》,第936页。
③ [宋]周密《齐东野语》卷一八《薰风联句》,《宋元笔记小说大观》第五册,上海古籍出版社,2001年,第5653页。
④ 《宋史》卷六三《五行志二上》,第935页。
⑤ 《宋史》卷六三《五行志二上》,第936页。

冰,可见最低气温极少达到冰点以下,不仅需要冬眠或冬藏的昆虫、动物不再蛰伏,还出现冬季打雷这一罕见的天气现象。一般而言,冬春之交冷暖空气往复对峙,容易发生雷电天气现象。当前期天气回暖明显,不稳定能量不断积聚,容易出现雷电等强对流天气,古人将这一情形概括为"燠而雷"。现代气象观测记录表明,杭州多年平均初雷日为公历3月8日。但是,初雷日的年际变化很大,例如2024年2月1日清晨便出现了惊雷现象。

三、少雪或无雪

南宋时期杭州出现冬季"无雪"和"少雪"等记录10次。在南宋后期,还出现皇帝或大臣"祈雪"和"祷雪"记录5次,如宝祐二年(1254)十一月丙辰,"命从臣祷雪于天竺山"①。这些祈雪记录也可以在一定程度上说明杭州冬季少雪。

从宏观来看,当大气环流出现以下两种配置情况时,容易导致杭州冬季少雪现象:一是冬季"纬向型"环流占优势,"东亚大槽"不发展,缺少强冷空气南下时,容易产生无雪或少雪天气,这种情况下冬季温度偏高。二是冷空气强大而稳定控制江南地区,南方暖湿气流不活跃,缺少不同温度、相对湿度属性气团的交汇,杭州一带的总体气候偏于寒冷且少雪或无雪。

因此,如何准确利用上述15条少雪或无雪记录,尚需仔细甄别或结合其他信息综合判断。例如,景定三年(1262)十一月辛丑,"诏祷雪未应,出封桩库十八界楮币二十五万赈都民"②。从祈雪未获感应之后的赈济举措,推断杭州出现冷冬而进行"救寒"的可能性要更大。事实上,当年十二月庚申日,瑞雪应时而下,有降雪出现时天气必寒,故而,宋廷再次出封桩库楮币四十万赈济杭州百姓;到了该月戊辰日,"诏雪寒,再给诸军薪炭钱"③。综合上述记载,大体可以判断该年出现冷冬的概率更高。当然,宋廷接连三次密集的赈济之举,也不排除其他政治因素的考量。

---

① 《宋史全文》卷三五《宋理宗五》,第2839页。
② 《宋史全文》卷三六《宋理宗六》,第2914页。
③ 《宋史全文》卷三六《宋理宗六》,第2914页。

四、暖春

南宋时期杭州有 3 次"春燠而雷""春暴燠"等异常暖春气候的记录。例如,庆元四年(1198)"冬,无雪。越岁,春燠而雷"①。该年的暖春,实际上是上年暖冬气候的延续。再如,嘉定十三年(1220)"冬,无冰雪。越岁,春暴燠,土燥泉竭"。此次暖春也是上年暖冬事件的延续,不同的是还发生春旱,以至于"土燥泉竭"。

五、少霜

与暖事件对应的是,南宋时期杭州一带关于霜的记载很少,仅有 4 次。如绍兴七年(1137)"二月庚申,霜杀桑稼"②。绍定四年(1231)七月丙戌,有大臣上奏说:"湖、秀、严、徽,春霜损桑。"③这固然与南宋时期史料脱漏有一定关系,还与霜降现象甚多,地方官员习以为常、"不以闻"④有关,后文记述冻雨时将有详述。

第三节 异常冷事件

历史上,反映寒冷的天气现象包括降雪、冰冻、陨霜等,冰分薄冰、坚冰,霜分轻霜、严霜,积雪也有薄厚之分,反映寒冷气候的严重程度。通过分析农作物或植被损伤如桑竹冻伤死亡等,也可以大致判断气候的严寒程度。

从南宋时期杭州的寒冷气候史料来看,降雪记录居多,反映寒冷气候最为明显,这是因为欲雪必先寒,久寒必积雪,融雪又增寒;其次为冰冻,陨霜记录则很少。另一方面,少雪或无雪未必意味气候必定温暖,在利用这部分

---

① 《宋史》卷六三《五行志二上》,第 935 页。
② 《宋史》卷六二《五行志一下》,第 909 页。
③ 《续资治通鉴》卷一六五,第 4501—4502 页。
④ [宋]马端临著,上海师范大学古籍研究所、华东师范大学古籍研究所点校《文献通考》卷三〇五《物异考十一·冰花》,中华书局,2011 年,第 8291 页。

史料时,应尽可能对其背景情况进行分析。

一、冷冬

南宋时期杭州异常冷事件共有 53 次,其中出现较为明显的冷冬事件 34 次。

绍熙二年(1191)正月,杭州发生了一次极端严寒事件。"行都大雪积冱,河冰厚尺余,寒甚。是春,雷雪相继,冻雨弥月。"①所谓的"积冱",是凝结、冻结之意。这一年正月,先是大雪屡降和极度寒冷,以至于杭州的河流结冰厚度达到一尺有余,这在现代有气象观测记录以来是极为罕见的。接下来雷电、降雪和冻雨天气接踵而来,特别是冻雨天气整整持续一个多月。史书中虽未见灾情记载,但是可以推断杭州冻饿受灾的百姓不在少数。二月初六日,宋廷下诏:"近日雪寒,细民不易,可令丰储仓支米五万石,令户部同临安府守臣措置,将城内外委系贫乏老疾之人计口赈济。"②

在 1977 年 1 月,杭州西湖曾经发生过全水域冻结的情形,厚冰可以承载成人行至湖心区。从杭州市区气象观测数据来看,当时的严寒天气不仅持续时间长而且非常剧烈,在整整 14 天里,有 10 天最低气温都低于 $-2℃$,其中 8 天最低气温低于 $-4℃$,极端最低气温跌至 $-8.6℃$,这个极端低温纪录居于历史前三。一般而言,相对静止的湖水较流动的河水更易冻结。绍熙二年杭州出现"河冰厚尺余"的极端严寒事件,与 1977 年 1 月的西湖结冰相比,基本相当甚至更为严重。

绍兴三十一年(1160)正月丁亥夜,杭州"风雷雨雪交作。……丙申,大雨雪"③。从风雷雨雪交相发生来看,这应是一次冷空气入侵事件,冷、暖空气强烈交汇,大气不稳定能量大量集聚与释放才会产生雷电。随后,冷空气持续影响杭州,"正月戊子,大雨雪,至于己亥,禁旅垒舍有压者,寒甚"④。

---

① 《宋史》卷六二《五行志一下》,第 908 页。
② 《宋会要辑稿》食货六八之九一,第 6299 页上。
③ 《宋史》卷三二《高宗纪九》,第 403 页。
④ 《宋史》卷六二《五行志一下》,第 908 页。

大雪累积以至于压塌了禁军的营房,足见积雪厚度很大。欲雪必先寒,久寒必积雪,这些因素共同导致了"寒甚"的极端寒冷状态。

淳熙十二年(1185)的冷冬事件也较为典型。《宋史》记载:"淮水冰,断流。是冬,大雪。自十二月至明年正月,或雪,或霰,或雹,或雨水,冰亘尺余,连日不解。"①从当年冬季十二月到次年正月,降雪、冰粒、冰雹和降雨天气接连不断,严寒导致淮河结冰、河水断流,江河水冻结成冰,厚度超过一尺,多日也不曾融化。

此外,史料还记载,当年"台州雪深丈余,民冻死"②。由此判断,此次极端的冷冬气候事件波及范围很广,北逾淮河、南至浙南。当年十二月十一日,宋孝宗下诏:"雪寒,应临安府城外客旅经过,自今月十二日并免收税五日,毋得邀阻。"③从这份减免税负的诏书,可以间接推断杭州冷冬的情形也是不容乐观的。

此外,史料中还有多次杭州冬季气候"隆寒""雪寒"与赈济、赐"雪寒钱"等情形同步出现,一般都计为冷冬事件。

二、春寒

南宋时期杭州出现"二月庚申,霜杀桑稼""二月戊戌,临安大雪""三月留寒,至立夏不退""是春,雷雪相继,冻雨弥月""三月癸丑,雪"等春寒的记录13次。

发生在乾道元年(1165)的春寒事件影响很大。"二月,行都及越、湖、常、润、温、台、明、处九郡寒,败首种,损蚕麦。"④春寒天气为当年的春耕和蚕桑业带来了十分不利的影响,在接下来的春季里寒冷天气反复出现。"三月,暴寒,损苗稼。"⑤春寒对农业生产的危害更多体现在其"反季节性",这对正处于生长过程中的春苗危害极大,江、浙一带的主要粮

---

① 《宋史》卷六二《五行志一下》,第908页。
② 《文献通考》卷三〇五《物异考十一·恒寒》,第8279页。
③ 《宋会要辑稿》食货一八之一五,第5115页上。
④ 《宋史》卷六五《五行志三》,第962页。
⑤ 《宋史》卷六二《五行志一下》,第908页。

食产区的春播失败,蚕麦损失很大,随后又发生大范围的饥荒。"春,行都、平江、镇江、绍兴府、湖、常、秀州大饥,殍徙者不可胜计。"①粮食主产区出现大范围的饥荒,饿死者和外出逃荒的百姓极多,竟难以统计出准确数据。

三、凉夏

南宋时期杭州出现"夏寒""亡暑"等凉夏事件 6 次。

值得关注的是,庆元六年(1200)"五月,亡暑,气凛如秋"②。出现凉夏气候以后,当年就发生明显的暖冬事件,"冬燠无雪,桃李华,虫不蛰"。相同的情形还出现在嘉定六年(1213)"六月,亡暑,夜寒"③。当年的夏季几乎没有高温天气,到了夜晚甚至还觉得寒冷;入冬以后,就出现了强烈的暖冬气候,"燠而雷,无冰,虫不蛰"。虽然可以简单从能量平衡的角度去笼统解释这种反常的气候现象,但是凉夏与暖冬"对偶"出现,其具体原因仍值得进一步关注和探讨。

四、冻雨

史料中,关于南宋时期杭州冻雨的记载也甚少,仅见有 3 例。例如,绍熙二年(1191)正月,"行都大雪积冱,河冰厚尺余,寒甚。是春,雷雪相继,冻雨弥月"。再如,绍熙五年(1194)十一月辛亥,"雨木冰"④。所谓"雨木冰",即冻雨。这是一种过冷却水滴,落在树木之上,凝结为冰铠,古人称之为"木冰"。

《文献通考》记载:"中兴以来,长老所记,或雨而木冰,或霜而木冰者甚多,不曰异,郡国不以闻。盖日官失之,故木冰无录者。"⑤所谓的"中兴以来",是指宋廷南渡杭州以后。《文献通考》中说,由于冻雨或霜降而出现的

---

① 《宋史》卷六七《五行志五》,第 991 页。
② 《宋史》卷六二《五行志一下》,第 908 页。
③ 《宋史》卷六二《五行志一下》,第 909 页。
④ 《宋史》卷三七《宁宗纪一》,第 480 页。
⑤ 《文献通考》卷三〇五《物异考十一·冰花》,第 8291 页。

"木冰"现象甚多,地方官员习以为常,"不曰异""不以闻",所以宋史中才会少有记载。

查考《宋史》,相较于南宋时期的杭州,北宋都城开封等出现"木冰"的记录却不少,有12次①。这是因为开封等地"木冰"的出现频次相对较低,属于小概率天气事件,古人视之为"异",故而史官郑重记录。到了南宋,情况正相反,"木冰"现象甚多,"不曰异",正史中反而少有记载。

从上述情况推断,与现代杭州较少出现冻雨天气的情形相比,南宋时期杭州的"木冰"现象似乎更为频繁。

五、一次前期异常暖的寒潮天气过程

诗人陆游曾为后人留下一首描述冬季前暖后冷、寒潮过境的诗作《癸丑十一月下旬温燠如春,晦日忽大风作雪》②。其中,诗名中的"温燠"意指冬十一月下旬的异常温暖,仿佛春天。"晦日"为每月最后一日,该日夜晚因月亮完全不见,故名。由此可见,前期的异常偏暖天气整整持续十日。其诗云:

> 今年一冬晴日多,草木萌甲风气和。
> 百钱布被未议赎,老翁曝背儿行歌。
> 吾侪小人虑不远,积雪苦寒来岂晚?
> 青天方行三足乌,不料黑云高巉巉。
> 明朝雪恶冻复饿,儿啼颊皴翁嗫卧。
> 九重巍巍那得知,阁门催班百官贺。

"萌甲"意指气温反常偏高,草木提前萌芽。"三足乌"指代太阳。"巉巉"则用于形容乌云高大屈曲的样子。该诗作于宋光宗绍熙四年(1193)

---

① 《宋史》卷六五《五行志三》,第959页。
② 《剑南诗稿校注》卷二八,第1965页。

冬,陆游当时正闲居于绍兴山阴县寓所。

　　诗作写天时不正,冬季里先是气候异常温暖,百姓的衣服和被褥还质押在典当铺里尚未赎回。不料,忽然之间天气骤变,乌云蔽日、风雪来袭,剧烈的降温和冰雪交攻终致百姓饥寒交迫。冬季晴暖气候或者寒潮过境,绝不止一城一地,与绍兴毗邻的临安,当时其天气状况当与绍兴大同小异。然而,本次前暖后寒的异常天气,正史中却未见记载。所谓"九重巍巍哪得知",不是真的不知道,怕是当作天降瑞雪,却对百姓疾苦视而不见罢了。如此看来,陆游在诗中做的这次极具现场感的天气过程"回放",就显得难能可贵。

第四节　异常冷暖事件的救助举措

　　由于科学技术等因素的限制,面对异常冷暖气候事件的威胁,宋代对这些恶劣性天气或气候的预测,多数只能依靠百姓们常年积累的生产生活经验,这就有很大的局限性。同时,较为低下的社会生产力和缺乏相应的工程技术手段,使得相关的灾害防御成效并不明显。另一方面,相较于抵御严寒而言,宋人尚有一定的救寒举措,但是,在面对异常暖事件时,则普遍缺乏足够有效的措施来进行防灾减灾救灾。

　　一、应对酷暑

　　每逢盛暑,宋廷时常命令刑部官员、御史和临安府属县的官员们分头点检刑狱,催促尽快将现拘禁的轻罪犯人结案放归,是为"虑囚"。例如,绍兴五年(1135)夏季,"大燠四十余日,草木焦槁,山石灼人,暍死者甚众"。为此,宋廷下诏:"以盛暑,命诸路监司分往所部虑囚。……令无淹延刑禁,庶暑中不致罪人疾病也。"[①]这样的举措史笔屡不绝书,是南宋政府的"永制"

---

　　① 《宋史全文》卷一九中《宋高宗八》,第1414页。

之一。

暑热天气极易导致中暑病症,甚至是暑疫,遣医给药也是救暑的举措之一。绍兴十六年(1146)六月二十一日,尚书省的官员进言说:"方此盛暑,虑有疾病之人。昨在京日,差医官诊视,给散夏药。"宋高宗认可了这一建议,下诏:"令翰林院差医官四员,遍诣临安府城内外看诊,合药令户部行下和剂局应付,候秋凉日住罢。"①这是专为临安居民防暑消疫所施行的德政,一直持续到秋凉之日。

于酷暑气候里降诏慰劳军民,也偶见史料记载。绍兴十年(1140)闰六月戊寅,宋高宗曾说:"狂虏犯境,诸军不免调发。盛夏剧暑,朕荫大厦,御絺绤,犹不能胜其热。将士乘边暴烈日,被甲胄。每念薰灼之苦,如切朕躬。可降诏抚问慰劳之。"②然而,随着宋金战事的逐渐平息,类似的记载便不多见了。

二、冬季救寒

一到冬季,都城临安往往会聚集大量的贫民乞丐乞食求存,可是由于天寒地冻又无住处容身,经常有冻饿死者。为此,南宋政府常于冬季收养、赈济贫民乞丐。绍兴二十一年(1151)十月十七日,有宰执官进言说:"自十一月一日为始,临安府支养乞丐人钱、米。"宋高宗认可这一善举,他说:"此事所济极大,当苦寒之时,贫不能自存之人,官给钱、米养济,遂可存活。"③

隆兴元年(1163)十月十四日,宋廷下诏:"天气尚寒,其街市饥冻、乞丐之人,合行措置养济。可令临安府自十一月一日为始,其合用钱、米并约束事件,并依节次指挥。"④诏书还要求临安府每年在十月十五日前,将杭州街市上的饥冻乞丐之人登记造册,施行救济举措,从十一月一日开始施给钱粮,直至次年二月底结束。成年人每日给米一升、钱十文,小儿减半。后来,

---

① 《宋会要辑稿》食货五九之三一,第5854页上。
② 《宋史全文》卷二〇下《宋高宗十二》,第1607页。
③ 《宋会要辑稿》食货六〇之一〇,第5869页下。
④ 《宋会要辑稿》食货六〇之一二,第5870页下。

又因为二月的气候还是较为寒冷,救济措施又延后半个月,并形成制度或常例。

但是,凡事总有例外。绍定三年(1230)十二月壬申日,"以雪寒,诏出封桩库缗钱三十万,赈临安贫乏民。乙酉,慈明殿出缗钱一百五十万大犒诸军,赈赡临安贫乏之民"①。"慈明殿"为太后居处,此处借指皇太后杨氏,杨太后自己出"私房钱"赈济杭州军民,甚为少见。查考史料,该年十二月,"行都闻李全之叛,居民有争逃避者"②。由于南宋将领李全叛乱,占领泰州、进取扬州,兵锋直指临安,杭州人心大乱。故此,宋廷和杨太后借雪寒,犒军恤民,以安人心。

三、蠲僦舍钱

南宋都城临安人多地狭,住房困难。城中贫民无自住房,多临时租赁公、私房舍居住。每到冬季,贫民谋生的工作机会减少,常常缺钱支付房租,若是被楼店务或房主赶出,流落街头,多半会冻饿而死。故而,每到冬季严寒时节,南宋政府多会下诏蠲免公、私房舍钱,帮助贫民度过严冬。

建炎四年(1130)十月己卯日,"以久雨,放行在越州公、私僦钱十日,自是雨雪亦如之"③。所谓的"僦钱",即房屋的租赁费用。该年十月,宋高宗赵构约在明州(今浙江宁波)躲避金军的追袭,但是,仍不忘施行此项仁政,惠及严寒天气的普通百姓。再如,绍兴九年(1135)三月己亥日,宋廷又下诏令:"以久雨,放临安府内外公私僦舍钱三日,自是雨雪则如之。"④

南宋政府将属于国家的房屋租赁出去,并特设一个机构——楼店务来管理。《梦粱录》记载:"楼店务,在流福桥北,有官设吏,令宅务合于人员,收检民户年纳白地赁钱。"⑤史料中并未记载租赁国有房产的房租金额大小。既然都城临安房屋缺乏,而朝廷又屡屡颁布命令宽限缴租的日期,大

---

① 《宋史全文》卷三一《宋理宗一》,第 2657 页。
② 《续资治通鉴》卷一六五《理宗》,第 4496 页。
③ 《建炎以来系年要录》卷三八,第 722 页。
④ 《建炎以来系年要录》卷一二七,第 2063 页。
⑤ 《梦粱录》卷一〇《本州仓场库务》,第 275 页上。

致可以推断房租对于贫民百姓甚至是普通居民来说,仍是一笔沉重的负担。

据《梦粱录》记载,如遇到雪寒、淫雨、火灾等,朝廷则有恩典减免租金。"遇朝省祈晴请雨,祈雪求瑞,或降生及圣节、日食、淫雨、雪寒,居民不易……兼官私房屋及基地,多是赁居,还僦金或出地钱,但屋地钱俱分大、中、小三等钱,如遇前件祈祷恩典,官司出榜除放房地钱。"[1]当时,大的房产减租3~7日,中等的减租5~10日,小者可以减租7~15日。

由此可见,遇雪寒等恶劣天候、严重灾难、祈祷仪式和朝廷庆典等情形,免去若干天的房租已并非临时措施,而是一项较为固定的制度。特别是每逢大雪等灾害,一般平民为雨雪所困,不能劳作经营,那几日的生活更为困难,缴纳房租无异于雪上加霜。为救济这些小民渡过难关,朝廷时常减免各类房租,可谓善政。

四、提供避寒场所

南宋政府还为贫民支付街市暖堂费用,使无家可归者有一个临时性的避寒场所。嘉定二年(1209)十二月十四日,由于天降大雪、气候严寒,加之临安城米价腾贵,有大臣进言:"其街市乞丐,令临安府支给钱米,责付暖堂,日收房宿钱之类,官为量行出备。"[2]再如,次年四月十一日,宋廷下达诏令:"封桩库支降官会二千贯文,付临安府充支给乞丐暖堂赁钱使用。"[3]

五、御寒装备

有时南宋政府还会赐予穷苦百姓纸衣、纸被等御寒物资。所发纸衣由多层旧纸制成,虽然不十分保暖,也能勉强御寒。南宋中后期,纸衣、纸被逐

---

[1] 《梦粱录》卷一八《恩霈军民》,第302页下。
[2] 《宋会要辑稿》食货六八之一〇六,第6306页下。
[3] 《宋会要辑稿》食货五八之二七—二八,第5834页下—5835页上。

渐成为亲友之间相互馈赠的礼品,并有因互相馈遗纸被而作的诗文,宋代李新有诗《谢王司户惠纸被》:

> 雾中楮皮厚一尺,岷溪秋浪如蓝碧。
> 山僧夜抄山鬼愁,白雪千番亘墙壁。
> 裁成素被劣缯绮,故人聊助苏门癖。
> 经年齁鼻吼蜗室,睡魔已作膏肓疾。
> 萧萧散发卧南窗,腹稿未成空费日。
> 小儿恶麻惊踏裂,村妻手线自缝密。
> 幸无寒泪泣牛衣,却有春温借光逸。
> 的知非布谁讥诈,沙汰襆归安足讶。
> 合欢若绣双鸳鸯,出门便有连城价。
> 世外浮华虽自许,锦烂珠光变为土。
> 落日南柯一梦回,断云流水无寻处。

由上述诗作可知,纸被常用作礼品馈赠,士大夫们用纸被,大约取其清雅。现代人看来以纸制成被褥必然不暖,但是,陆游有诗云:"纸被围身度雪天,白于狐腋软于绵。"①诗人说,纸被在大雪天可以用来御寒,其色洁白,胜于狐腋;其质绵软,则胜于棉布。南宋理学大家真德秀的《楮衾铭》也说:"朔风怒号,大雪如席。昼且难胜,况于永夕?……一衾万钱,得之曷繇。不有此君,冻者成丘。"②真德秀此铭言及纸被可济寒者,贫寒者用纸被自与士大夫们追求高雅的本质不同。

此外,宋代还有纸衣、纸袄、纸帐等御寒之物。尤其令人惊异的是,那时的纸衣、纸被等还可以反复洗涤使用,苏东坡在《物类相感志·衣服》中对此有专门的介绍。当然,那时的纸在材质上与今天并不能等同看待。

---

① 《谢朱元晦寄纸被二首·其二》,《剑南诗稿校注》卷三六,第2350页。
② [宋]真德秀《西山先生真文忠公文集》卷三三《楮衾铭》,商务印书馆,1937年,第598—599页。

关于我国历史时期的气候冷暖变化，前人已有多项研究，并取得了丰硕的成果。其中，虽然未就南宋时期杭州的气候变化有专题研究，但是也在不同程度上有所涉及。例如，竺可桢先生指出，在 12 世纪时，杭州四月平均气温比现在冷 1℃~2℃，是中国近代历史最寒冷时期；13 世纪初，杭州冬季气温回暖①。张德二、孙霞先生则认为，"南宋时代杭州（1131—1264）最晚终雪日期早于现代 5 天……至少南宋的春季不比现代更为寒冷"②。这些研究与探讨仍在持续进行中，而南宋时期杭州的异常冷暖气候已经对当时的社会生产生活产生了明显的影响，这些史料也为后人进一步研究当时的气候变化提供了基础支撑。

---

① 竺可桢《中国近五千年来气候变迁的初步研究》，《中国科学（B 辑）》1973 年第 1 期。
② 张德二《我国"中世纪温暖期"气候的初步推断》，《第四纪研究》1993 年第 1 期。

第六章 疫 病

第一节 概 况

东汉文字学家许慎在《说文解字》中定义："疫，民皆疾也。"①隋代医学家巢元方在论述"疫疠病"时指出："其病与时气、温热等病相类，皆由一岁之内，节气不和，寒暑乖候，或有暴风疾雨、雾露不散，则民多疾疫，病无长少，率皆相似。"②从这些古典文献的记载来看，我国古代历史上所谓的疫病，大约即现在所说的具有传染性的疾病。疫病的具体名称有多种，大致有疫、疾疫、瘥③、疠④、札、瘴疠、虐等，一般统称为疫，史料典籍上常以"疫""大疫"来表述其流行，至于究竟为何种疾病，很难一概而论。

从宋代官修医学著作《太平圣惠方》《圣济总录》的分类看，疫病包括伤寒、温病、瘴气、痢疾和斑豆疮，等等。斑豆疮即天花，在宋代多有小儿患上传染性疾病，北宋医家庞安时说："近世此疾，岁岁未尝无也，甚者夭枉十有

---

① ［汉］许慎著，［宋］徐炫等校定《说文解字》卷七下，中华书局，1985年，第248页。
② ［隋］巢元方等《巢氏诸病源候论》卷一〇《疫疠病候》，《文澜阁钦定四库全书》（子部）第749册，杭州出版社，2015年，第434页下。
③ 读音 cuó，释义"病也"。
④ 读音 lì，释义"恶疾也"。

五六。……以小儿多染此患。"①对于传染性疾病时常为患,宋人也有着清醒的认识,将其归结为四大民患之首:"民之灾患大者有四,一曰疫,二曰旱,三曰水,四曰畜灾,岁必有其一,但或轻或重耳。"②

在诸多因素共同作用下,南宋都城临安的疫病呈多发态势。统计表明,南宋时期杭州发生疫病记录共29次,自建炎元年(1127)到德祐二年(1276)的150年间,平均每5.17年一遇。

这一个半世纪又可分为两个阶段,第一阶段为建炎元年(1127)到嘉定四年(1211)的85年间,共发生疫病26次,平均每3.27年一遇。其中,宁宗庆元元年(1195)到庆元三年(1197)连续三年、宁宗嘉定元年(1208)到嘉定四年(1211)连续四年出现疫情,尤其是后者,史书记载"都民疫死甚众""都民多疫死"③,达到南宋时期杭州疫病流行的顶峰。第二阶段为嘉定五年(1212)到德祐二年(1276)的65年间,共发生疫病3次,平均每21.7年一遇。这两个阶段疫情发生频率相差如此悬殊,也再次印证了南宋后期史料记载"尤疏略"这一情况。

从发生季节来看,南宋时期杭州疫病主要发生于春季和夏季,发生次数共计21次,占总次数的72.4%。其中,夏季出现几率最高。从有具体出现月份的疫病记载来看,农历三、四、五、六月出现频次相对较高。其中,四月最多,共7次,其次是五月、六月,均出现4次。

表6.1 南宋杭州疫病发生频次季节分布表

列项	春季	夏季	秋季	冬季	跨春夏季	跨夏秋季	未标明	合计
次数	4	12	0	3	4	1	5	29
比率(%)	13.8	41.4	0	10	13.8	3.4	17.2	100

---

① [宋]庞安时《伤寒总病论》卷四《斑豆疮论》,《文澜阁钦定四库全书》(子部)第753册,杭州出版社,2015年,第535页上—下。
② 《宋史》卷四三一《邢昺传》,第9999页。
③ 《宋史》卷六二《五行志一下》,第926页。

由于史料中缺乏疫病感染、死亡人数等具体统计数据，仅用描述性文字表示疫情的严重程度，因此，对于疫情的具体严重程度判断较为困难。

例如，宋宁宗嘉定二年（1209），因为杭州疫病大流行，死者甚众，宋廷下诏："令临安府将见存化人场依旧外，其已拆一十六处，除金轮、梵天寺不得化人外，余一十四处并许复令置场焚化。"①临安府重新恢复了曾关停的十四处焚化场用于焚化疫病死者，可见该年疫情之严重。统计史料中出现"大疫"的记载有10次，出现"死者甚众"或"民多疫死"等记载有3次，两者合计13次。也就是说，严重或相对严重的疫病几乎占发生疫病灾害的三分之一至五分之二。此外，史料中尚有2次"禁旅多死""禁旅大疫"等临安驻军发生较为严重疫病的记载。

一、疫病种类分析

尽管史书多不记载具体的疫病种类，但仍可据史料中的蛛丝马迹来尝试分析。

南宋著名的医学家陈言的《三因极一病证方论》记载："己未年，京师大疫，汗之死，下之死，服五苓散遂愈。此无他，湿疫也。"②陈言（1121—1190）为南宋名医，长于医理，擅长病因辩证。己未年，应是宋高宗绍兴九年（1139）。其所说的"湿疫"，可能是受湿气而引起的疾病。该年三月，由于连日阴雨，宋廷下诏减免临安百姓租赁屋舍的负担："连日阴雨，细民不易，其临安府内外公私房钱并白地钱，不以贯百，并放三日。"③中医方剂"五苓散"的功效主要是"利水渗湿"，常用于治疗"慢性肾炎、肝硬化腹水、脑积水等水湿内停者"④。

绍兴二十五年（1155），临安疫病再次流行，当时有庸医错用性热发汗的

---

① 《宋会要辑稿》食货五八之二七，第5834页下。
② ［宋］陈言《三因极一病证方论》卷六《料简诸疫证治》，北京大学图书馆藏宋刻本影印（胡国臣总主编，王象礼主编《唐宋金元名医全书大成·陈无择医学全书》，中国中医药出版社，2005年，第77页）。
③ 《宋会要辑稿》瑞异三之五，第2106页下。
④ 《中医大辞典》（第二版）"五苓散"条，第228页。

药剂,结果导致"死者甚众"。当年十月,宋高宗亲自下诏:"据医书所论,凡初得病,患头痛身热恶风肢节痛者,皆须发汗。缘即今地土、气令不同,宜服疏涤邪毒如小柴胡汤等药,得大便快利,其病立愈。"①该年疫病患者普遍有发烧关节痛等症状,以往遇到此类病患用汗法不再合适,而是改用泄法才得痊愈。到了绍兴二十六年(1156)夏季,"行都又疫,高宗出柴胡制药,活者甚众"②。

根据中医药理学,柴胡为解表退热药,主治"上呼吸道感染、疟疾、寒热往来"③等病症。在《伤寒论》中,小柴胡汤多主治"少阳病","近代常用于感冒、疟疾、慢性肝炎"④等疾病的治疗。其中,疟疾是一种以高热、间歇性寒颤和出汗为主要特征的传染病,多发病于夏、秋季节及多蚊地带⑤。根据1950—1989年浙江省40年疟疾发病率统计表明,杭嘉湖平原是疟疾的多发性地区,桐庐、淳安为疟疾高发区⑥。因此,上述两年的疫病种类不排除为疟疾的可能性,当然感冒或上呼吸道感染性疾病的概率也较大。

淳熙十四年(1187)春季,"都民、禁旅大疫,浙西郡国亦疫"⑦。对于此次疫情,南宋文学家洪迈有着较为详细的描述:"淳熙十四年春,江、淮、浙疠气肆行,但不甚为害。唯中者觉头痛身热,不过三日即愈,名为虼蟆瘟,言自淮北来。"⑧据考证,"虼蟆瘟"当为"虾蟆瘟"之误,即今天的"大头瘟",是以头面红肿发热为主要表现特征的时毒疫病⑨。

嘉泰三年(1203)夏季,"临安大旱,西湖之鱼皆浮,食者辄病,谓之鱼瘟。五月行都疫"⑩。这条记录显示,该年五月杭州的疫病可能是由于食物

---

① 《咸淳临安志》卷四〇《诏令一·戒饬民间医药》,第3723页上。
② 《宋史》卷六二《五行志一下》,第925页。
③ 《中医大辞典》(第二版)"柴胡"条,第1416页。
④ 《中医大辞典》(第二版)"小柴胡汤"条,第160页。
⑤ 《中医大辞典》(第二版)"疟疾"条,第1107—1108页。
⑥ 蒋妙根、王克武、万翠英等《浙江省疟疾防治历程与现状》,《中国寄生虫学与寄生虫病杂志》1995年第3期。
⑦ 《宋史》卷六二《五行志一下》,第926页。
⑧ 《夷坚志》支丁卷五《虼蟆瘟》,《续修四库全书》(子部)第1265册,第572页下。
⑨ 《中医大辞典》(第二版)"疟疾"条,第88、1235页。
⑩ 民国《杭州府志》卷八三《祥异二》,第1622页上。

腐败变质所引起的食物中毒或胃肠道性传染病。

还有研究表明,古人多饥饿性疾病、地方性疾病和寄生虫病。例如,江南水网地带多血吸虫病,东南沿海地区多丝虫病,绍兴人爱吃醉蟹易得肺吸虫病,水乡多嗜生菱常有姜片虫病①。此外,流行性感冒、急性中暑、急性肠胃炎、重症痢疾等常见性疾病,也可能是宋人常见的流行性疫病的致病类型。

二、鼠疫传染的可能性分析

曹树基曾就南宋后期,蒙古骑兵南侵携带鼠疫这一烈性传染病至中原、江南地区的可能性进行了研究②。

绍定五年(1232),蒙古军队攻克北方金国的汴京(今河南开封)。该年五月,"汴京大疫,凡五十日,诸门出死者九十余万人,贫不能葬者不在是数"③。这是我国历史上空前的烈性传染病大暴发,汴京城50日内死亡人口高达近百万,死亡率极高,推测此次大疫疑为鼠疫,而农历五月正是鼠疫流行的季节。

开庆元年(1259),南宋将领王登受命"提兵援蜀",在房州(今湖北房县)与元军对垒。此时,王登部队中已流行疫病,"夜分,登经理军事,忽绝倒,五藏出血。幕客唐舜申至,登尚瞪目视几上文书,俄而卒"④。从临床观察来看,王登所染疾病极似鼠疫。鼠疫发病急,在临床上以淋巴及血管系统炎症和组织出血为主要特征,这与文中"五藏出血"吻合。感染鼠疫后,在未得到正确治疗的情形下死亡率极高,达到50%~70%,甚至80%以上。

由于鼠疫的传染性极强,作为幕僚的唐舜申也在劫难逃:"它日,舜申舟经汉阳……是夕,舜申暴卒。"⑤死状与王登一样为暴死,很有可能是鼠疫传

---

① 马伯英《中国医学文化史》上卷,上海人民出版社,2010年,第409页。
② 曹树基《地理环境与宋元时代的传染病》,《历史地理》第十二辑,上海人民出版社,1995年,第183—192页。曹树基、李玉尚《鼠疫:战争与和平——中国的环境与社会变迁(1230~1960年)》,山东画报出版社,2006年。
③ [元]脱脱等《金史》卷一七《哀宗纪上》,中华书局,1975年,第387页。
④ 《宋史》卷四一二《王登传》,第9720页。
⑤ 《宋史》卷四一二《王登传》,第9720页。

染所致。一般而言,染上鼠疫的患者常于发病的 3~5 天内死亡,其他传染病患者不可能死得如此迅速。

在南宋灭亡前夕,杭州曾有 2 次疫病暴发事件,值得高度关注。德祐元年(1275)六月庚子,"四城迁徙,流民患疫而死者不可胜计,天宁寺死者尤多"①。德祐元年即元至元十二年(1275),蒙古军队自长江中游横扫而来,五月"(元军统帅、丞相)伯颜至镇江,会诸将计事"②,元军主力至迟已在五月"陈兵长江下游地区,兵锋直指浙北一带。此前,淮西、江南等大小数十余城皆"传檄款附"元军。这样的局势会造成大量流民南下躲避兵祸,国都临安自然是首选目的地。故而,杭州才会出现四面城门流民迁徙而来,结果疫情暴发,死者众多。根据《咸淳临安志》记载,南宋后期杭州中天竺建有天宁寺③,如天宁寺这等向流民开放的佛寺,自然是疫病发生的重灾区。

次年二月,宋廷出城投降,元军在较为和缓的形势下完成了收缴军器、封存府库等政权交接的事宜,元军入城后未对临安城内的市民百姓造成破坏性的影响。但是,仅仅相隔月余,杭州仍然暴发大疫。"闰三月,数月间,城中疫气薰蒸,人之病死者不可以数计。"④从闰三月开始的数月间,疫病在杭州暴发流行,死者无数,这与 1232 年蒙古攻克汴京后的大疫何其相似。

现代研究认为,在绍兴八年至十九年间(1138—1149),在金国境内的时疫"疙瘩肿毒病"流行。这种时疫"系新出现的一种传染病,可能为大头天行病或鼠疫"⑤。北宋大观二年(1108),云南省南昭大疫,这被"认定为云南省最早发生的鼠疫流行"⑥。南宋绍兴五年(1135),广西省桂林发生瘟疫,

---

① 《宋史》卷六二《五行志一下》,第 926 页。
② [明]宋濂等《元史》卷一二七《伯颜传》,中华书局,2000 年,第 2054 页。
③ 杭州有"中竺天宁万寿永祚禅寺",并于宝祐五年(1257)官方赐钱重修,皇帝御书匾额。见《咸淳临安志》卷八〇,第 4092 页下。
④ 《宋史》卷六二《五行志一下》,第 926 页。
⑤ 韩毅《南宋初年瘟疫的流行与防治措施》,《暨南学报(哲学社会科学版)》2020 年第 9 期。
⑥ 李寿生、梁江明、韦锦平等《广西鼠疫历史疫源地的调查与分析》,《疾病预防控制通报》2011 年第 5 期。

也被认定"可能是所查阅到的史料记载中广西最早的鼠疫流行"①。上述研究事例说明,早在南宋前期我国就可能有局地性的鼠疫流行。

尽管鼠疫的自然疫源地呈现出强烈的地域性分布特征,但是,由于蒙古军队及其裹挟的辎重部队、随军民夫等大范围、大规模的移动,鼠疫的流行范围变得更为广阔。尽管早期史料缺乏对鼠疫流行的确切认知和直接记载,仍不能完全排除南宋末年临安城陷落时,那两场大瘟疫是鼠疫的可能性。

第二节 成因分析

南宋时期杭州的疫病暴发与流行,最能反映当时的气候异常、灾荒流民、南北战事、人口变迁等自然和社会生态诸因素综合作用所产生的影响效应。

简言之,疫病不仅是自然生理现象,也是关涉医疗乃至整个社会方方面面的社会文化问题。正如余新忠先生所说:"不应称之为瘟疫史,而应是疫病社会史或疫病医疗社会史。即,该研究并不只是关注疫病本身,而是希望从疫病以及医疗问题入手,呈现历史上人类的生存境况与社会变迁的轨迹。"②因此,研究南宋杭州的疫病也应广泛地探求疫病产生或暴发、传播或流行的诸种因由。

一、气候异常诱发疫病流行

杭州地处亚热带季风气候区,春季和夏季炎热多雨,暑气盛而湿气重,有利于各种生物性病原体的生长和繁殖,也有利于多种疫病的暴发和流行。隋代的太医令、著名的病因学家巢元方指出:"时行病者,是春时

---

① 李寿生、梁江明、韦锦平等《广西鼠疫历史疫源地的调查与分析》,《疾病预防控制通报》2011年第5期。

② 余新忠《疾病社会史研究:现实与史学发展的共同要求》,《史学理论研究》2003年第4期。

应暖而反寒,夏时应热而反冷,秋时应凉而反热,冬时应寒而反温,非其时而有其气,是以一岁之中,病无长少,率相似者,此则时行之气也。"①这种气候的"非时"或"太过"等反常现象,会诱发各类"时行病",也即是时疫。

在谈及疫病的具体气候成因时,南宋名医陈言也曾说:"凡春分以前,秋分以后,天气合清寒,忽有温暖之气折之,则民病温疫;春分以后,秋分以前,天气合湿热,忽有清寒之气折之,则民病寒疫。"②以温疫为例,"又或有春天行非节之气,中人长幼病状相似者,此则温气成疫也"③。可见,温疫是多发于春季并与气候异常偏暖有关的流行性疾病。以上大体观点,是古人的直觉或经验认识。

现代学者郭增建等曾提出了"灾害链"的理论概念。灾害链是指一个重大灾害发生后继发另一个重大灾害,并呈现链式有序结构的大灾传承效应④。随后,文传甲又把灾害链定义为"一种广义灾害启动另一种或多种广义灾害的现象"⑤,即前种灾害为启动损害环,后者为被动损害环,损害链由2种或2种以上损害环组成,突出灾害发生的关联性。孙关龙则将疫病暴发与流行归纳为:旱—疫链、涝—疫链、寒—疫链、热—疫链等14种疫病灾害链⑥。宋代李新在给皇帝的进言中说道:"三辰悖序,水旱失时,灾异生变,疫疠迭作。"⑦可见,上述观点与古人的认识也是相近的。

大灾之后,特别是气候等灾害发生后,医疗保健系统受阻、环境卫生恶化、自然疫源地的暴露和扩散、昆虫和老鼠等媒介生物的变化,会导致人群疫病感染机会增多和个体免疫力的大幅下降,加之灾害形成的流民潮、灾后

---

① 《巢氏诸病源候论》卷九《时气候》,《文澜阁钦定四库全书》(子部)第749册,第420页上。
② 《三因极一病证方论》卷六《料简诸疫证治》,北京大学图书馆藏宋刻本影印。
③ [宋]郭雍《仲景伤寒补亡论》卷一八《温病六条》,《续修四库全书》(子部)第984册,上海古籍出版社,1995年,第326页下。
④ 郭增建、秦保燕《灾害物理学简论》,《灾害学》1987年第2期。
⑤ 文传甲《广义灾害、灾害链及其防治探讨》,《灾害学》2000年第4期。
⑥ 孙关龙《中国历史大疫的时空分布及其规律研究》,《地域研究与开发》2004年第6期。
⑦ [宋]李新《跨鳌集》卷一九《上皇帝万言书》,《文澜阁钦定四库全书》(集部)第1154册,杭州出版社,2015年,第571页上。

人畜尸体腐烂等因素,都会导致或诱发疾病的发生与流行。南宋时期杭州的疫病暴发与流行,也存在多种灾害链关系。作为"启动损害环",气候异常最为普遍。

"涝—疫"链,即大水、久雨等洪涝灾害引发的疫病。南宋时期杭州"涝—疫"灾害共出现7次。例如,庆元五年(1199)五月戊申日,宋廷"以久雨,民多疫,命临安府振恤之"①。开禧元年(1205)"十月行都淫雨,至于明年春。二年春,淫雨,至于三月"②,连续的阴雨天气几乎持续半年之久。开禧二年(1206)四月,"行都大疫"③。这都是较为典型的"涝—疫"灾害链表现。

探究"涝—疫"链产生的原因之一,可能是伤寒的水型暴发和流行所致。伤寒和副伤寒杆菌在水中活力较强,水灾发生后,常会引起污水与生活用水混同,导致百姓的饮用水源污染④,从而引起伤寒的暴发或流行。

"旱—疫"链,即干旱灾害所引发的疫病。南宋时期杭州"旱—疫"灾害共出现4次。例如,庆元二年(1196),"五月,不雨";五月辛巳日,宋廷"以旱祷于天地、宗庙、社稷"⑤。就在当年五月,"行都疫"。再如,嘉泰三年(1203)夏季,"临安大旱,西湖之鱼皆浮,食者辄病,谓之鱼瘟。五月行都疫"。这是由于夏旱导致西湖出现大量的死鱼,市民食用了腐败变质的鱼肉后引发的瘟疫。

"热—疫"链,即夏酷热、冬大燠等异常偏暖气候所引发的疫病。南宋时期杭州"热—疫"灾害共出现4次。例如,绍兴十六年(1146)六月二十一日,尚书省官员进言:"方此盛暑,虑有疾病之人。昨在京日差医官诊视,给散夏药。"果不其然,当年夏季"行都疫"⑥。再如,乾道六年(1170)"春,民以冬燠疫作"⑦。燠,指暖热,即异常的暖冬气候。前一年暖冬气候的影响

---

① 《宋史》卷三七《宁宗纪一》,第485页。
② 《宋史》卷六五《五行志三》,第964页。
③ 民国《杭州府志》卷八三《祥异二》,第1622页下。
④ 王健、莫顺堂、黄景苹等《浙江省伤寒的监测及防制对策》,《浙江预防医学》1991年第3期。
⑤ 《宋史》卷三七《宁宗纪一》,第482页。
⑥ 《宋史》卷六二《五行志一下》,第925页。
⑦ 《宋史》卷六二《五行志一下》,第925页。

导致该年春季疫病暴发。南宋后期,杭州的施药局也是由于盛暑导致病者颇多而创立。淳祐八年(1248)五月,"有旨令府尹赵与𥲅以民间盛暑,病者颇多,因创局制药。命职医分行巷陌,诊视与药"①。

"寒—疫"链,即气候异常寒冷或反季节寒冷所引发的疫病。南宋时期杭州"寒—疫"灾害共出现3次。例如,绍熙元年(1190),临安"三月留寒,至立夏不退"②;同一年"春大疫,久阴连雨至于三月"③。在冷春气候叠加上持续性阴雨天气的共同作用下,当年春季杭州出现"大疫"。

旱涝、冷暖等气候的"非时"或"太过"等反常现象,都会诱发各类"时行病"的暴发或流行,上述案例与巢元方、陈言等医家的医理论述也是相互吻合的。

二、疫病流行的其他诱因

古语有云:"大荒之后,必有大疫。""大兵之后,必有凶年。"灾荒和战争对疫病的暴发或流行同样影响巨大。

"饥—疫"链,即饥荒及大规模流民所引发的疫病。饥荒使人群抗病能力普遍下降,流民聚散也会传播各种传染性疾病。南宋时期杭州"饥—疫"灾害共出现6次。例如,淳熙十四年(1187)初,临安出现饥荒。正月二十二日,宋廷命令临安府"措置赈济实系贫乏老病之人"④。正月二十七日,都城临安的军民出现了疫病流行的先兆,于是宋廷下诏,命令和剂局取拨合用汤药救治⑤。二月,两浙西路的州县包括临安府在内,"疫气大作,居民转染,多是全家病患"⑥。

值得注意的是,大多数饥荒的"启动损害环"是洪涝、干旱等气候异常,饥荒与疫病可能都是气候异常的"被动损害环";或者,饥荒是中间损害环,

---

① 《淳祐临安志》卷七《仓场库务·施药局》,第3289页下。
② 《宋史》卷六二《五行志一下》,第908页。
③ 民国《杭州府志》卷八二《祥异一》,第1617页下。
④ 《宋会要辑稿》食货六八之八五,第6296页上。
⑤ 《宋会要辑稿》食货五八之一七,第5829页下。
⑥ 《宋会要辑稿》食货五八之一七,第5829页下。

疫病则是下一个损害环。但是，应该注意到，上述气候异常并非仅限于杭州，也可能发生在其他地区，饥荒产生的流民，其来源也可能来自杭州以外更广阔的区域。

"战争—疫病"链，即由于战争所引发的疫病。战争会导致大量的人口死亡，尸体未能及时掩埋，疫源地暴露，都会诱发疫病的暴发与流行。南宋时期杭州的"战争—疫病"灾害共出现2次。

例如，隆兴二年（1164）十月，由宋孝宗发动的"隆兴北伐"失利，金军乘机南侵，先后占领濠州、滁州等地，兵临长江。为了躲避战乱，淮河流域二三十万百姓流亡江南。这些流民"结草舍遍山谷，暴露冻馁，疫死者半，仅有还者亦死"[1]。艰难的流浪生活使饥民中疫病流行，浙地的居民百姓也受到传染，"浙之饥民疫者尤众"[2]。加之当年浙江又暴发水灾，临安城内外出现了大批逃难的饥民，疫病反复流行，迅速波及两浙东、西路全境，这场疫病大流行一直延续到次年才逐渐平息。

再如，德祐二年（1276）二月，元军占领临安，"闰三月，数月间，城中疫气薰蒸，人之病死者不可以数计"。灭国战乱之下，临安居民和四方流民遭逢如此大劫，宋、元统治者均无暇顾及疫病的控制与救治，杭州城呈现出一幅末日景象。

疫病灾害链的发生不仅有单链，还有双链、多链的情况，即在多种因素共同作用下引发的。这在南宋时期杭州疫病暴发和流行中具有一定的普遍性。例如，乾道元年（1165）的疫病暴发与流行，就是"涝—疫""寒—疫"和"饥—疫"共同作用的结果。

该年二月，宋孝宗就以淫雨不止"避正殿、减常膳"。二月二十四日，又以临安府等地"淫雨不止，有伤蚕麦"[3]，下诏减免税赋。二月，行都等九郡异常寒冷，以至于"败首种，损蚕麦"。三月，"（临安府）暴寒，损苗稼"[4]。

---

[1]《宋史》卷六二《五行志一下》，第925页。
[2]《宋史》卷六二《五行志一下》，第925页。
[3]《宋会要辑稿》瑞异三之六，第2107页上。
[4]《宋史》卷六二《五行志一下》，第908页。

洪涝灾害和寒冷气候导致饥荒与流民的出现,并汇聚于临安城下,同时疫病也开始流行。"今饥民聚于城外,而就粥者不下数万人,颇闻渐有病者,有毙者。"①在之后的3个月内,宋廷虽然多次下诏救治,但是临安府内外仍有贫民全家患病、间有死亡的情况发生。

在南宋时期杭州29次疫病灾害中,洪涝、干旱、寒冷、酷热等气候异常诱发的疫病有18次,占比为62%;饥荒诱发的疫病有6次,占比为20.6%;战争诱发的疫病有2次,占比为6.9%。另有3次因疫病发生具体时间不明或资料缺乏,诱发因素尚不得而知。

当然,疫病暴发和流行的原因是非常复杂的,除了气候异常、战争、饥荒等因素,地表特征、环境污染、人口流动、风俗习惯等对于疫病的诱发与推动作用,也是非常值得关注的。

三、水网密布的地表环境利于疫病产生

南宋时期,杭州南濒钱塘江,西邻西湖。除了自然的河流和湖泊以外,还有各个历史时期开凿的人工河道,著名的京杭大运河自北向南纵贯全城。当时,临安城内有大、小河道4条,分别是盐桥运河(大河)、市河(小河)、清湖河(西河)和茅山河;在城外,还有运河、龙山河、外沙河、菜市河、新开运河等大、小河道十七条②。

早在北宋时期,由于王安石变法,在江南地区大兴"农田水利"。到南宋时,随着北方人口的大规模南迁,一方面带来劳动力总量的快速增长,生产技术提高,使大规模兴建水利工程成为可能;另一方面,粮食需求也与日俱增,这对提高土地的粮食产量提出迫切的要求。在这种形势下,各种河渠湖泊等水利工程的兴修达到史无前例的高峰,使杭州及其周边的江南地区纵则有浦、横则有塘、闸堰星罗棋布,形成了稠密的水网系统。

"蚊乃水虫所化,泽国故应尔。"③密集的河网、潮湿的环境使得各种蚊虫、

---

① 《宋会要辑稿》食货六〇之一四,第5871页下。
② 《咸淳临安志》卷三五《山川十四·河》,第3671页下—3676页下。
③ 《齐东野语》卷一〇《多蚊》,《宋元笔记小说大观》第五册,第5550页。

病菌大量繁殖,极易导致疫病的暴发流行。以伤寒为例,现代医学研究表明,伤寒与副伤寒是由伤寒杆菌引起的经过粪、口传播的急性传染病。伤寒杆菌在水中一般可以存活2—3周,在粪便中可以存活1—2个月。如果水源污染或食物污染,就可导致伤寒与副伤寒暴发流行。特别是水、旱灾害之后,问题尤其严重。旱灾发生以后,粪便污秽等难以被水及时稀释冲走;水灾发生后,又容易引起饮用水和生活用水的污染,都可以增强疫病的传染性或毒性。诚如两度任职于杭州的苏轼所言:"杭(州),水陆之会,疫死者比他处常多。"①

四、人口密度增加疫病传播风险

南宋时期,由于人口大量集聚和城市快速发展,杭州成为新的"特大城市"。宋代方志中曾统计南宋咸淳年间(1265—1274)临安的人口总数,包括临安府所属的九县,共有主、客户三十九万一千二百五十九户,计有人口一百二十四万七百六十人②。

当时的临安城不仅是全国政治中心,更是全国最大的商业城市。随着人口增多和城区扩展,一些商业性市镇在临安城周边的乡村和城郊地带广泛兴起。"杭城之外城,南西东北各数十里,人烟生聚,民物阜蕃,市井坊陌,铺席骈盛,数日经行不尽。"③由此可见,杭州又聚集着大量的商业人口。

人口数量的绝对优势虽然能进一步强化南宋都城的中心地位,但是,根据传染病学研究,多数传染病特别是以人类为唯一宿主的,其病原体要在某一地区长期保存下来,必须具备一定的人口规模。例如,疱疹病毒的长期存活需要在2000人以上的聚落;囊虫病只能存在于20万人以上的聚落;麻疹病毒则需要有50万人以上的群体居住条件。

还有研究证明,人类特有的传染性疾病如麻疹、天花、霍乱、伤寒等,均必须在人群聚集、城市发展的基础上才会发生和流行④。由此可见,疫病的

---

① 《宋史》卷三三八《苏轼传》,第8646页。
② 《咸淳临安志》卷五八《户口》,第3869页上。
③ 《梦粱录》卷一九《塌房》,第304页下。
④ 《中国医学文化史》上卷,第418页。

发生是以一定的人口规模为前提的,而疫病的产生与传播与人口状况的关系也是极为密切的。同样是南宋咸淳年间,都城临安的中心城区即钱塘、仁和两县,共有主、客户十八万六千三百余万户,总计有人口四十三万两千余人①。这个人口规模在当时是极大的,几乎可以保证大多数病原体的长期存活。

五、频繁的人口流动影响疫病的流行

杭州港地处海路交通与运河航运的枢纽,是宋代两浙东、西路最早的贸易中心之一,贸易条件十分便利,"道通四方,海外诸国,物资丛居,行商往来,俗用不一"②。

成为南宋国都以后,随着海上丝绸之路的不断繁荣,来自东南亚、印度次大陆乃至更为遥远的西亚、东非等地的商人与物资,更是源源不断地调运而来,又满载江南的丝绸、茶叶和瓷器泛海而去。《咸淳临安志》曾经这样描述当时杭州港的贸易盛况:"薪南粲北,舳舻相衔,与夫江商海贾,穿桅巨舶,安行于烟涛渺莽之中,四方百货,不趾而自集。"③如此繁盛的商贸活动,必然伴随着大范围、高频次的人员往来,这种人员流动有时也会带来跨区域的传染病传播风险。

从某种程度来说,南宋都城临安城是一座移民城市。"建炎及绍兴间,三经兵烬,城之内、外,所向墟落,不复井邑。继大驾巡幸,驻跸吴会,以临浙江之潮,于是士民稍稍来归,商旅复业,通衢舍屋,渐就伦序。"④这是南宋前期南渡之民流徙杭州的情形。时至隆兴二年(1164)、庆元三年(1197)、嘉定元年(1208)及嘉定二年(1209),杭州连续发生输入性传染病,而疫病的传染源大多来自从淮河流域流入江南的流民。

这与南宋王朝丢失中原和淮北等大片国土,数次大规模的宋金交战发

---

① 《咸淳临安志》卷五八《户口》,第3869页上、下。
② 《淳祐临安志》卷五《城府·府治》,第3259页下。
③ 《咸淳临安志》卷二二《山川一》,第3575页下。
④ [宋]曹勋《松隐集》卷三一《仙林寺记》,《影印文渊阁四库全书》(集部)第1129册,台湾商务印书馆,1984年,第512页下。

生于江淮之间关系密切。为了躲避战乱,大量的江淮流民向杭州等江南地区迁移。在迁徙的过程中,流民们不仅自己因为饥饿、严寒或酷暑等因素引发疾病,而且还会引发所经区域的疫病流行。随着这一广大区域中人口的大规模流动,某些疫病病原体的分布与传播发生了新变化,传染病暴发与流行的格局也发生了变化①。

除北方移民外,城中来自其他地区的商业移民、谋生移民比比皆是。许多福建技艺人员与商人就移民杭州,发达的市场为他们谋生和逐利提供了众多的机会。"居今之人,自农转而为士、为道、为释、为技艺者,在在有之,而惟闽多。"②短期流动人口,包括官员升降、商贩游走、士人科考,为数也是不少。特别是三年一次的会试尤为壮观,"到省士人,不下万余人,骈集都城"③。每名士人到京,多会陪伴有亲友仆从,如此短时间内就会有数万人涌入杭州。显而易见,王朝都城的巨大"虹吸"效应使得人口的流动日趋频繁,这就极大地便利或诱发疾病的传入和流行。

六、水环境污染导致疾病流行

江南水乡居民长期养成的用水习惯,包括在河水中倾倒垃圾粪便、洗刷马桶、以河水为日常生活用水甚至是饮用水,使临安城市水环境日趋恶化,易导致疾疫流行。例如,绍兴四年(1134)二月二十七日,两浙转运副使马承家等进言:"临安府运河开撩,渐见深浚,今来沿河两岸居民等,尚将粪土、瓦砾抛掷已开河内,乞严行约束。"④临安的居民百姓随意往运河的河道中弃置污秽和垃圾,不仅容易填塞运河,也会导致水域污染。

南宋时期临安城市中甚少有坑厕,因此,马桶就成为市民们主要的便溺用具。"杭城户口繁夥,街巷小民之家,多无坑厕,只用马桶。"⑤虽然当时已

---

① 曹树基《地理环境与宋元时代的传染病》,《历史地理》第十二辑,第 183—192 页。
② [宋]曾丰《缘督集》卷一七《送缪帐干解任诣铨改秩序》,《文澜阁钦定四库全书》(集部)第 1189 册,杭州出版社,2015 年,第 362 页上。
③ 《梦粱录》卷二《诸州府得解士人赴省闱》,第 251 页上。
④ 《宋会要辑稿》方域一七之二一,第 7607 页上。
⑤ 《梦粱录》卷一三《诸色杂货》,第 286 页上。

有人按时清理粪便,仍然有很多人直接把排泄污物倾倒至河里,或是直接用河水洗刷马桶残留的污秽,这势必会严重污染河水,正如长年寓居临安的周密所言:"余有小楼在临安军将桥,面临官河,污秽特甚。"①

西湖是临安城市居民的主要饮用水源地。南宋初年,西湖成为驻军濯衣、饮马的地方,自然也会造成湖水污染。"临安府城中,惟借湖水吃用……今访闻诸处军兵多就湖中饮马,或洗濯衣服作践,致令污浊不便。"②

西湖边还有大量的官宦、权贵府第和园囿,其产生的污水多直接排入西湖。咸淳六年(1270),殿中侍御史鲍度上奏说:"内侍省东头供奉官干办御药院陈敏贤,广造屋宅于灵芝寺前水池,庖厨湢室悉处其上,诸库酝造由此池,车灌以入,天地祖宗之祀,将不得蠲洁,而亏歆受之福。入内内侍省东头供奉官干办内东门司提点御酒库刘公正,广造屋宅于李相国祠前水池,濯秽洗马,无所不施,一城食用由此池灌注以入,亿兆黎元之生,将共饮污腻而起疾疫之灾。"③灵芝寺即灵芝崇福禅寺,在涌金门外;李相国祠即嘉泽庙,在涌金门西井城下。这两处均为引西湖水入城中水井的引水口。而陈敏贤将家中的厨房、浴室构筑其上,厨余、污水均排落其中;刘公正不仅用池水洗马,还将污秽灌注池中。由此造成水环境污染特别是饮用水源污染,正是导致胃肠道传染病等疫病暴发的重要原因之一。

大体而言,南宋定都杭州后,杭州成为全国的政治、经济、文化中心,外来人口增多,人口流动频繁,特别是北方难民的大量涌入和经济快速发展等因素造成水网系统的一次次污染,为包括水型伤寒等疫病暴发创造了条件。

七、迷信陋习等民间习俗影响疫病的遏止

旧有的文化与知识传统,包括巫术、迷信和错误的防治方式等,不仅无法应付疫病,有时还会造成更为严重的负面效果。在宋代的江南地区,普通民众间存在好鬼尚巫、信巫不信医等风俗陋习。每当遭逢疫病流行之

---

① 《齐东野语》卷一〇《多蚊》,《宋元笔记小说大观》第五册,第5550页。
② 《宋会要辑稿》方域一七之一八,第7605页下。
③ 《咸淳临安志》卷三三《山川十二·湖》,第3656页上—下。

时,乡民们就会前往寺庙神祠祈求各类神祇的庇佑,或延请巫觋法师做法驱邪。

宋高宗绍兴十六年(1146)二月初三日,有大臣上奏道:"近来淫祠稍行,江、浙之间,此风尤炽。一有疾病,唯妖巫之言是听。亲族邻里不相问劳,且曰此神所不喜。不求治于医药,而屠宰牲畜以祷邪魅,至于罄竭家资、略无效验而终不悔。"①好鬼尚巫的迷信之风直接产生的后果就是耽搁延误病人获得救治的时机,加重患者的病情,助长疫病的蔓延,从而导致更高的疾病死亡率。

周密在笔记中还记载了宋人的某些饮食陋习,这往往会带来非常高的疫病传播风险。"凡驴马之自毙者,食之,皆能杀人,不特生丁疮而已。岂特食之,凡剥驴马亦不可近,其气薰人,亦能致病,不可不谨也。今所卖鹿脯多用死马肉为之,不可不知。"②这说明当时宋人食用病死驴马的情况十分普遍,这种危险的饮食习惯极容易诱发疫病的传播。

南宋初年,中医学者庄绰也有一则记载,很能说明当时严州③当地人对待跳蚤、虱子等人体寄生虫的态度及卫生习惯。"尝泊舟严州城下,有茶肆妇人少艾,鲜衣靓妆,银钗簪花。其门户金漆雅洁,乃取寝衣铺几上,捕虱投口中,几不辍手。旁与人笑语不为羞,而视者亦不怪之。"④我们知道,人体寄生虫是疫病传播的重要媒介或途径,而直接生食虱子的习惯,在疫病流行时是极为危险的。至于旁观者也不觉得这件事奇怪,说明当地人对于上述陋习早已习以为常。

按照现代的观念,疫病流行与社会经济的发展水平应该呈反相关,即社会经济发展水平越高,越有利于提高人们的生活水平,改善社会的医疗卫生条件,从而疫病暴发和流行的次数就越少,危害性也越小。然而,事实上南宋时期经济最为发达的都城临安却频繁暴发疫病,远多于欠发达地区。究

---

① 《宋会要辑稿》刑法二之一五二,第 6571 页下。
② 《癸辛杂识》续集下《死马杀人》,《宋元笔记小说大观》第六册,第 5824 页。
③ 今杭州建德。
④ 《鸡肋编》卷上,《宋元笔记小说大观》第四册,第 3983 页。

其原因,很可能是经济的繁荣造成环境的污染和破坏,从而为疫病的滋生创造了有利条件;同时,不断扩大的人口规模和频繁的人员流动又为传染性疾病提供了更多的传染源和易感人群。最终,在较为频繁的各种洪涝、干旱、严寒和酷暑等自然灾害的催发下,不断暴发和流行。

第三节 处置与防范措施

一、疫病流行的救治措施

疫病流行时,南宋政府往往会采取多种救济措施。

首先是精神层面的安抚。疫情发生时,皇帝往往避正殿不居、削减常膳、撤销宴乐、遣使巡察、求直言于朝臣、究愁苦于民间,或者建祠修庙"为民祈福",以表达对疫情的重视,对饱受病痛折磨百姓的轸念。然而,应对疫情最关键的仍然是物质层面的具体救助举措,包括遣医送药、设置病坊、减免赋税、发放钱米等。

疾疫发生后,南宋政府会组织官员和医家对疫区染疫之人实施诊治,遣医送药,及时诊治,以缓减疫情。例如,绍兴二十六年(1156)夏季,"行都又疫,高宗出柴胡制药,活者甚众"。绍兴二十八年(1158)六月丙申日,宋廷下诏:"时当盛暑,恐细民阙药服饵,令翰林院差医官四员,遍诣临安府城内、外看诊,合用药令户部于和剂局支拨应副,候秋凉日罢。"[1]这是宋高宗时期宋廷遣医送药、应对疫情的情况。

再如,乾道元年(1165)四月二十二日,包括临安府在内的两浙地区"疫气传染,间有死亡",于是宋孝宗下诏,命令"行在翰林院差医官八员,遍诣临安府城内外,每日巡门体问看诊,随证用药,其药令户部于和剂局应副"[2]。淳熙八年(1181)四月丙辰日,"以临安疫,分命医官诊视军民"[3]。此类遣医

---

[1] 《咸淳临安志》卷四〇《诏令一·差医看诊病民给药》,第 3723 页下。
[2] 《宋会要辑稿》食货五九之四二,第 5859 页下。
[3] 《宋史》卷三五《孝宗纪三》,第 452 页。

送药之举,在临安疫病流行时多有记载,可见当时南宋朝廷对此是十分重视的。

宋廷会设置病坊,让病患于病坊之中安养。这是专门针对疾疫流行时期患疫且无所依归之人采取的一种隔离措施,其目的之一是减少疫病的传播范围。乾道元年(1165)杭州大疫,宋孝宗下诏,要求临安府官员"遍诣散粥及病坊去处,公共措置,躬亲拣点,将委实疾病残废、癃老羸弱、鳏寡孤独不能自存、见在病坊之人,更展限半月,给散粥药养济"①。上述疫病患者的集中管理,无疑是控制疫病流行的科学方法。

南宋杭州的疫病在一定程度上是由饥荒所引发的,而疫病的流行又会加剧饥荒的严重程度,因此,及时救济疫区灾民对于缓解饥荒和疫情都很重要。例如,嘉定元年(1208),"春燠如夏,浙民疫,行都饥,斗米千钱"②。如果不及时采取积极的救济措施,会有更多的人由于饥饿与疫病叠加而死亡。乾道元年(1165)春季,"临安大饥,疫死殍徙者,不可胜计"③。为了有效避免大量饥民流徙、聚集,继而引发疾疫;或由于疾疫引发灾民流徙、聚集,导致饥荒,南宋政府往往采取赈济、赈贷和蠲免赋税等救济措施。

赈济是国家在疾疫流行时,无偿给灾民提供钱粮,特别是老幼、鳏寡、病患等灾民。如乾道元年(1165)四月二十二日,宋廷下诏:"临安府城内、外见今养济饥民,已降指挥展至四月终。……将委实疾病残废、癃老羸弱、鳏寡孤独不能自存、见在病坊之人,更展限半月,给散粥药养济。"④

南宋政府还会发放安葬费和抚恤费等,用以帮助贫困家庭及时掩埋死亡者,避免尸体成为疾疫传播之源。如庆元元年(1195),"临安大疫,出内帑钱为贫民医药、棺敛费及赐诸军疫死者家"⑤。宋宁宗出"内帑钱"帮助患病贫民,临安驻军有疫病死者,其家属也能得到敛葬等费用。

赈贷是南宋政府对灾民实施的有偿救济措施。大体而言,国家给灾民

---

① 《宋会要辑稿》六〇之一四——一五,第 5871 页下—5872 页上。
② 民国《杭州府志》卷八三《祥异二》,第 1623 页上。
③ 民国《杭州府志》卷八二《祥异一》,第 1613 页下。
④ 《宋会要辑稿》六〇之一四——一五,第 5871 页下—5872 页上。
⑤ 《宋史》卷三〇《宁宗纪一》,第 481 页。

提供生产所必需的工具,如种粮、耕牛、农具等,帮助灾民恢复生产,等秋收后再向国家偿还所贷的物资。蠲免赋税是政府救济举措中的另一种办法,即减免疫病灾民的税赋。这些做法在当时不仅能稳定人心,而且对疾疫的有效救治起到良好的辅助作用。

此外,南宋临安城中行旅众多,其中有人感染疾病,会被店铺驱逐出门,流落在外,性命难保。为此,南宋政府制定法规禁止店铺驱逐患病行旅,并对其进行医疗救助。乾道元年(1165),宋廷下诏:"访闻比来客旅寄居店舍寺观,遇有病患,避免看视,赶逐出外;及道路暴病之人,店户不为安泊,风雨暴露,往往致毙,深可悯怜。可令州县委官内外检察,依条医治,仍加存恤。及出榜乡村晓谕,月具有无违戾去处以闻。"①州县官员检察、张贴榜文宣传和月度报告制度三管齐下,对于临安城内外的行旅之人当属福音。

二、设置救济保障体系

南宋时期的杭州还出现了专门的医事组织和救济机构。"病者则有施药局,童幼不能自育者则有慈幼局,贫而无依者则有养济院,死而无殓者则有漏泽园。民生何其幸欤!"②这些组织机构和救助制度在一定程度上缓解了包括疾疫在内的各种自然灾害对国家和社会的冲击,并对南宋经济发展和社会稳定发挥着重要作用。

(1)医药组织。南宋临安药局系统大致分为和剂局、太平惠民局和施药局三种。和剂局原为北宋"两修合药所",为官方制药机构;太平惠民局原为"医药惠民局",源自"五出卖药所",为官方售药机构③。此后,和剂局和太平惠民局一直沿用到南宋后期。对于临安城的诸药局,《梦粱录》中也有记载:

> 惠民利(和)剂局,在太府寺内之右,制药以给惠民局,合暑、腊药以

---

① 《宋会要辑稿》食货六〇之一三,第5871页上。
② 《武林旧事》卷六《骄民》,第165页。
③ 《宋会要辑稿》职官二七之二一、二二,第2947页上、下。

备宣赐。太平惠民局,置五局,以藏熟药,价货以惠民也。南局在三省前,西局众安桥北,北局市西坊南,南外局浙江亭北,外二局以北郭税务兼领,惠民药局收赎。①

每年腊月,"惠民局及士庶修制腊药,俱无虫蛀之患"②。周密《癸辛杂识》记载,和(利)剂、惠民药局所售药物,其价格比时价减三分之一③,以此惠民。惠民和剂局建立施药制度,遇有贫困或水旱疫疠施给药剂。例如,淳熙八年(1181)四月,因为"军民多有疾疫",宋廷选派医官前往病患之家诊视,并发给治疗的药物,"所有药饵令户部行下利(和)剂局应副"④。再如,淳熙十四年(1187)正月,临安府发生疫情,患病之人日见增多,宋廷命"和剂局取拨合用汤药",由医官"巡门俵散"⑤。有时临安百姓将病状寄给药局,药局会依其病状配制成药寄予病人,直到确信病人已完全康复为止⑥。

在实际执行时,惠民局等药局也有种种弊端发生。"然弊出百端,往往为诸吏药生盗窃,至以樟脑易片脑……凡一剂成,则又皆为朝士及有力者所得,所谓惠民者,元未尝分毫及民也。"⑦为制止官员舞弊,有时南宋帝王会突然命令太平惠民局进奉供应的成药亲自尝验,"盖圣意谓,亲尝则主者不敢苟,直(值)廉则贫者易以得"⑧。南宋官方创立的药局虽有谋利动机和若干弊端,但是,其在抗御疫病方面确实发挥了重要作用。

随着南宋政府江河日下,太平惠民局已不能发挥其应有的作用,南宋后期为了救济民疾,在临安城又专门成立了"施药局"。淳祐八年(1248)五月,宋廷有诏旨,命令临安府"以民间盛暑,病者颇多,因创局制药,命职医分

---

① 《梦粱录》卷九《监当诸局》,第273页上。
② 《梦粱录》卷六《十二月》,第263页下。
③ 《癸辛杂识》别集上《和剂药局》,《宋元笔记小说大观》第六册,第5842页。
④ 《宋会要辑稿》食货五八之一四,第5828页上。
⑤ 《宋会要辑稿》食货五八之一七,第5829页下。
⑥ 任崇岳主编《中国社会通史》(宋元卷),山西教育出版社,1996年,第495页。
⑦ 《癸辛杂识》别集上《和剂药局》,《宋元笔记小说大观》第六册,第5842页。
⑧ [宋]吴渊《退庵先生遗集》卷下《济民药局记》,[宋]陈起编《江湖小集》卷七一,《影印文渊阁四库全书》(集部)第1357册,台湾商务印书馆,1984年,第547页上。

行巷陌诊视与药,月为费数万,多所治疗。十年二月,得旨降钱十万,令多方措置,以赏罚课,医者究心医诊。……是后,都民多赴局请药,接踵填咽,民甚赖之"①。施药局是政府出资兴办的医疗救助机构。其设置目的和救助对象都非常明确,即在灾害发生时救助医治遭重疾、孤苦伶仃、贫困之人。此外,翰林医官院也是为民间提供医药资源的医疗组织,往往会秉承皇帝的诏令到临安城内外各地巡门探视,就地治疗患疫市民。

(2) 养济院。绍兴二年(1132),南宋政府正处于风雨飘摇、百废待兴之际,尽管如此,宋廷仍然下诏命令"临安府置养济院"②。当时每遇冬寒,临安府有许多乞丐及饥寒交迫之人,朝廷"令临安府两通判体认朝廷惠养之意,行下诸厢地分,都监将街市冻馁乞丐之人尽行依法收养。仍仰两通判常切躬亲照管,毋致少有死损,如稍有灭裂,所委官取旨,重作施行,仍日具收养人数以闻"③。

据《淳祐临安志》记载,临安城的养济院共有两处,一在钱塘县界西石头之北,后移宝胜院,一在艮山门外。绍兴十三年(1143),宋廷再次下旨:"将(临安)城内外,老疾贫乏不能自存及乞丐之人依条养济,遇有疾病给药医治,每岁自十一月一日起,支常平钱米至来年二月终(每名日支米一升、钱一十文,小儿减半)。……临安府奉行最为详备,赖以全活者甚众。"④可见,南宋养济院是一种进行季节性救济活动的机构,救济活动只限于冬季。养济院多数由僧人、医官、童行等管理,被收养的贫病之民可以在养济院里得到一定程度的生活保障、医疗救助和死后殡葬等救助,在当时发挥重要作用。正如洪迈所说:"不幸而有病,家贫不能拯疗,于是有'安济坊',使之存处,差医付药,责以十全之效。"⑤

此外,开禧二年(1206)淳安县创建安养院,性质与养济院类似,亦为贫

---

① 《淳祐临安志》卷七《仓场库务·施药局》,第3289页下—3290页上。
② 《咸淳临安志》卷八八《恤民·养济院》,第4174页下。
③ 《宋会要辑稿》食货六○之八,第5868页下。
④ 《淳祐临安志》卷七《仓场库务·养济院》,第3290页上。
⑤ [宋]洪迈《夷坚支志》卷七《优伶箴戏》,《文澜阁钦定四库全书》(子部)第1075册,杭州出版社,2015年,第385页上。

苦、病患兼济的慈善机构。淳安县安养院在淳熙八年(1181)的安老坊基础上改建而成,经费除安老坊节余,还有官田以及僧人捐赠的田地若干,依靠每年所属田亩的钱粮产出来维持运作。严州也曾建有安养院,为淳祐十二年(1252)知州赵汝历在神泉监废址上创建①。此外,余杭、於潜、昌化等县也都设有养济院②。

(3) 慈幼局。慈幼局设置于淳祐七年(1247)十二月,宋廷下诏:"令临安府置,支给钱米收养遗弃小儿,仍雇倩贫妇乳养安抚……其有民间愿抱养为子女者,官月给钱米至三岁住支,所全活不可胜数。"③慈幼局是南宋政府创办的一个专门收养遗弃孤儿的救济机构,类似于现代社会的儿童福利院。慈幼局的管理方式比较灵活,可以是政府请人抚养;也可以由民间领养,由政府提供钱米支持。对此《梦粱录》有详细记载:

> 如陋巷贫穷之家,或男女幼而失母,或无力抚养,抛弃于街坊,官收归局养之,月给钱米绢布,使其饱暖,养育成人,听其自便生理,官无所拘。若民间之人,愿收养者听。官仍月给钱一贯、米三斗,以三年住支。④

在慈幼局创建之前,南宋朝廷也有关于收养遗弃小儿的诏令。如庆元元年(1195)正月乙巳,宋宁宗曾下诏,由于两浙、两淮、江东路出现灾荒,要求各路州县收养遗弃小儿,"遇有遗弃小儿支给常平钱米措置存养,内有未能食者,雇人乳哺,其乳母每月量给钱米养赡,如愿许收养为子者,并许为亲子条法施行"⑤。

(4) 漏泽园。杭州的漏泽园设置于北宋崇宁三年(1104),南宋之初曾经一度废停。绍兴十四年(1144)十二月己卯日,宋高宗下诏:"临安府及诸

---

① 《景定严州续志》卷一《仓场库务》,《宋元方志丛刊》第五册,中华书局,1990年,第4357页上。
② 《咸淳临安志》卷八八《恤民》,第4175页上、下。
③ 《淳祐临安志》卷七《仓场库务·慈幼局》,第3289页下。
④ 《梦粱录》卷一八《恩霈军民》,第302页下。
⑤ 《宋会要辑稿》食货五八之二一,第5831页下。

图 6.1 南宋"慈幼院"款瓷挂件,
张立峰摄于杭州博物馆

郡复置漏泽园。"①庆元年间(1195—1200),南宋政府将漏泽园的制度编入法令,规定:"诸父母亡,过五年无故不葬者,杖一百。"并规定各州县须无偿为贫民提供葬地②。此后漏泽园一直延续到南宋灭亡。

漏泽园通常用于停放无主棺柩,或是掩埋无主遗骸,也用于存放骨灰。据《梦粱录》记载:

> 更有两县置漏泽园一十二所,寺庵寄留槥椟无主者,或暴露遗骸,俱瘗其中。仍置屋以为春秋祭奠,听其亲属享祀,官府委德行僧二员主管,月给各支常平钱五贯、米一石。瘗及二百人,官府察明申朝家,给赐紫衣师号赏之。③

仅钱塘、仁和两县就有漏泽园 12 所,余杭、於潜、富阳、盐官、昌化等县

---

① 《续资治通鉴》卷一二六,第 3350 页。
② 《庆元条法事类》卷七七《服制门·丧葬》,第 835 页。
③ 《梦粱录》卷一八《恩霈军民》,第 302 页下—303 页上。

也都设有漏泽园①,其大小规模不等。管理漏泽园的主要是僧人,费用由亲属或临安府出资。例如,嘉定四年(1211)三月至四月间,"临安府振给病民,死者赐棺钱。……出内库钱瘗疫死者贫民"②,类似的记载在《宋史》中颇多。

南宋时,西湖东北角的圆觉禅寺和钱塘门外的九曲城菩提院都设有"化人亭",是疫病死者或贫民的火化之地。家住钱塘门外九曲城的叶绍翁在《自题寓居》诗中写道:"茔多邻居少,此意自凄凉。"宋人小说《西山一窟鬼》流传极广,当时瓦舍中有个王妈妈茶坊,名叫"一窟鬼"③。《西山一窟鬼》的故事背景也是因为西湖西侧驼献岭、九里松一带多坟茔、鬼气颇重。

在当时,这些组织机构的设置对疾疫流行起到一定遏制作用,是稳定社会的一项重要保障措施。另一方面,受各种社会力量的制衡,漏泽园等救济机构或流于形式,或兴废无常,多有弊端。但是,不可否认上述救济体系的设立和完善,对保障疾疫困扰下的临安地区政治稳定和经济繁荣发挥了重要作用,对发展后世救济事业也有着示范效应和推动作用。

三、预防疾疫

宋人对各类疫病已有一定的认识。例如,《圣济总录纂要》记载:"疟发该时,或日作,或间日作也。"④《太平惠民和剂局方》认为疟疾有"或一日一发,或隔日一发,或一发后六、七日再发"⑤等情况。再如,"痢"就是痢疾,是与饮食紧密相关的传染病。《名医类案》记载,宋孝宗因为食用湖蟹过多而患冷痢,后来用新采的莲藕以金臼细捣取汁,以热酒调服,数次而愈⑥。以

---

① 《咸淳临安志》卷八八《恤民》,第4175页上、下。
② 《宋史》卷三九《宁宗纪三》,第508页。
③ 《梦粱录》卷一六《茶肆》,第292页上。
④ [清]程林辑《圣济总录纂要》卷五《疟疾门·痎疟》,《文澜阁钦定四库全书》(子部)第753册,杭州出版社,2015年,第696页下。
⑤ [宋]陈师文等《太平惠民和剂局方》卷八《治杂病》,《文澜阁钦定四库全书》(子部)第755册,杭州出版社,2015年,第623页上。
⑥ 鲁兆麟、严寄澜、王新佩主编《中国古今医案类编·伤寒病类》,中国建材工业出版社,2001年,第216页。

上流行病的暴发除一些水、旱等自然因素外,多由环境卫生引发。所以,在应对疾疫时,南宋人会主动采取一些防范措施,注意切断疾疫的传播渠道。

一是加强立法,促使官员监督卫生环境。如绍兴四年(1134)二月二十七日,两浙转运副使马承家等上言后,刑部因而下大理寺立法:"辄将粪土、瓦砾等抛入新河,开运河者杖八十科断。"①又如,淳熙七年(1180)六月三十日,由于万松岭两旁的河渠多被权贵之家侵占,都亭驿桥南、北河道也被沿河居民抛洒粪土、瓦砾,以至于河道填塞、水流不通。临安知府吴渊进言:"今欲分委两通判监督地分厢巡,逐时点检钤束,不许人户仍前将粪土等抛飏河渠内及侵占去处,任满批书。水流淤塞,从本府将所委通判及地分节监保明,申尚书省各减一年磨勘。如有违戾去处,各展一年。"②宋孝宗采纳了此项建议,下诏执行。

二是注意公共环境卫生。早在南宋建炎元年(1127),当时的杭州已设专人于每年新春清理下水道(地沟),建立每日扫除街道垃圾及清除住户粪便等公共卫生制度。《梦粱录》记载:"亦有每日扫街盘垃圾者,每支钱犒之。""遇新春,街道巷陌官府差顾淘渠人沿门通渠;道路污泥,差顾船只搬载乡落空闲处。人家有泔浆,自有日掠者来讨去。杭城户口繁夥,街巷小民之家,多无坑厕,只用马桶,每日自有出粪人瀽去,谓之'倾脚头'。"③当时,粪主有各自管辖的坊巷,相互之间不能越界出粪,粪便多运到田间用作农作物的肥料。

成书于绍兴十九年(1149)的《农书》,也记录了农村地区对于垃圾、粪便的合理化处理和利用。夏季气候炎热,极易导致监狱等人员密集区的疾病流行。宋太宗雍熙四年(978),诏命"诸州郡暑月五日一涤囹圄,给饮浆,病者令医治"④。对拘押囚犯的牢房,在暑期尚且五日一洗涤打扫,说明宋人具有很强的卫生防疫观念。

---

① 《宋会要辑稿》方域一七之二一,第 7607 页上。
② 《宋会要辑稿》食货八之四九,第 4959 页上。
③ 《梦粱录》卷一三《诸色杂货》,第 285 页下、286 页上。
④ 《宋史》卷五《太宗纪二》,第 54 页。

三是注意饮用水卫生。行都临安以西湖为饮用水源,而西湖之水又经地下井管入城中"六井"等处,供市民汲用。一旦湖水受到污染,连带井水也会混浊不堪,所以首先要保证湖水的清洁。乾道五年(1169),浙西安抚周淙上奏说:"窃惟西湖所贵深括,而引水入城中诸井,尤在涓洁。累降指挥,禁止抛弃粪土,栽植菱芡,及浣衣洗马,秽污湖水,罪赏固已严备。"①多年以来,南宋朝廷不断针对西湖湖水的洁净问题颁布严格的禁令。

四是加强民间医药管理与指导。绍兴二十五年(1155)十月,因民间医生误用医药,致死者甚众,于是宋高宗下诏,戒饬民间医药。诏曰:"访闻今岁患时气,人皆缘谬医例用发汗性热等药,及有素不习医,不识脉证,但图目前之利,妄施汤药,致死者甚众,深可悯怜。……缘即今地土、气令不同,宜服疏涤邪毒如小柴胡汤等药,得大便快,利其病立愈,临安府可出榜晓示百姓通知。"②从"头痛身热恶风肢节痛"等症候看,该次疫病可能是伤寒。只因医生们墨守成规仍用"发汗法",从而导致误治,诏书指出南北方的"地土气令"有差异,应改用"下法"治疗。

再如,嘉定二年(1209)四月初八日,针对都城贫民疫病初愈又因缺乏口粮而劳作复发的情况,监行在登闻检院陈孔硕等进言:"承降指挥,置局修合汤药,给散病民。其间请药之人,类皆细民,一染疫气,即便废业,例皆乏食。其间亦有得药病愈之后,因出求趁,再以劳复病患,委是可悯……乞照元申尽数给散钱、米,下局接续支散。"于是朝廷诏令:"封桩库更支降会子三千贯,丰储仓取拨米二千石,接续支散,毋得漏落泛滥。"③

绍兴二十一年(1151)二月乙卯日,南宋朝廷颁布了医官陈师文等编撰校订的成药制剂规范《太平惠民和剂局方》,让各地药局按照医书上的处方,炮制修合成药出售给病人,以解除病患的痛苦。其中,有很多用于治疗各类时疫的成方及名方。例如,治疗热疫毒、山岚瘴气水毒的"至宝丹";治伤寒、温热病的"小柴胡汤";治疗具有"壮热恶风、头痛体疼、鼻塞咽干、心胸烦满、寒

---

① 《咸淳临安志》卷三二《山川十一·西湖》,第3650页上。
② 《咸淳临安志》卷四〇《诏令一·戒饬民间医药》,第3723页上。
③ 《宋会要辑稿》食货六八之一〇五,第6328页下。

热往来"等症状的时行瘟疫的"柴胡石膏散";治疗"伤寒、时行疫疠、风温、湿温"等疫病的"圣散子";"葛根解肌汤"则用于治疗症状表现为"头痛项强、发热恶寒、肢体拘急、骨节烦痛"的"伤寒、瘟病、时行寒疫";"痢圣散子"则用于治疗赤痢、白痢和休息痢的痢疾。此外,今天仍然十分常用的"藿香正气散"也首次出现于该方书中,并明确写明"治伤寒头痛……山岚瘴疟"①。这些局方不仅写明药物配伍、炮制和煎服方法,还详细告知用药宜忌等。

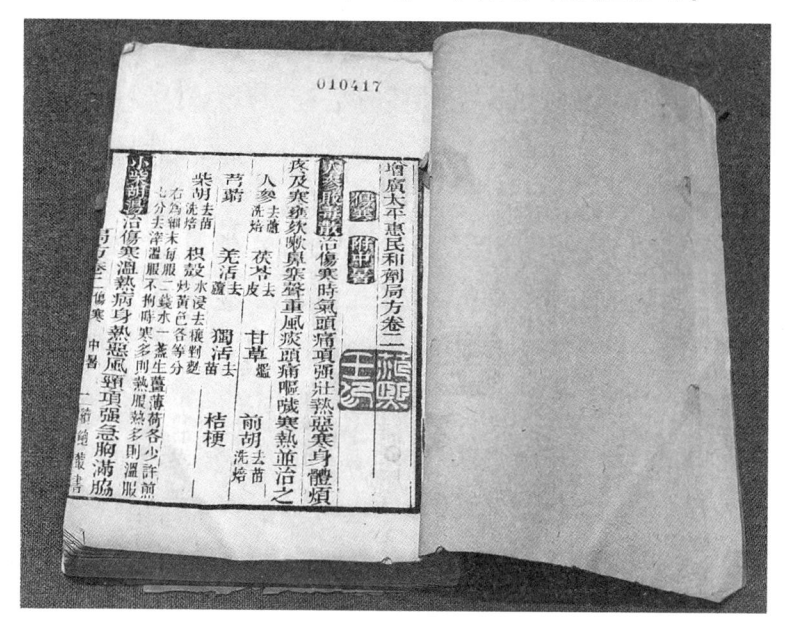

图6.2 《增广太平惠民和剂局方》清刻本内文

由此,临安城逐渐成为全国的中成药制剂中心,救治病患,活人无数。例如,淳熙十四年(1187)正月、二月间,临安府疫气大作,朝廷接连下诏:"军民多有疾病之人,可令和剂局取拨合用汤药,分下三衙并临安府各就本处医人巡门俵散。……就局修制汤剂给散,选官监督各州职医巡门置历抄札病患人数,逐一医治。"②

---

① 《太平惠民和剂局方》卷一《治诸风(附脚气)》,《文澜阁钦定四库全书》(子部)第755册,第483页上;卷二《治伤寒(附中暑)》,第505页下、506页上、507页上、508页上;卷六《治泻痢(附秘涩)》,第606页下;卷二《治伤寒(附中暑)》,第521页下。
② 《宋会要辑稿》食货五八之一七,第5829页下。

第四节 影　　响

一、推动医药卫生事业发展

两宋君王多对医药学十分重视,史所少见。受此影响,宋代不少名臣,如掌禹锡、欧阳修、王安石、曾公亮、富弼、韩琦等都从事古代医籍的整理,其中许多人还著有医书。如司马光的《医问》、文彦博的《药准》、苏轼的《圣散子方》、沈括的《灵苑方》《良方》、朱肱的《南阳活人书》、许叔微的《普济本事方》,等等。

南宋杨万里曾评论唐代陆宣公(贽)被贬后集录古方书时说:"宣公之心,利天下而已矣。其用也,则医之以奏议;其不用也,则医之以方书。"[①]在这种精神的推动下,宋代文人治医者越来越多。文人知医、通医成为风尚,"儒医"之名由此出现,医生的社会地位也有极大的提高。"医国医人,其理一也""不为良相,便为良医",成为大批儒生的人生信条,一代又一代儒医涌现,使医药学领域人才济济,群星璀璨。

宋室南渡以后,文化学术重心随着政治经济重心南移。绍兴二十七年(1157),《绍兴校定经史证类备急本草》即由南宋政府主持修撰并颁布天下。地方官刊和私家刊刻的医书的种类及数量之多更是北宋时期所难比拟。就地方官刻医书而言,司库刻本有《太平圣惠方》《杨氏家藏方》《本草衍义》《脉经》《针灸资生经》等,郡斋刻本有《洪氏集验方》《伤寒要旨》《药方》《卫生家宝产科备要》《叶氏录验方》等,书院刊本有《仁斋直指方》《小儿方论》《伤寒类书活人总括》等。医书的大量刊刻流播,极大地促进了医学发展。

随着疫病的流行、危害的加大,宋代医家从病因、病机、证候、治疗等不

---

① [宋]杨万里《诚斋集》卷九九《跋陆宣公古方》,《文澜阁钦定四库全书》(集部)第1195册,杭州出版社,2015年,第280页下。

同方面,对"伤寒"和"温疫"等主要疫病进行探索,致力最深的是流行于春、夏二季的"温热病"。这一时期,医学家们已经不再满足于前人用"伤寒伏气"来概括所有的外感热性病,而是提出一些独立于伤寒之外的概念,如冬温、寒疫与温疫等,并强调它们的传染性或流行性,从而为后世中医温病学的独立发展打下了坚实基础。

庞安时对于"寒邪"导致伤寒及其变病,论述如下:

> 是以严寒冬令,为杀厉之气也。故君子善知摄生,当严寒之时,周密居室而不犯寒毒,其有奔驰、荷重、劳房之人,皆辛苦之徒也。当阳气闭藏,反扰动之,令郁发腠理,津液强渍,为寒所搏,肤腠反密,寒毒与荣卫相浑。当是之时,勇者气行则已,怯者则着而成病矣。其即时成病者,头痛身疼,肌肤热而恶寒,名曰伤寒。其不即时成病,则寒毒藏于肌肤之间,至春夏阳气发生,则寒毒与阳气相传于荣卫之间,其患与冬时即病候无异。因春温气而变,名曰温病也。因夏暑气而变,名曰热病也。因八节虚风而变,名曰中风也。因暑湿而变,名曰湿病也。因气运风热相搏而变,名曰风温也。其病本因冬时中寒,随时有变病之形态尔,故大医通谓之伤寒焉。[①]

庞安时认为伤寒致病,是由于冬令扰动阳气,寒毒侵犯,并与人体正气盛衰等内环境有着重要的关系。对"温病""热病""中风""湿病"等疾病,则强调是伏邪兼挟"春温气""夏暑气""八节虚风""暑湿"等新感之邪的变病。

南宋建炎二年(1128),著名的医学家许叔微曾采用庞安时定名的柴胡地黄汤治疗"青筋牵病",并获得良效。许叔微明确指出这是一种"时行疫病"。史书记载,绍兴二十六年(1156)夏季,"行都又疫,高宗出柴胡制药,

---

[①] [宋]庞安时《伤寒总病论》卷一《叙论》,《文澜阁钦定四库全书》(子部)第753册,第478页下—479页上。

活者甚众",或与此病或此方有关。南宋医家陈言《三因极一病证方论》将复杂病因概括为内因、外因和不内外因。其中,外因即为风、寒、暑、湿、燥、火六淫和瘟疫、时气,从而成为中医理论的重要组成部分。

二、影响驱疫避邪的观念和习俗

由于深受鬼神致疫观念的影响,针对鬼神的驱疫避邪观念和习俗也普遍存在于南宋社会。《梦粱录》记载:

> 杭都风俗,自初一日至端午日,家家买桃、柳、葵、榴、蒲叶、伏道又并市茭、粽、五色水团、时果、五色瘟纸,当门供养。自隔宿及五更,沿门唱卖声,满街不绝。以艾与百草缚成天师,悬于门额上,或悬虎头白泽。或士宦等家以生朱于午时书"五月五日天中节,赤口白舌尽消灭"之句。此日采百草或修制药品,以为辟瘟疾等用,藏之果有灵验。①

不仅市井乡民如此,宫闱廷院都深信端午节悬菖挂艾、佩带香囊等,对于预防驱除疫疠是很有帮助的。

> 五日重午节,又曰浴兰令节,内司意思局以红纱彩金盝子,以菖蒲或通草雕刻天师驭虎像于中,四围以五色染菖蒲悬围于左右。又雕刻生百虫铺于上,却以葵、榴、艾叶、花朵簇拥。内更以百索彩线、细巧镂金花朵,及银样鼓儿、糖蜜韵果、巧粽、五色珠儿结成经筒符袋,御书葵榴画扇,艾虎纱匹段,分赐诸阁分、宰执、亲王。②

人们一般认为端午节是纪念屈原的,其实它最初是南方龙图腾崇拜和北方驱邪禳灾仪式融合而成的节日。宋代端午节习俗明确反映其原始意

---

① 《梦粱录》卷三《五月》,第254页下。
② 《梦粱录》卷三《五月》,第254页下。

义。宋人最典型的驱疫活动是除夕夜的驱傩仪式:

> 禁中除夜呈大驱傩仪,并系皇城司诸班直,戴面具,着绣画杂色衣装,手执金枪、银戟,画木刀剑、五色龙凤、五色旗帜,以教乐所伶工,装将军、符使、判官、钟馗、六丁六甲神兵、五方鬼使、灶君、土地、门户、神

图 6.3　南宋佚名《大傩图》
画中共十二人,身着奇异服装,戴着各式帽子,携拿鼓、铃、檀板等乐器,或扇、篓、帚等用具。人物手舞足蹈,展示古老的驱除疠疫的民间习俗。现藏故宫博物院。

尉等神,自禁中动鼓吹,驱祟出东华门外,转龙池湾,谓之"埋祟"而散。①

皇宫除日这一天从白天开始便举行盛大的驱疫避邪活动,参与者多达千余人,场面甚是壮观。人们身着各种面具彩衣,手执各类枪剑旗帜,妆扮成各路神仙,一边舞蹈一边作驱鬼状,不仅以傩仪打鬼,最后还要把鬼埋掉,以求身体健康,无病无灾。在民间也有驱傩仪式。街市贫者乞丐,三五人为一队,装扮成神鬼、判官、钟馗、小妹等,敲锣打鼓,沿门乞钱,俗称为"打夜胡"。无论是隆重的宫廷驱傩仪式还是简单的民间驱傩活动,人们期望通过这类活动或仪式来达到消除百病、健康长寿,并渐成民俗风尚。

除举行驱傩仪式之外,临安人在除夕当日还有一项重要的活动就是扫尘。在这一天,人们早早起床,全家老小一起打扫门户,去除尘秽,以示辞旧迎新。"十二月尽,俗云'月穷岁尽之日',谓之'除夜'。士庶家不论大小家,俱洒扫门闾,去尘秽,净庭户……以祈新岁之安。"②洒扫表明扫地之前要先洒水,这样可以避免尘土的飞扬,有利于预防疾病。除扫尘,还要焚苍术。苍术为中药,有燥湿健脾的功能。在除夕夜,人们按照风俗要焚烧苍术等香药,以此希望能辟瘟祛湿。

三、促进卫生习惯的养成

疫病的反复流行,促使良好的卫生观念为更多的宋人所接受,诸如不饮生水、不食生食、勤于沐浴、驱杀蚊虫等。这些习惯大大减低个人染病的机会。庄绰《鸡肋编》记载:"世谓西北水善而风毒,故人多伤于贼风,水虽冷饮无患。东南则反是,纵细民在道路,亦必饮煎水。"③"煎水"即为开水。西北之人可以饮冷水而无患,但是东南地区则相反,即使是在旅途中的人们,也必须要喝开水才能防止疾病的发生。可见在当时南宋人已经采用将水煮

---

① 《梦粱录》卷六《除夜》,第263页下。
② 《梦粱录》卷六《除夜》,第263页下。
③ 《鸡肋编》卷上,《宋元笔记小说大观》第四册,第3982页。

沸的消毒方法,而民间也广泛建立"百沸无毒"的概念。这对传染病的预防,特别是消化道感染的预防起到重要作用。

南宋人有勤于沐浴的习惯。当时都城临安约有三千余所营业性的公共浴堂,并形成行会组织,被称为"香水行"。"这里所有的人都习惯每日沐浴

图 6.4　南宋佚名《盥手观花图》
画中仕女正盥手并观赏案前花卉,旁立侍女捧盆。现藏天津市艺术博物馆。

一次,特别是就餐之前。"[1]这些公共澡堂以门口挂壶为标志,"今所在浴处,必挂壶于门"[2]。《梦粱录》还记载早上浴室门前有卖面汤(洗脸水)的小经纪,与沐浴相关的用品比如面桶、项桶、浴桶以及洗漱盂子在临安城的巷陌街市中都有出售。商业性浴室的开办,大大方便普通民众的洗浴,增强人们

---

[1] (意)马可·波罗口述,余前帆译注《马可·波罗游记》第二卷第73章《宏伟壮丽的杭州城》,中国书籍出版社,2009年,第335页。

[2] [宋]吴曾《能改斋漫录》卷一《浴处挂壶于门》,《文澜阁钦定四库全书》(子部)第870册,杭州出版社,2015年,第328页下。

对于清洁重要性的认识,于个人卫生大有益处,也起到消毒和防疫作用。宋人还养成吃饭、祭祖、观花等事前认真洗手的习惯,《盥手观花图》就反映了这一风俗习惯。

仅仅用清水洗沐是不能彻底将污垢和细菌清除的,所以就产生了有效的去污脱垢的卫生用品。庄绰《鸡肋编》记载:"浙中少皂荚,澡而衣皆用肥珠子。木亦高大,叶如槐而细,生角,长者不过三数寸。子圆黑肥大,肉亦厚,膏润于皂荚,故一名肥皂,人皆蒸熟暴干,乃收。"①肥珠子的作用类似于今天的肥皂。用它来洗面、沐浴、浣衣则完全可以去除污垢,从而抑制病菌的滋生和繁殖。

南宋都城临安常有卖"刷牙子"的商贩,并有市西坊南的"凌家刷牙铺"和金子巷口的"傅官人刷牙铺"等牙刷专卖店②。其"揩牙方"(牙膏)是用茯苓、石膏、龙骨、寒水石、白芷、细辛等多味纯天然中草药炮制而成。当时,麟抚折守用此方"早晚揩牙","年逾九十,牙齿都不疏豁,亦无风虫"③。这些在日常生活中常用的卫生用品都能起到一定的防疫作用,将病菌扼杀在萌芽之中。

临安地区河湖众多,气候温暖湿润,每到夏季,蚊蝇极为猖獗。南宋时期临安城中多有卖"蚊烟"的小经纪人④。所谓"蚊烟",可能就是晒干并加工好的艾条和蒿叶,可用来熏蚊。宋人的驱蚊药方中一般还含有樟脑、浮萍、硫黄等药物。《普济方》有用木鳖子、雄黄、苍术等中药材制成的驱蚊方,并以药名入诗,其中的驱蚊诗云:"木荜茅香分两停,雄黄少许也须秤。每到黄昏灯一炷,安床高枕至天明。"⑤

南宋临安城中还有专门以提供猫食为职业者⑥,可见养猫灭鼠较为普

---

① 《鸡肋编》卷上,《宋元笔记小说大观》第四册,第3998页。
② 《梦粱录》卷一三《铺席》,第284页上。
③ [金]元好问《续夷坚志》卷三《揩牙方》,《续修四库全书》(子部)第1266册,上海古籍出版社,1995年,第493页上。
④ 《武林旧事》卷六《作坊》,第164页。
⑤ [明]朱橚《普济方》卷二六八《杂录门·驱蚊子诗三首》,《文澜阁钦定四库全书》(子部)第771册,杭州出版社,2015年,第602页下。
⑥ 《梦粱录》卷一三《诸色杂货》,第285页下。

遍。大理寺评事钱仲曾以五百钱买一鼠狼,驯熟后用以捕鼠:"无论巨细近远,必追袭,捣其穴擒之。……数月之间,群辈扫迹殆绝。"①此外,南宋临安城中卖"老鼠药"②的小经纪人就有数十家,可见药物灭鼠已极为普遍。蚊蝇老鼠是传播疫病的重要媒介,宋人采用艾草、鼠药等药物灭杀它们,客观上也有利于疫病的预防。

四、影响和改变社会风俗

叶绍翁的《四朝闻见录》记载:

> 绍兴和议既坚,淮民咸知生聚之乐,桑麦大稔,福建号为乐区。负戴而之者,谓之"反淮南"。或士民一至其地,其淮民遇夏则先以浆馈之,入秋剥枣则蒸以置诸门,任南人食之,不取价。或遇父老烹牲于社,即命同坐,有留镪者,即诮:"何为留?"坚却不受。自开禧兵变,淮民稍徙入于浙、于闽,至闭肆窖饭以俟之。既归而语故老,南人游淮者不复有壶浆、剥枣之供矣。③

绍兴和议以后,逃亡江南的百姓"反(返)淮南",淮南重新繁荣。淮南民众对待来客很热情,这让江南人感到很不好意思,要留下钱感谢淮民款待,淮民坚决不要。等到开禧战乱后,淮民南迁,却受到南方人冷遇。战乱平息后,又有人回到淮南,淮民便不再热情接待南方人。

江南人为何这么冷漠地对待淮扬难民呢?除江南民风不如北方淳朴之外,应该还有别的原因。曹树基先生认为,隆兴二年到嘉定二年(1164—1209),南迁的淮南民众给江南至少带来3次疫病,且损失惨重④。例如,宋孝宗隆兴二年(1164)冬季,"淮甸流民二三十万避乱江南,结草舍遍山谷,

---

① 《夷坚支志》卷二四《钱氏鼠狼》,《文澜阁钦定四库全书》(子部)第1075册,第552页下。
② 《武林旧事》卷六《小经济》,第175页。
③ [宋]叶绍翁《四朝闻见录》卷五戊集《淮民浆枣》,《宋元笔记小说大观》第五册,上海古籍出版社,2001年,第5005页。
④ 曹树基《地理环境与宋元时代的传染病》,《历史地理》第十二辑,第183—192页。

暴露冻馁,疫死者半,仅有还者亦死"①。这一年"浙之饥民疫者尤众",次年疫情又持续数月,死者颇多。宋宁宗庆元元年(1195)春季,淮、浙流民多聚于行都,该年四月临安大疫。嘉定元年(1208),"淮南大饥,人食草木,流徙江、浙者百万人",疫情从当年冬季持续到次年夏,"都民疫死甚众。淮民流江南者饥与暑并,多疫死"。反复给江南百姓带来疫病这一事实,可能是导致江南民众厌恶淮民的重要原因。

可见,反复的移民和疫病的发生对地域风俗会产生明显的影响。

疫病一直伴随并影响着我们的社会生活。在南宋时期,随着杭州地区的人口急剧增加、城市经济的繁荣、贸易的频繁交流和战争的持续不断,杭州疫病爆发的频率明显增加。可以说,疫病不仅是自然因素作用的结果,还与当时的社会生活息息相关。在处理疫病问题上,南宋政府展现出远超其军事能力的水平。皇帝与官员积极防治、控制疫病,创办翰林医官院、惠民和剂局、养济院等医药救济机构乃至官设公墓漏泽园,这些都以"仁政"的方式出现,从而进一步加强了对当时社会的有效管理与控制。

---

① 《宋史》卷六二《五行志一下》,第925页。

第七章 火　　灾

第一节 概　　况

杭州地处江南水乡，整体环境潮湿多雨，但在南宋时期杭州却火患频频，火灾多发。统计《宋史》等历史文献，记录在案的杭州火灾就多达81次，平均约2年一遇。从南宋时期杭州火灾发生次数的年代际分布图看，存在4个较为明显的高发期。

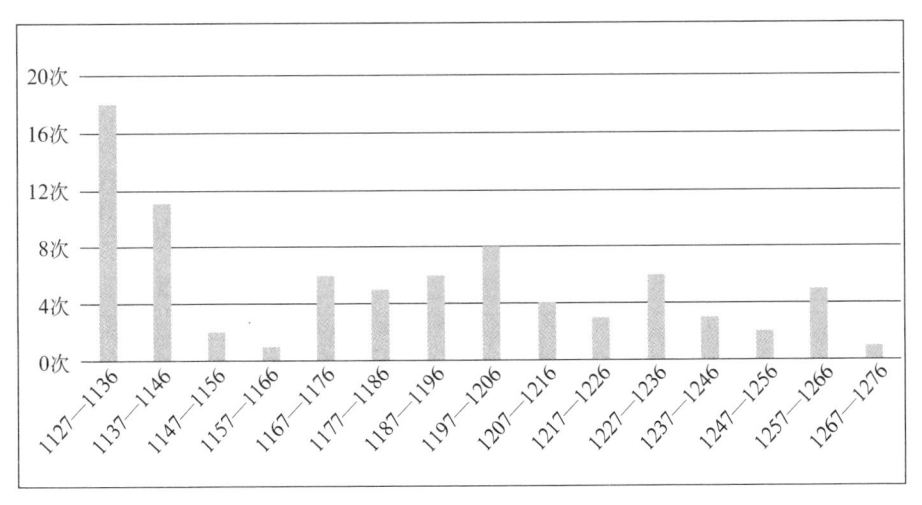

图7.1　南宋时期杭州火灾发生次数年代际变化图

第一个高发期最为突出,从建炎三年(1129)到绍兴十二年(1142),这是宋廷南渡到正式定都杭州的动荡时期,在这13年内共发生火灾27次,平均1年2次。

第二个高发期从宋孝宗淳熙二年(1175)到淳熙九年(1182),这是南宋王朝政局稳定、都城临安高度发展时期,在这8年内共发生火灾9次,约1年1次,比南宋时期多年历史平均发生次数高一倍。

第三个高发期从嘉泰元年(1201)到嘉定四年(1211),在11年内发生12次火灾;巧合的是,上述时段也是杭州干旱高发期,在11年内有8年发生旱灾。

最后一个高发期从宋理宗绍定元年(1228)到嘉熙元年(1237),10年内发生火灾9次。此外,个别孤立年份也有数次火灾发生,如宋光宗绍熙三年(1192)、宋宁宗嘉泰元年(1201)各有3次火灾发生。

从火灾的发生季节分布情况看,春季(正月、二月、三月)发生火灾19次,夏季(四月、五月、六月)发生火灾22次,秋季(七月、八月、九月)发生火灾15次,冬季(十月、十一月、十二月)发生火灾21次。这与现代火灾多发生于秋、冬季节的规律略有差异。从发生月份来看,农历十一月最多,共10次,其次是十二月,为9次;农历十月最少,仅2次;其次是八月,为3次,具体见《南宋时期杭州火灾逐月发生次数统计表》。

表7.1 南宋时期杭州火灾逐月发生次数统计表

月份	正月	二月	三月	四月	五月	六月	七月	八月	九月	十月	十一月	十二月
次数	7	5	7	8	6	8	4	3	8	2	10	9

从火灾的发生规模来看,在21次有统计数据的火灾中,"燔万家"及以上的严重火灾有7次,"燔千家"及以上的中等火灾共计有5次。这两者合计12次,在21起有统计数据的火灾中占比为57%,这一比例是较高的。

第二节 典型火灾案例

南宋时期杭州最为严重的一次火灾发生于宋宁宗嘉泰元年(1201),大火从当年三月戊寅日燃起,一直烧到四月辛巳日,持续了整整4日,"燔御史台、司农寺、将作军器监、进奏文思御辇院、太史局、军头皇城司、法物库、御厨、班直诸军垒,及民居五万八千九十七家,城内、外亘十余里。灼死之可知者五十有九人,而践死者不可计。都城九毁其七,时百官皆僦舟以居"①。不仅皇城官署和禁军驻地多有焚毁,临安城内外十数里的民居房屋也九毁其七,一国都城几乎烧成了白地。

另有一起火灾,发生于宋理宗嘉熙元年(1237)。《续资治通鉴》记载:"五月壬申,行都大火,延烧民庐五十三万。"②查考宋代临安方志可知,南宋咸淳年间(1265—1274)临安府及其所属九县的人口总数,共有主、客户三十九万一千二百五十九户③;都城临安的中心城区即钱塘、仁和两县,也只有主、客户十八万六千三百余万户④。故此,嘉熙元年五月的火灾焚毁民居"五十三万"家的统计数据可能有误。对于这次火灾,《宋史全文》也有记载:"(五月)壬申,行都大火。癸酉,诏蠲临安府城内、外征一月,仍核焚室之数上于朝,议行赈赡。……丙子,出内库缗钱二十万给被灾之家。"⑤文中的"核",为核查之意,可见宋廷对于此次火灾被焚烧民宅数量也是有疑问的。从皇帝下诏由内库支拨钱缗二十万赈济受灾人家推断,被焚民宅数量约在五万户或十万户是较为合理的。

火灾常导致民居焚毁,以至于"燔民居甚众""民多露处",即使达官贵人也不能幸免,并有人员伤亡的记录。火灾还常造成南宋王朝重要机构和

---

① 《文献通考》卷二九八《物异考四·火灾》,第8127页。
② 《续资治通鉴》卷一六九,第4602页。
③ 《咸淳临安志》卷五八《户口》,第3869页上。
④ 《咸淳临安志》卷五八《户口》,第3869页上、下。
⑤ 《宋史全文》卷三三《宋理宗三》,第2725—2726页。

部门损失,其中具体提到殃及皇城和各类官署的火灾共21次。太庙是南宋帝王祭祀先祖的庙室,如此重要的所在竟然5次被火,另有2次被大火逼近。以至于大臣洪咨夔痛心疾首道:"祖宗神灵飞上天,痛哉九庙成焦土。"①由此可见南宋时期临安火灾灾情的严重与频繁程度。绍定年间(1228—1233)正处于南宋杭州火灾的最后一个高发期,当时有人戏称南宋临安城有"锦城佳丽地,红尘瓦砾场"②之语,这也就不足为怪了。

第三节 火灾成因分析

在上述81起杭州火灾中,明确记载由人为纵火而引起的火灾有3次。如宋高宗建炎三年(1129)四月的火灾,为当时杭州驻军将领苗傅、刘正彦发动兵变、纵火所致;建炎四年(1130)二月的火灾,为金兵南侵杭州于撤退之时的纵火焚城;绍定三年(1230)闰二月的火灾,为逃卒穆椿窃入皇城纵火于武库所致。

除了上述3起纵火案外,绝大多数火灾的起火原因恐怕多数与火源管理不善、城市快速扩张等多个方面的因素有关,此点前人多有分析。明代田汝成曾经总结分析南宋杭州火灾频发的五点原因:"其一,民居稠比,灶突连绵;其二,板壁居多,砖垣特少;其三,奉佛太盛,家作佛堂,彻夜烧灯,幡幢飘引;其四,夜饮无禁,童婢酣倦,烛烬乱抛;其五,妇女娇惰,箠笼失检。"③

南宋初期杭州的第一个火灾高发期,十分突出也很典型,其具体成因值得探究。两宋相交期间,杭州接连遭遇方腊起义、陈通军乱和金军焚城3次大劫难,自吴越国钱氏以来对杭州城市的精心营造损毁严重,完好的、可供居住的房屋所剩不多。南渡之初,随着高宗、百官、军卒而来的大批北方移

---

① [宋]罗大经《鹤林玉露》丙编卷二《辛卯火》,《宋元笔记小说大观》第五册,上海古籍出版社,2001年,第5332页。
② [元]陶宗仪《说郛》卷三八上,转引自张仲文《白獭髓》,《影印文渊阁四库全书》(子部)第878册,台湾商务印书馆,1984年,第88页下。
③ [明]田汝成《西湖游览志余》卷二五《委巷丛谈》,浙江人民出版社,1980年,第391页。

民、流民蜂拥南下,渡江之民溢于杭州街道。尤其是在与金国达成"绍兴和议"后,南北双方的政治军事形势日渐趋于稳定,豪族大户和四方移民纷纷迁来临安定居。于是,人口安置顿成重要且棘手的问题。

利用江南地区随处可见、四季常新的竹木茅草,搭建茅屋草棚以快速安顿南渡人口,是当时最好的选择。南宋官员赵彦卫曾亲眼目睹并纪录竹屋的搭建之法:"予尝至江上,见竹屋,截大竹长丈余,平破开,去其节编之。又以破开竹覆其缝脊,檐则横竹夹定,下施窗户,与瓦屋无异。"①当时,南宋政府屡屡发布告示,对于贩卖竹子、防雨草席和木板的商贩们均可以免于征税,类似的措施在每次火灾过后也多采用。当时临安驻军的兵寨也尽用茅草盖屋,即所谓"南渡初,诸营皆覆茅,煍火屡惊"②。这些急就而成的竹屋茅舍一旦失火燃烧,往往容易大范围延烧。这是南宋初期杭州火灾频发的重要原因之一。

直至绍兴十年(1140),中书省、门下省和尚书省的仓库被焚毁以后,宋高宗痛心疾首地说道:"累令撤席屋作瓦屋,不奉行,朕已戒内侍。如敢不行,比众罪当加重。卿等更戒诸房吏亦依此。"③参知政事孙近建言说:"拆去草屋,宽留地步。"于是,宋廷下诏限期五日,将草屋拆去改为瓦屋。但是,受限于改建费用等问题,当时连中央政府的低级官吏都只能栖身于草席覆顶的屋舍,何况仓库和普通贫民的住宅?最终,这道改建诏令"后亦不果焉"。

尽管如此,此后60年间宋廷关于贩卖竹木免于征税的诏令在逐渐减少。直至宋宁宗嘉泰四年(1204)三月,一场席卷全城的大火过后,因烧毁房屋无数,急需竹木建房。朝廷不得不再度下达诏令,凡是官民贩卖或收买竹木用于建房的,都给予两个月的免税期。不久后,宋廷又下诏:"客人愿往出产州军,兴贩竹木等物赴临安府出卖……沿路州军税钱与免三分之一。至临安府城下者,全免。"④

---

① [宋]赵彦卫《云麓漫钞》卷一〇,《笔记小说大观》第六册,江苏广陵古籍刻印社,1983年,第118页上。
② 《续资治通鉴》卷一二七,第3371—3372页。
③ 《建炎以来系年要录》卷一三七,第2213页。
④ 《宋会要辑稿》食货一八之二三,第5119页上。

到了嘉定十三年(1220)十一月,杭州再次发生大火灾,"燔城内外数万家、禁垒百二十区"。朝廷不得不听从中书门下官员的请求,免收买卖竹木、砖瓦等税两个月。利用竹木大规模建房虽然能够缓一时之急,但也埋下了巨大的隐患。如此因果循环往复,也是南宋中、后期特大火灾多发的重要原因。果不其然,宋理宗绍定四年(1231)九月,再度发生席卷全城的特大火灾,不仅太庙、三省、六部、御史台、秘书省、玉牒所等要害机构全毁,所烧毁居民房屋超过一万家,其损失异常惨重。

南宋时期,杭州的人口增长曾经过一个三级跳的过程。大致从建都前的不足二十万,到前中期的乾道年间的五十五万余口,再到后期咸淳年间的一百二十四万余口①。南宋学者周煇形象地描述了杭州人口激增情况:"昔岁风物,与今不同,四隅皆空迥,人迹不到。宝莲山、吴山、万松岭,林木茂密,何尝有人居?……自六辈驻跸,日益繁盛。湖上屋宇连接,不减城中。"②人口大幅增加而杭州地形逼仄狭窄,钱塘江、西湖和三面群山等大地形阻挡了城市的扩张,因此,城市用地日渐紧张,建筑构筑物十分密集,一旦失火延烧,势必危害极大,这在南宋中、后期的火灾中体现得尤为明显。

杭州的城市建设已经打破唐代和北宋以来的"里坊"制度,街面与巷道、住宅相通,坊市混一,这种城市建筑模式对于市民的生活方式和社会关系的改变有着重要的影响。但是,由于大街小巷屋宇相连,街衢拥挤,"巷阔者不过一丈,狭者止五尺以下"③,且少有防火墙等隔断措施,十分不利于火源阻断和城市防火。

建筑用地极端缺乏,人口又在不断增加,杭州开始建造多层的楼宇住房。至于贫民区的房子更是正立面极为窄小,而进深却很大,临街底层通常开设店铺或作坊,隐患很多。吴自牧的《梦粱录》记载:"临安城郭广阔,户口繁夥,民居屋宇高森,接栋连檐,寸尺无空,巷陌壅塞,街道狭小,不堪其行,多为风烛之患。"④此段文字可谓一语中的。

---

① 《咸淳临安志》卷五八《风土·户口》,第3869页上。
② 《清波杂志》卷三《钱塘旧景》,《宋元笔记小说大观》第五册,第5044页。
③ 《宋会要辑稿》方域一〇之七,第7477页上。
④ 《梦粱录》卷一〇《防隅巡警》,第275页下。

从城市生活来讲,杭州的夜生活总是"夜深人不静"。"杭城大街买卖昼夜不绝,夜交三、四鼓(更)游人始稀,五鼓钟鸣,卖早市者又开店矣。"①都城中许多街区,尤其是邻近御街的街区,餐馆、酒肆与茶楼的前门后院都张灯结彩,它们的厨房炉灶几乎昼夜不息、灯火通明。在尚未出现公共照明系统的年代,在那些未被夜市灯火照亮的街道上,人们就必须打着自家的灯笼照路夜行。杭州百姓多崇信佛教,家中多供佛龛,火烛焚香日夜祭祀。加之百姓普遍使用地炉、风炉等以升灶取暖,例如陆游有诗云"地炉微火伴寒灰"②"地炉烧荮火,土榻借蒲团"③。一日三餐,灶火不断。因此,火源管理极为困难,人为遗火的现象极易发生。

此外,异常气候往往是火灾发生的重要诱发或助发因素。史料明确可查考的火灾中,曾多次伴随异常的天气、气候发生,其中,包括干旱17次、异常暖气候2次、大风天气2次。例如,宋宁宗嘉定十三年(1220)的火灾最为典型,当年冬季到次年春季,杭州持续出现暖冬。"冬,无冰雪。越岁,春暴燠,土燥泉竭。"在这样的气候背景下,十一月庚戌日、壬子日,杭州又连续出现"大风"④天气。就在十一月壬子日,"行都火,燔城内外数万家、禁垒百二十区"。暖干气候又叠加大风天气,风助火势,导致了一场焚烧数万家的特大火灾发生。

再如嘉熙元年(1237)六月,由于盛暑天气,宋理宗先是下诏录临安府系囚:"诏以盛暑,录临安府系囚。"⑤又于六月甲辰日祈雨,"甲辰,祈雨"⑥。可见,当年六月杭州的总体气候特征是高温暑热叠加干旱天气,结果当年六月"临安府火,燔三万家"⑦,三万户家宅就此化为飞灰。旧时,守夜打更人经常敲着梆子吆喝"天干物燥、小心火烛",可见古人对此早有清醒的认识。

---

① 《梦粱录》卷一三《夜市》,第285页上。
② 《冬日排闷·其二》,《剑南诗稿校注》卷七九,第4300页。
③ 《秋冬之交杂赋·其三》,《剑南诗稿校注》卷七三,第4022页。
④ 《宋史》卷六七《五行志五》,第996页。
⑤ 《宋史全文》卷三三《宋理宗三》,第2726页。
⑥ 《宋史》卷四二《理宗纪二》,第547页。
⑦ 《宋史》卷六三《五行志二上》,第935页。

第四节　防火救火措施

南宋时期,杭州火灾频繁、损失惨重为前所罕见,连皇帝也时常感到"宫中恐惧,不寒而栗"①。因此,朝廷和地方官员都格外重视火政,密切防范火患。

一、从严处理火灾肇事者

南宋初年,宋廷制定相关法律条文,反复申严火禁,并从重处罚违法者和违法行为。

《庆元条法事类》中对故意放火犯罪者量以重刑。例如,"诸故烧官粮草、钱帛、军器、防城官物,并敌楼、楼橹及仓库、屋宇者,绞,谋而未行或已烧未然者,各减一等。及死罪从,并配广南,流罪从,配千里。在缘边次边者皆斩,谋而未行或已烧未然者,皆当行处斩"②。再如,"诸故烧有人居止之室者,绞。无人居止舍宅,若积聚财物蚕簇同积聚,依烧私家舍宅财物,律死罪。从及为首而罪不至死,各配千里,从者配邻州"③。

绍兴三年(1133),宋高宗下诏:"今后放火,人不以烧毁舍屋多少,并依军法。其失火正犯人,如焚烧官私屋宇数多,并取旨,亦依军法断遣。令临安府出榜晓示,仍多差使臣缉捕放火之人。"④绍兴四年(1134)三月戊寅日,宋廷又下诏:"临安府失火,延烧官私仓宅及三百间以上,正犯人作情重法轻奏裁,芦草竹板屋三间比一间,五百间以上取旨。……其后,御史台又乞估计价钱、量轻重取旨。"⑤这是根据失火者造成的后果来分别予以惩罚。

绍兴七年(1137),有宰执官进言:"拟临安火禁条约,凡纵火者从军法,

---

① 《宋会要辑稿》瑞异二之三五,第2099页上。
② 《庆元条法事类》卷八〇《杂门·烧舍宅财物失火》,第915页。
③ 《庆元条法事类》卷八〇《杂门·烧舍宅财物失火》,第915页。
④ 《宋会要辑稿》瑞异二之三五—三六,第2099页上—下。
⑤ 《建炎以来系年要录》卷七四,第1231页。

遗火延烧数多者,罪亦如之。"对于这项建议,宋高宗明确反对:"遗火岂可与纵火同罪？立法太重,往往不能行。"大臣赵鼎则建议说:"遗火数多者,取旨可也。"宋高宗认可赵鼎之说:"止于徒足矣。庶可以必行,兼刑罚太重,亦非朝廷美事。"[1]由此可见,对于负有遗火责任者与故意纵火者当时是有所区分的,处罚也相对较轻,处罚上限为徒刑。

二、将防火作为官员考核指标

南宋以法律条文的形式规定,各州、县官员对防火负有责任,凡属地失火,长官都要受到惩处。州城失火,官吏要第一时间扑救,否则要受到惩罚,即便是扑救了,如果火灾规模过大,也要受罚。"诸在州失火,都监即时救扑,通判监督,违者各杖八十。虽即救扑、监督,而延烧官、私舍宅二百间以上,都监、通判杖六十,仍奏裁;三百间以上,知州准此。其外县丞、尉,州城外草市、倚郭县同并镇寨官,依州都监法。"[2]

成书于绍兴末年的《州县提纲》记载:"市民团五家为甲,每家贮水之器各置于门,救火之器分置必预备;立四隅,各隅择立隅长以辖焉,四隅则又总于一官。"[3]这从制度上明确官、民各自的火政职责。理宗时期,鉴于火灾危害巨大,将"修火政"列为《训守臣十二条》之一[4]。失火之后,官府要差官集众,验实灾情,记录在案,犯罪人及失火人要受到处罚及赔偿损失,朝廷也会依据情节对官员进行相应的赏罚。

例如,绍兴三年(1133)十一月庚午日,临安府失火,因"承信郎杨有坐从延烧,追一官,编管严州"[5]。绍兴六年(1136)十二月,因该年连续多次出现大火,有鉴于"坐不即救火"等缘故,"直宝文阁知临安府李谟与本府二通判、火作地分兵官皆贬秩"[6]。知临安府李谟在任不足4个月,即因救火不

---

[1] 《宋史全文》卷二〇上《宋高宗十》,第1521页。
[2] 《庆元条法事类》卷八〇《杂门·失火》,第913页。
[3] [宋]陈襄《州县提纲》卷二《备举火政》,《文澜阁钦定四库全书》(史部)第612册,杭州出版社,2015年,第648页下。
[4] 《咸淳临安志》卷四二《御制·训守臣十二条》,第3739页下。
[5] 《建炎以来系年要录》卷七〇,第1182—1183页。
[6] 《建炎以来系年要录》卷一〇七,第1741页。

力被贬秩,出知镇江府。绍兴二十年(1150)正月壬午日,吏部大火,官员的档案文书全部烧毁,连坐者达数百人之多,"吏部火,连坐者数百人"①。嘉泰元年(1201)临安大火,城中庐舍九毁其七,延烧军民五万余家,多处官署被焚。事后,遗火的御史台吏员杨浩父子均被流放到海南,而其时的临安守臣赵善坚、殿帅吴曦、步帅夏侯恪三人皆因救火失职,受到罢黜的处分②。

但是,凡事也有例外。例如,乾道七年(1171)十一月,杭州发生火灾,"入内内侍省使臣杨震,在皇城下居止,遗火盛大,特降一官"③,在皇城下居住的杨震遗火盛大,也仅是降官一级了事。最为典型的就是周必大罢官一事。绍兴二十六年(1156)六月,临安大火,未来的左丞相、益国公周必大当时还只是和剂局的门官,家住漾沙坑,与两浙转运司的官员王氏连栋。某天夜里,王氏醉酒,在上厕所时,其婢女将灯插在墙壁上,不想焚毁了周必大的住所。当时,临安知府韩仲通明明知道火灾起自王氏之宅,但是由于王氏的妻弟马舜韶时任御史,韩知府不敢得罪,于是捉拿周必大及邻居五十余人下狱。周必大为解救无辜的邻居,遂将责任揽下,为此落职④。

当然,有罚必有赏。对救火有功的官员和相关人等,南宋统治者也会予以重赏。例如,隆兴二年(1164)六月初五日,宋孝宗对扑灭德寿宫失火的有功人员下诏奖赏:"修内司、皇城司、三衙忠锐将、临安府军兵,依则例等第犒设一次。"⑤淳熙二年(1175)十一月初三日,临安城内大火延烧。初四日,宋孝宗下诏,重奖救火有功的官兵。"今月三日皇城内火。三衙、皇城司、修内司等处救火官兵,并令左藏南库等支散犒设。"⑥除了犒赏,还支拨医药钱若干救治烧伤人员。淳熙九年(1182)正月初六日,万松岭发生大火,经官兵努力扑救火灭。宋孝宗下诏:"三衙并修内司官兵救火有劳,可特支犒设。"⑦

---

① 《宋史》卷三九〇《莫濛传》,第9423页。
② 《宋会要辑稿》瑞异二之四〇、四一、四二,第2101页下,2102页上、下;《说郛》卷三八上,转引自张仲文《白獭髓》,《影印文渊阁四库全书》(子部)第878册,第88页下。
③ 《宋会要辑稿》瑞异二之三六,第2099页下。
④ 《西湖游览志余》卷二五《委巷丛谈》,第391—392页。
⑤ 《宋会要辑稿》瑞异二之三六,第2099页下。
⑥ 《宋会要辑稿》瑞异二之三七,第2100页上。
⑦ 《宋会要辑稿》瑞异二之三八,第2100页下。

绍熙三年(1192)六月十九日夜晚二更,清波门外燃起大火,后军统领戚拱中、后军副将董庆祖、训练官王师雄三人率先上屋,并肩扑救。于是,士卒争奋上前,遂将大火扑灭。宋光宗下诏,对三位将官给予奖赏①。

到了南宋中、后期,由于法度不严,刑罚不加亲贵,吏治逐渐腐败,许多防火措施执行不够得力,甚至出现趁火打劫等现象,火灾增多也就在所难免。

三、实行严格的灯火管制

关于灯火管制,早在北宋都城开封就极为严格。宋真宗大中祥符八年(1015)二月十六日,有诏令要求:"皇城内诸司、在京百司库务仓草场,无留火烛。如致延燔,所犯人泊官吏悉处斩,番休者减一等。"②

时至南宋,禁令犹然。绍兴十四年(1144),秘书省秘书郎张阐进言:"本省自来火禁,并依皇城法,遇有合用火烛去处,守门亲事官一名专掌押火洒熄。除官员直舍,并厨司、翰林司、监门职级房存留火烛,遇官员上马,主管火烛亲事官监视洒熄。其余去处,并不得存留。"③秘书省负责收存国家重要图书、典籍等珍贵资料,对于夜间燃点灯烛的管理自然极为严格,理应对监门、直舍点灯烛和熄灯时间等方面做出明确的规定。凡是允许设炉火或点灯烛的地方,必须设专门册簿,登记每日火情,以备检查。每到熄灯烛或灭炉火的时间,负责的亲事官要亲率兵卒到各处检查,"监视洒熄"之后,方能离开。这样的建议自然会得到宋高宗的允肯,并下旨遵行。

乾道六年(1170),宋孝宗下诏:"自今后玉牒所火禁,并依秘书省条法指挥。"④此外,临安城内外各处的仓场、库务贮存有大量的钱粮物资,也是灯火管制重点。南宋诗人杨万里曾经感慨地说:"左帑火禁,清寒非人间有也。"⑤说明左藏库火禁严格,在冰雪清寒之时,左藏库内值守人员的饮食居

---

① 《宋会要辑稿》瑞异二之三九,第2101页上。
② 《宋会要辑稿》刑法二之一二,第6501页下。
③ [宋]陈骙《南宋馆阁录》卷六《故实·火禁》,《文澜阁钦定四库全书》(史部)第604册,杭州出版社,2015年,第438页上—下。
④ 《宋会要辑稿》职官二〇之六一,第2851页上。
⑤ 《诚斋集》卷二〇《左藏南库西庑下纸阁负暄戏题》,《文澜阁钦定四库全书》(集部)第1194册,第362页上。

止都很不方便。

四、改善建筑防火条件

首先是改茅草屋为瓦屋。绍兴二年(1132),宋廷下诏:"临安民居皆改造席屋,毋得以茅覆盖,行宫皇城周回各径直留空三丈,毋得居。"[1]绍兴十年(1140),中书、门下和尚书三省的仓库被焚后,宋高宗亲下口谕:"累令撤席屋作瓦屋,不奉行,朕已戒内侍。如敢不行,比众罪当加重。卿等更戒诸房吏亦依此。"于是,参知政事孙近建言:"拆去草屋,宽留地步。"其后诏限五日,将草屋拆去改为瓦屋。

拆除部分建筑,扩大街巷宽度,设置防火隔离带。绍兴三年(1133)十一月,宋高宗要求临安府设置防火隔离带,在"被火处每自方五十间,不被火处每自方一百间,各开火巷一道,约阔三丈"[2]。此后,绍兴十二年(1142)、绍熙二年(1191)、庆元五年(1199)、宝祐五年(1257),南宋王朝屡屡降诏,要求临安府拆除部分建筑,空留出隔离带作防火巷,或修筑防火墙,以加强或改善临安城市建设的防火规划布局。

由于火灾屡屡发生,杭州城内的商贾们为谨慎起见,开始选择濒水宽敞之地兴建"塌房",将货物贮存其间,既杜绝火患,也便于防盗和运输。

> 城郭内北关水门里,有水路周回数里,自梅家桥至白洋湖、方家桥直到法物库市泊前。有慈元殿及富豪内侍诸司等人家于水次起造塌房数十所,为屋数千间,专以假赁与市郭间铺席宅舍及客旅寄藏物货,并动具等物,四面皆水,不惟可避风烛,亦可免偷盗,极为利便。盖置塌房家,月月取索假赁者管巡廊钱会,顾养人力,遇夜巡警,不致疏虞。[3]

这些塌房大多位于环水之地,可以有效防范火灾。塌房每月收租费,雇

---

[1] 《建炎以来系年要录》卷六一,第1049页。
[2] 《宋会要辑稿》瑞异二之三六,第2099页下。
[3] 《梦粱录》卷一九《塌房》,第304页下—305页上。

人防守,并于夜间巡警。这一措施有利于富贵人家和富商,对维护杭城工商业的发展也具有积极意义,但相信其租金一定不菲。

对于塌房,马可·波罗在他的游记中这样描述:"这个城市的每条街上都有一些石头房屋或阁楼。这主要是因为,街上的房屋大多是木材所建,很容易着火。所以,一有火警,居民可将他们的财产移到这些阁楼中,以求安全。如遇上火警,守卫就敲击木器发出警报,于是一定距离内的守卫就会立刻赶来救火,并将此地商人和其他人的财产,移入前面所说的石屋中。货物有时也装入船中,运到湖中的岛上。"①为了防火,塌房货楼多采用石质结构,更利用临安水乡城市的特点,建成水上塌房,进一步提高防火能力。水上货楼的出现,是南宋临安建筑的一个创举②。

此外,临安城内、外还有官营的柴炭场二十一所,为防止火灾发生,被分散设置于各处。临安坊巷不树立坊表,坊表多为木质且跨街连坊,一旦失火,很容易延烧,这也是为了预防火灾发生的城市建设的要求之一。

五、加强救火队伍建设

南宋杭州设有多支成建制的专门防火灭火队伍,其中,军巡铺就是一支重要的力量。早在绍兴二年(1132)正月,因"数有盗贼",加之临安城中的流寓士民多居草屋,"火政尤当加严",宋廷根据大臣的建议,委派马、步军司在城内分设四厢,每厢设有巡检一人,并根据四个厢的区域大小、地步远近,设置有102个军巡铺,每铺驻守禁军6人,负责追捕盗贼,兼管防火③。这些军巡铺在某种程度上类似于今天的街道派出所。到了乾道七年(1171),随着城市不断扩张,临安城又增为八厢,分设232个军巡铺,"官府坊巷,近二百余步,置一军巡铺,以兵卒三、五人为一铺,遇夜巡警地方盗贼烟火"④。若是按照每个军巡铺驻守兵卒4人计算,全城仅铺兵就有近千人。

---

① 《马可·波罗游记》第二卷第74章《关于杭州城的更多情况》,第344—345页。
② 郭黛姮主编《中国古代建筑史》第三卷《宋、辽、金、西夏建筑》(第二版),中国建筑工业出版社,2009年,第54页。
③ 《宋会要辑稿》兵三之七、八,第6805页上、下。
④ 《梦粱录》卷一〇《防隅巡警》,第275页下。

较之防火队,专职救火灭火队伍的建设起步较晚,大约始建于嘉定四年(1211)。南宋当政者在临安城设置若干个区域,即所谓的"防虞",成立救火队。这样的"防虞"共有 23 个,城内 14 个隅、城外 9 个隅,合计共有救火兵卒 2073 人①,具体见下表:

表 7.2　南宋临安城内、外防隅表

隅　名	位　置	始建时间	兵卒人数
城内十四隅			
东隅	都税院侧,有望楼	嘉定四年(1211)	102 人
西隅	临安府铁作院侧,有望楼	嘉定四年(1211)	102 人
南隅	太岁庙下,有望楼	嘉定四年(1211)	102 人
北隅	潘阆巷	嘉定四年(1211)	102 人
上隅	大瓦子三真君庙前,有望楼	嘉定四年(1211)	102 人
中隅	下中沙巷蜡局桥东,有望楼	嘉定四年(1211)	102 人
下隅	修文坊内,有望楼	嘉定四年(1211)	102 人
府隅	府治前左司理院墙东,有望楼	嘉定十四年(1221)	102 人
新隅	朝天门里	绍定四年(1231)	102 人
新南隅	候潮门里	淳祐四年(1244)	102 人
新北隅	余杭门里	淳祐四年(1244)	102 人
新上隅	侍郎桥侧	淳祐九年(1249)	102 人
西南隅	寿域坊内仁王寺前	淳祐十二年(1252)	102 人
南上隅	丽正门侧	宝祐四年(1256)	61 人
城外九防隅			
海内隅	浙江亭南油局侧	淳祐七年(1247)	70 人
外沙隅	候潮门外外沙巡司	淳祐七年(1247)	68 人
城东隅	新开门外城东巡司	淳祐七年(1247)	68 人

① 《咸淳临安志》卷五七《武备·防虞》,第 3865 页上—3866 页下。

(续　表)

隅　名	位　置	始建时间	兵卒人数
茶槽隅	东青门外茶槽巡司	淳祐七年(1247)	70人
城西隅	钱湖门外茶槽巡司	淳祐七年(1247)	68人
城北上隅	北郭税务余杭桥东,有望楼	淳祐七年(1247)	70人
城北下隅	北新桥北,有望楼	淳祐七年(1247)	68人
钱塘隅	钱塘门外水磨头,有望楼	淳祐八年(1248)	102人
新西隅	九里松曲院巷口	淳祐十一年(1251)	102人

各个防隅实施火情瞭望"分区预警责任制"。"盖官府以潜火为重,于诸坊界,置立防隅官屋,屯驻军兵,及于森立望楼,朝夕轮差,兵卒卓望。如有烟烓处,以其帜指其方向为号,夜则易以灯。若朝天门内,以旗者三;朝天门外,以旗者二;城外以旗者一;则夜间以灯如旗分三等也。"① 各防隅设置官屋,可以屯驻军兵,特别是建立有望楼的防隅,日夜轮流观察本隅辖区及各个相邻防隅是否有烟火燃起,白天以旗帜指向为号,夜间则改旗帜为灯火,配合临安府潜火队参加本隅救火或支持其他隅处灭火。按照区域划分,皇城至朝天门为最高等级的警戒区域,如有烟火燃起,以三盏灯火或旗帜示警;其次是朝天门外至杭州城墙以内,再次为城外,示警灯火或旗帜也依次由二减为一。

至迟到开禧二年(1206),临安府建立了四支专业救火队,驻地设在临安知府大门里,称为"帐前四队",共有兵卒350人。淳祐六年(1246),在临安知府校场前又增设三支专业救火队,其中,水军队共有兵卒206人,搭材队有兵卒118人,亲兵队有兵卒202人,连同"帐前四队",时称"潜火七队",相当于都城临安的消防总队,以上共计876人②。

到了绍定四年(1231)和淳祐四年(1244),浙西安抚使司又分置临安城内"四将"和城外"四壁",从南宋三衙禁军即殿前司、侍卫亲军马军司、侍卫

---

① 《梦粱录》卷一〇《防隅巡警》,第275页下—276页上。
② 《淳祐临安志》卷六《城府·潜火七队》,第3277页下、3278页上。

亲军步军司中各选军兵,驻守于临安城内外,分任防隅之责,并听从临安府调遣灭火。这是来自禁军、遇到火灾听从临安府调遣的禁军灭火队,其中,每将有500人,每壁有300人,合计3200人①。

不仅都城内、外各个区域有防火救火队,临安城内的重要机构部门也设有专职救火队。例如,"负责皇城内宫省垣宇缮修"的修内司,曾设有700到1500人不等的潜火兵丁。绍兴二十年(1150)正月十五日,宋廷下诏:"宣内司并潜火人兵共一千五百人,可减五百人,拨赴部军司,充填雇募使唤。"②这是将修内司的潜火兵卒500人划拨至步军司使用。淳熙十六年(1189)二月初十日,枢密院官员曾说:"提举修内司承受邓璲申,本司额管潜火雄武七百人。"③

再如,秘书省不仅集中储藏经史子集等图籍,还是大内秘阁书库、古器库等大型库房所在地,防火工作至关重要。故此,秘书省设有潜火司,既有用于储放防火器材的仓库,也有人员值守火警④。秘书省有潜火军兵66人、军官2人⑤。此外,《南宋馆阁录》记载,另有"看管殿阁军员六人……潜火兵士二百人"⑥,上述总人数近300人。

综上所述,南宋时期杭州共有来自地方、禁军和中央机构的防火救火人员约八九千人,其数量不可谓不庞大,这也体现出当政者对于火政的高度重视。

六、统一指挥城市救火

临安城各支救火队成立以后,他们既有隶属于临安府和浙西安抚使司的,又有隶属于三衙禁军的,还有隶属于修内司、秘书省等重要机构的,在防火救火时往往各自为政,甚至相互推诿。

---

① 《咸淳临安志》卷五七《武备·防虞》,第3866页下,3867页上、下。
② 《宋会要辑稿》职官三〇之三,第2993页上。
③ 《宋会要辑稿》职官三〇之五,第2994页上。
④ 《南宋馆阁录》卷二《省舍》,《文澜阁钦定四库全书》(史部)第604册,第417页上。
⑤ 《南宋馆阁录》卷一〇《职掌》,《文澜阁钦定四库全书》(史部)第604册,第460页下。
⑥ 《南宋馆阁录》卷一〇《职掌》,《文澜阁钦定四库全书》(史部)第604册,第460页下。

为了统一指挥领导救火工作,宋廷成立临安府节制司,统一调遣城内四将军卒。"如遇烟烶救扑,帅臣出于地分,带行府治内六队救扑,将佐军兵及帐前四队、亲兵队、搭材队一并听号令救扑,并力扑灭,支给犒赏;若不竭力,定依军法治罪。"①至于地方与军兵之间的节制关系,地方遗火和军营遗火的处置办法,在淳熙四年(1177)和淳熙五年(1178)的诏令中也均有详细记载。

七、设置望火楼观察预警火情

南宋时期,都城临安建有专门的望火楼 10 处,其中城内诸隅 7 处,城外诸隅 3 处②。消防官兵值守于望火楼上,白昼黑夜登楼顶观望火警,以及

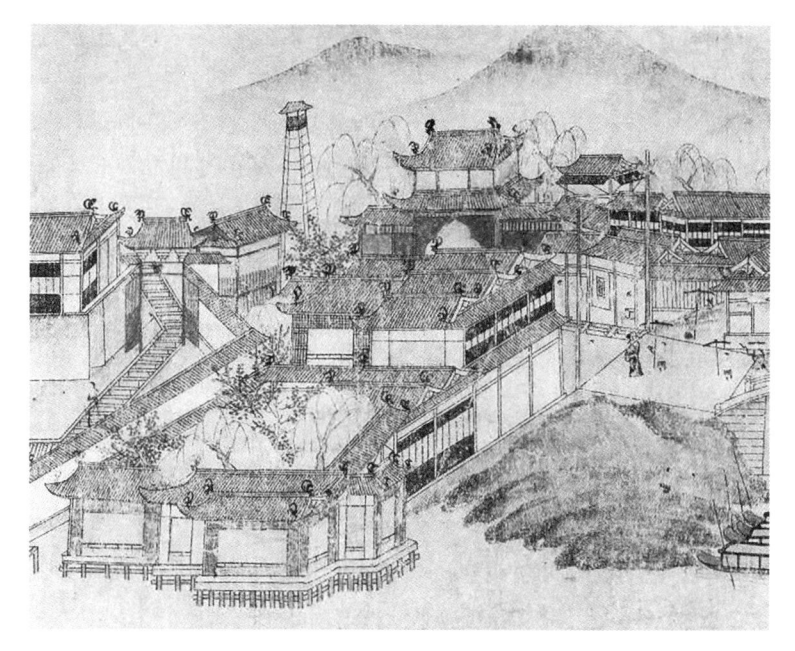

图 7.2　元代佚名《仿李嵩西湖清趣图》(局部,望火楼),
现藏美国弗利尔美术馆

---

① 《梦粱录》卷一〇《防隅巡警》,第 276 页上。
② 《咸淳临安志》卷五七《武备·防虞》,第 3865 页上、下,3866 页下。

时发出警报,尽早扑灭火灾。宋代著名建筑学家李诫的《营造法式》对望火楼有详细介绍:"望火楼,一坐四柱,各高三十尺,基高十尺,上方五尺,下方一丈一尺。"①望火楼是建在立柱之上,根据《营造法式》规定,柱高30尺、台基高十尺,按照1宋尺为0.311米计算,望火楼高达12.4米。

"盖官府以潜火为重……森立望楼,朝夕轮差,兵卒卓望,如有烟烻处,以其帜指其方向为号,夜则易以灯。"消防官兵站在高高的望火楼上,极目所望,城内外但凡有烟火升腾,可谓是一览无余,可以第一时间发出警讯。望火楼是中国古代城市建设同时也是世界古代城市建设中的首创,它对宋代以后城市建设有着启发性的意义。从城市防火、灭火历史来看,宋代以后的元、明、清、民国时期均设有望火楼。

八、制备先进的救火器具

南宋的防虞救火器具已经较为多样。《梦粱录》记载:"且如防虞器具,桶索旗号、斧锯灯笼、火背心等器具,俱是官司给支官钱措置,一一俱备。"②这些器具包括运水的"桶",爬高断垣的"绳索",用以发警报和现场指挥的"旗号",切断火源、拆除木构建筑的"斧锯",夜间照明用的"灯笼"。救火兵皆穿"火背心",这是一种"绯小绫卓画带甲背子"③,以区别各军潜火队的番号,由"带甲"二字推断可能还带有一定的防护功能。

《东京梦华录》记载:"有救火家事,谓如大小桶、洒子、麻搭、斧锯、梯子、火杈、大索、铁猫儿之类。"④另有北宋起就沿用的救火器具,包括水囊、油囊和唧筒等,各自具有一定的用途,应用于不同的救火场景中。水囊系用猪、牛胞(膀胱)盛水,起火后可掷向着火处,水囊外壳破裂或被烧穿,水即流出;用油布缝制后盛水的,则称为油囊,功用与水囊类似。

---

① [宋]李诫《营造法式》卷一九《望火楼功限》,《文澜阁钦定四库全书》(史部)第686册,杭州出版社,2015年,第476页下。
② 《梦粱录》卷一〇《帅司节制军马》,第276页上。
③ 参见伊永文《行走在宋代的城市:宋代城市风情图记》,中华书局,2005年,第172—173页。
④ [宋]梦元老《东京梦华录》卷三《防火》,《影印文澜阁四库全书》(史部)第589册,台湾商务印书馆,1984年,第140页下。

唧筒的发明和使用具有划时代意义。曾公亮《武经总要》记载："唧筒，用长竹，下开窍，以絮裹水杆，自窍唧水。"①唧筒为竹制，紧贴筒内壁的裹着棉絮的水杆起到活塞的作用，来回拉动水杆使筒内腔产生正压或负压，可以将水从竹筒开窍处吸入或喷出。这种运用柱塞式泵浦原理研制的筒形灭火器具，可以说是我国最早出现的消防泵浦。尽管唧筒的容量和射程都有限，但是取材容易，制作简便，利用它来射水灭火，比之用水桶、水袋、水囊和油囊等泼水或掷水更具有灵活性。

在救火时，还需要使用麻搭、火钩和火镰等各种特种工具。麻搭就是在八尺长的竹杆上系住二斤散麻，蘸上泥浆来涂抹房屋或物品，也可以蘸水进行湿润，以防止火势继续延烧，具有防火作用。破拆房屋时，除了使用斧、锯、叉等工具外，在火场上还利用大索和铁锚，将之套住或挂在屋梁或立柱

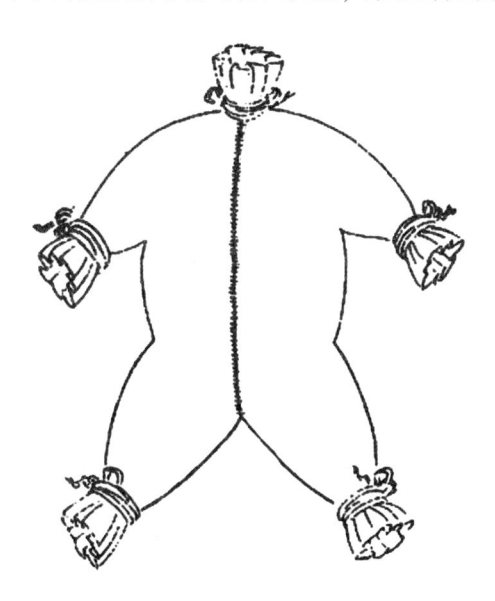

图 7.3 浑脱水袋②

---

① [宋]曾公亮等《武经总要前集》卷一二《守城并器具图附》，《文澜阁钦定四库全书》（子部）第 740 册，杭州出版社，2015 年，第 427 页上。
② 《武经总要前集》卷一〇，《影印文澜阁四库全书》（子部）第 726 册，第 367 页下。

上,用力猛拉即可将房梁拉倒,以便阻止火势蔓延。《武经总要》还叙述了对付敌人火攻时综合利用各种灭火器具的办法。"贼以火攻城,则以城上应救火之具托叉、火钩、火镰、柳酒弓、柳罐、铁锚手、唧筒寻常之所预备者。若城火猛至,则为水袋、水囊以投之。一应楼棚器械虽已涂覆,更频举麻搭湿润。若贼为火炬则下土沙灭之,切勿以水,加水则火势愈炽。"①由此可见,灭火器具是为适应扑救各种火灾的需要发展起来的,也是与应对火攻等军事需求密不可分的。

九、广设水池以便取水灭火

能够及时便捷地获取水源,是确保成功扑救火灾的重要基础保障之一。《咸淳临安志》记载,南宋临安城内、外建有22处防虞水池,池袤百一十尺,其分布位置如下:

> 一在邵局墙下,一在左院河下,一在泰和坊东,一在至德观前,一在万松岭上,一在钱湖门里,一在铁冶岭,一在七官宅前,一在十官宅前,一在龙翔宫前,一在仁王寺前,一在后市街谢府巷口,一在府治后门,一在三省后,一在六部后,一在护圣寨前,一在便门外萧公桥西瓦子口,一在候潮门外接待寺前,一在候潮门外大郎巷,一在候潮门外福田寺前,一在水府观后,一在护圣教场前。②

这些水池始建于咸淳六年(1270),"自是近南居民去水绝远者,皆恃以为安"③。再比如,防火重地秘书省不仅在右文殿门前左右设有两个水池,后圃园林中更有两处大型水池。此外,在整个秘书省的大院内开凿一条水渠,穿插在各座建筑之间,水渠本身既有隔断火源的作用,渠水也可作消防之用④。

---

① 《武经总要前集》卷一二《守城并器具图附》,《文澜阁钦定四库全书》(子部)第740册,第448页下。
② 《咸淳临安志》卷三八《防虞水池》,第3697页下—3698页上。
③ 《咸淳临安志》卷三八《宫城外水池》,第3697页下。
④ 谢大伟、林正秋《南宋朝廷图书馆防火措施探述》,《浙江消防》1995年第3期。

十、制定正确的扑救策略

在火灾扑救策略和方法上,宋人也积累了较丰富的经验。绍兴二年(1132)六月初四日,有大臣上疏说:"旧日京城遇火,小则扑灭,大则观烟焰所向,必迎前拆屋,以止之。"[1]针对同年五月临安大火蔓延六七里,延烧万余家的状况,建议"明修火政,多置合用器物,临时见火大小,旋为拆屋之计,严禁攫金之人其间,官吏如或依前灭裂怠慢,必罚无赦"[2]。宋代总结灭火实践经验而提出的对小火必须尽力扑灭,对大火则"旋为拆屋之计",以防止蔓延,正是救火之道的基本准则。这些扑灭火灾的指导思想和基本方法,是前人留下来的宝贵经验,虽然后来消防器材装备和灭火剂有许多革新和变化,但及时扑救初期火灾和设法控制火势蔓延,仍然是灭火战术的重要原则。

采取以上措施后获得较为明显的效果,临安火患有所减弱。有鉴于此,现代研究认为:"南宋中期以后临安的消防组织和措施,是当时世界上所有城市中最完善的,已与近代城市的消防组织相类似。"[3]

第五节 火灾的后续处置

在火灾焚毁严重或影响巨大时,南宋皇帝有时会在火灾之后下罪己诏,并减膳撤乐,以示自惩。例如,绍定五年(1232)五月的火灾焚烧太庙,为此,宋理宗下诏:"昨郁攸为灾,延及太室,罪在朕躬,而二三执政,引咎去职。今宗庙崇成,神御妥安,薛极、郑清之、乔行简并复元官。"[4]所谓"郁攸",为火焰、火灾之意。开禧二年(1206)二月癸丑夜,寿慈宫前殿起火,直至拂晓才

---

[1] 《宋会要辑稿》瑞异二之三五,第2099页上。
[2] 《宋会要辑稿》瑞异二之三五,第2099页上。
[3] 白寿彝总主编《中国通史》第七卷《中古时代·五代辽宋夏金时期》丙编第五章《城市和镇市》,上海人民出版社,1999年,第701页。
[4] 《宋史》卷四一《理宗纪一》,第535页。

熄灭。宋宁宗以火灾避正殿,撤乐①。嘉泰元年(1201)三月戊寅日,临安大火,御史台、司农寺等多处官署被焚。城中庐舍九毁其七,延烧军民五万余家。于是,宋宁宗因大火下罪己诏自责、求直言②。

火灾过后,朝廷往往会对被火灾民予以赈济。绍兴三年(1133)九月初九日夜,临安皇宫朝天门外民居发生火灾,焚毁房屋甚众。宋高宗恻然说道:"细民焚其室庐,生聚何从得食?必有甚失所者。可命户部支降米五百硕,令临安府差官就行赈济。孤贫不能自存者,无或追呼,更致烦扰。"③"硕"通"石",赈济失火百姓五百石米。绍兴六年(1136)十二月甲午朔,行都大火,燔万余家,人有死者,隆冬之际都民无片瓦遮身,暴露者多冻死。之后,宋高宗下诏:"临安府遗火,窃虑民户暴露不易,令行宫留守司依旧例,于户部取拨米二千硕,专委本府守臣差官,据被烧民户,计口日给米二升。"④绍兴十四年(1144)正月甲子日,临安府发生火灾。次日,宋廷下诏:"今月十二日被火居民,令临安府于系官米内依例赈济,具支过数申尚书省。"⑤

淳熙十四年(1187)六月庚寅日,宝莲山民居火,延烧七百余家。有大臣进言:"临安府宝莲山居民遗火,延烧屋宇及毁拆间架,无虑五、七百家,其家多是浮食细民,顿丧生理,狼狈失所。况当盛暑,老幼暴露,卒未着业,委实可悯。乞令临安府抄札烧毁人户姓名,计其口累实数,优支钱米赈济,多方存恤。"⑥于是,宋孝宗允准了大臣的上言,赈济宝莲山火灾居民。嘉泰元年(1201)三月戊寅日,临安大火。御史台、司农寺等多处官署被焚。城中庐舍九毁其七,延烧军民五万余家。四月辛巳日,宋宁宗下诏有司赈恤被灾居民,死者给钱埋葬;又下诏出内府钱十六万余缗,米六万五千余斛,拨付给浙西漕司、临安府,分赐被火之民⑦。

---

① [宋]佚名《续编两朝纲目备要》卷九,中华书局,1995年,第159、160页。
② 《宋会要辑稿》瑞异二之四〇,第2101页下。
③ 《宋会要辑稿》食货五九之二四,第5850页下。
④ 《宋会要辑稿》食货五九之二八,第5852页下。
⑤ 《宋会要辑稿》食货五九之三一,第5854页上。
⑥ 《宋会要辑稿》食货五八之一七,第5829页下。
⑦ 《宋史全文》卷二九下《宋宁宗二》,第2487、2488页。

再如,嘉定十三年(1220)十一月壬子日,杭州大火,焚烧城内外数万家、禁垒一百二十区。十二月初七日,宋宁宗下诏:"封桩库支拨会子二万八千一百一十六贯,仍令提领丰储仓所取拨米三千四百三十九石八斗,并付临安府,照应供到数目,逐一等第给散。被火全烧、全拆并半烧、半拆及践踏人户,仰本府日下差人请领,选差清强官巡门俵散,不得纵容吏卒等人稍有减克骚扰。"①此外,绍定四年(1231)九月丙戌夜的火灾,嘉熙元年(1237)五月壬申的大火,宋理宗也下旨多有赈济。

宋廷诏令减免竹木贩运之税,也有利于火灾后的恢复重建。奖惩官员,追究有关人等刑责,以为惩戒。此两点前文有记,在此不再重复。

第六节　火灾的影响与习俗

依据"五德终始说"的理论,南宋崇奉"火德"。早在北宋立国之初即有因循,后周是木德,宋因周而立,当以火德王,色尚赤。南宋第一个年号"建炎",也有"重建火德"之意。

南宋王朝在颠沛流离之际就已经恢复祭祀:"绍兴三年,复大火祀……以辰、戌出纳之月祀之。"②"受火之瑞"的"炎帝"与大舜、大禹等同,春秋三月和九月两祭。宋朝虽自称火德,对火神倍加崇奉,然而却未得到火神的照顾,尤其是南宋的火灾明显多于其他朝代,以致成为严重的社会问题。

都城临安居民常常会畏火灾甚于寇盗,南宋话本小说《碾玉观音》有一段临安人"谈火色变"的生动描写:

> 崔待诏游春回来,入得钱塘门,在一个酒肆,与三四个相知方才吃得数杯,则听得街上闹炒炒,连忙推开楼窗看时,见乱烘烘道:"井亭桥

---

① 《宋会要辑稿》食货五八之三二,第 5837 页上—下。
② 《宋史》卷九八《礼志一》,第 1630 页。

有遗漏。"吃不得这酒成,慌忙下酒楼看时,只见:

> 初如荧火,次若灯光。千条蜡烛焰难当,万座糁盆敌不住。六丁神推倒宝天炉,八力士放起焚山火。骊山会上,料应褒姒逞娇容;赤壁矶头,想是周郎施妙策。五通神牵住火葫芦,宋无忌赶番赤骡子。又不曾泻烛浇油,直恁的烟飞火猛。①

文中"遗漏"同"走水",是失火的代词。"糁盆"是旧时除夕祭祖送神时焚烧松柴的火盆。"六丁神"是六甲当中的丁神,丙丁代表五行中的火。"焚山火"是晋文公搜索介子推焚山的典故。"骊山会"是西周幽王为博宠妃褒姒一笑,在骊山举烽火戏诸侯的典故。"五通神"是民间传说中的火神五显神。"宋无忌"是道教传说中的火仙。话本大量引用百姓耳熟能详的历史典故和民间传说用于描述火灾的情形,很有现场感。

都民谈火色变,便有人利用这种心理,于是许多迷信大行其道。人们把南宋初年频频发生的火灾归咎于年号"建炎",认为炎有双火,故而多有火灾。绍熙二年(1191)四月,行都传法寺火,延及民居。于是有人谣传"以戚里土木为孽,火数起之应"②。宋代供奉火德星君庙,南渡后"火德庙"迁建临安吴山,供祀火德王,以奉"荧惑"之神,其庙旧址现在城隍阁风景区内。有些庙宇将河神供奉为龙王,居民希望这些神明在享受祭献给它们的牺牲之后,会保佑该城免遭火灾,如此等等。

江南水乡在腊月二十五日夜初更,有家家烧火盆的习俗,以期望来年六畜兴旺、光景红火。南宋范成大《烧火盆行》诗云:

> 春前五日初更后,排门然火如晴昼。
> 大家薪乾胜豆䴬,小家带叶烧生柴。
> 青烟满城天半白,栖鸟惊啼飞格磔。

---

① 宋人话本《碾玉观音》,程毅中辑注《宋元小说家话本集》,齐鲁书社,2000年,第189页。
② 《宋史》卷六三《五行志二上》,第933页。

儿孙围坐犬鸡忙,邻曲欢笑遥相望。
黄宫气应才两月,岁阴犹骄风栗烈。
将迎阳艳作好春,政要火盆坐暖热。

就在南宋灭亡的第二年,南宋皇宫毁于一场大火,史书记载:"民间失火,飞烬及其宫室,焚毁殆尽。"[1]民间失火,要越过数丈高的皇城城墙,并烧毁浩浩殿宇,或许是偶然,或许是必然。历史疑云迷雾重重,但是不管怎样,这场突然而起的大火加之人为破坏,终使杭州历史上空前杰作——临安皇城化为灰烬。正如后世诗人所云:"沧海桑田事渺茫,行逢遗老叹荒凉。为言故国游麋鹿,漫指空山号凤凰。"[2]

如今,凤凰山上林木苍郁,不知其中有几株逃过了历次火劫,无言地见证着八百年来的风云变幻。

南宋临安城的消防工作防、救并重,在提高防火安全意识、健全消防组织机构、加强设施设备建设等方面多有建树,特别是建立防火、救火责任区,建设军事化的消防基干队伍,重点强化核心区域的消防投入等做法,对后世的城市消防工作具有较好的借鉴作用。

---

[1] [明]徐一夔《始丰稿》卷一〇《宋行宫考》,《文澜阁钦定四库全书》(集部)第1264册,杭州出版社,2015年,第618页上。
[2] [清]张岱《西湖梦寻》卷五《宋大内》,转引自黄晋卿诗,《续修四库全书》(史部)第729册,上海古籍出版社,1995年,第166页下。

第八章 蝗 灾

第一节 概 况

飞蝗,是世界上分布范围最广的蝗虫。在我国主要活跃且分布范围较广的飞蝗有3个亚种,即东亚飞蝗、亚洲飞蝗和西藏飞蝗。东亚飞蝗在我国的分布,北起北纬42°的北京怀柔,南至北纬18°的海南三亚,西至东经107°的陕西宝鸡,东达东经122°的浙江上虞[①]。

无论是历史上还是现实中,东亚飞蝗的分布最为广泛、发生最为频繁、成灾最为严重,很可能是南宋时期影响杭州的主要飞蝗亚种。综合考虑自然地理区划、飞蝗的发生时间以及飞蝗的亲水性生境等因素,南宋时期杭州形成蝗灾的主要形式为东亚飞蝗灾害。按照自然地理区划,南宋时期杭州的蝗灾为季风影响型蝗灾;按照飞蝗的发生时间,有夏蝗、秋蝗和夏秋连蝗等;按照飞蝗亲水性生境,可能包括滨河型(河泛型)蝗灾、滨湖型蝗灾、滨海型蝗灾和混合型蝗灾。

统计南宋时期史料记载发现,杭州共发生了16次蝗灾。从具体发生时间来看,农历五、六、七月最常发生,其中六月最多,达7次;七月其次,为3

[①] 章义和《中国蝗灾史》上编《导论》,安徽人民出版社,2008年,第4页。

次;五月再次,为2次。最早发生月为四月,最晚为八月,各发生1次,主要集中于夏、秋季节。

南宋时期杭州蝗灾的发生具有明显的年际连续性特点,除了淳熙十四年(1187)、嘉泰二年(1202)、开禧元年(1205)的蝗灾为间隔孤立发生外,其余13次蝗灾均呈连年发生的态势。其发生年份分别为1162—1164年、1182—1183年、1207—1210年、1214—1215年、1240—1241年,特别是开禧三年(1207)到嘉定三年(1210)连续4年发生。

由于缺乏具体的统计数据或者史料记述较为简略等,影响杭州蝗灾的严重程度判断较为困难。简单而言,基本能确定覆盖浙西路或影响严重的大蝗灾就有9次之多。例如,宋宁宗开禧三年(1207)夏秋久旱,"飞蝗蔽天,食浙西豆、粟皆尽"[1];再如,宋宁宗嘉定元年(1208)五月,"江、浙大蝗"[2]。其余的多为临安府或临安府局部地区发生的小范围蝗灾。例如,宋孝宗淳熙十四年(1187)七月,"临安府仁和县管下蝗蝻生发,已有羽翼"。16次蝗灾中有迁飞入境记录的共6次,而大蝗灾的发生多伴随着迁飞入境的史料记载。由此可见,南宋时期杭州地区蝗灾危害程度相对而言还是较为严重的。

蝗灾与旱灾的关系极为密切。中国气象局在编制《中国近五百年旱涝分布图集》时,曾经把蝗灾作为气候干旱的间接指标来予以看待。相关的研究表明,历史上蝗灾滋生区的干旱、蝗虫二灾的相关系数高达0.915,蝗灾扩散区也达到了0.826,相关程度非常高[3]。从南宋杭州蝗灾发生简表的统计情况来看,16次蝗灾发生年对应杭州当年明确有干旱记载的共有12次,其中多为夏旱或夏秋连旱,这也进一步印证蝗灾与旱灾之间具有密切的关系。

---

[1] 《续资治通鉴》卷一五八,第4266页。
[2] 《宋史》卷六二《五行志一下》,第918页。
[3] 郑云飞《中国历史上的蝗灾分析》,《中国农史》1990年第4期。

表 8.1 南宋杭州蝗灾发生情况简表

序号	发生年份	农历月份	蝗灾程度或发生区域	迁飞情况	旱情	处置情况
1	绍兴三十二年（1162）	六、七月	大蝗灾	迁飞入境	/	诏令应对、颁祭酺礼式
2	隆兴元年（1163）	八月	两浙路	迁飞入境	大旱	诏令求直言、避殿减膳、虑囚、免租
3	隆兴二年（1164）	五月	仅余杭县	/	/	诏令扑灭
4	淳熙九年（1182）	六月	临安府	迁飞入境	夏秋连旱	诏令扑灭
5	淳熙十年（1183）	六、七月	两浙路	/	夏秋连旱	诏令扑灭、募民输米赈济
6	淳熙十四年（1187）	七月	仅仁和县	/	夏秋连旱	诏令扑灭
7	嘉泰二年（1202）	/	两浙路	迁飞入境	春夏秋连旱	/
8	开禧元年（1205）	夏秋	仅钱塘县	/	夏秋连旱	/
9	开禧三年（1207）	七月	浙西路	/	夏秋连旱	下罪己诏、赈恤
10	嘉定元年（1208）	五月	江、浙大蝗灾	/	春夏连旱	诏令祭酺、颁祭酺礼式
11	嘉定二年（1209）	六月	临安属县	迁飞入境	夏旱	/
12	嘉定三年（1210）	八月	临安府	/	/	/

(续 表)

序号	发生年份	农历月份	蝗灾程度或发生区域	迁飞情况	旱 情	处置情况
13	嘉定七年（1214）	六月	浙郡	/	/	/
14	嘉定八年（1215）	四月	大蝗灾	迁飞入境	春夏秋连旱	诏令祭酺、捕蝗易粟
15	嘉熙四年（1240）	六、七月	大蝗灾	疑迁飞、自生皆有	夏旱	诏令求直言、赈灾恤刑
16	淳祐元年（1241）	六月	行在	/	旱	诏令虑囚

第二节 典型个案

蝗虫啃噬农作物为害的历史久远、规模较大，遮天蔽日的蝗群所过之处往往寸草不生、颗粒无收。北宋文学家苏轼曾有诗云："预忧一旦开两翅，口吻如风那肯吐。前时渡江入吴越，布阵横空如项羽。"[①]相对而言，发生在南宋境内的蝗灾无论在影响时空还是综合危害程度上，都弱于北方或中原地区。但是，南宋时期有几次波及杭州的蝗灾仍然较为严重，且具有一定的典型性。

一、绍兴三十二年的大蝗灾

绍兴三十二年（1162）夏秋之际，从江淮地区一路向南迁飞、直入杭州的蝗灾就颇具代表性。当年六月，"江东、淮南北郡县蝗，飞入湖州境，声如风雨；自癸巳至于七月丙申，遍于畿县，余杭、仁和、钱塘皆蝗。丙午，蝗入京城"[②]。

---

① 《苏轼诗集》卷一三《次韵章传道喜雨》，第622页。
② 《宋史》卷六二《五行志一下》，第917页。

《宋史》的这段记载,让人不禁想起苏轼当年守杭时类似的情景:"宦游逢此岁年恶,飞蝗来时半天黑。"①这次波及临安府多个县域的蝗灾,其迁飞地为江东、淮南和淮北等地。

拓展史料研究视野看,此次蝗灾的飞蝗可能来自更北的黄河流域。《建炎以来系年要录》记载,当年五月"甲辰,宰执奏,近探报皆言黄河南、北蝗虫为灾,今已数年,天意可见"②。黄河南、北两岸当时已经沦陷于金国,包括当年在内已经连续数年发生蝗灾。五月甲辰日,宰执重臣在奏报此事时,正值完颜亮侵宋之后宋金交战余波未息之际,多少有些幸灾乐祸的心态。随后的六月,江东、淮南和淮北等南宋大片国境都出现蝗灾。大范围蝗灾的突然暴发,自然会让人归因于黄河流域的蝗虫迁飞南下。

对于这次影响杭州的大蝗灾,在临安城正担任监察御史的周必大在《龙飞录》中记载:"七月朔丙申,先天节假。连日蟊蝗自宣、湖入临安界,绵亘数十里,所过赭其山而不甚害稼。江、浙间三十余年前尝有之。"③

综合史料记载,大体可以推测本次大蝗灾的发展演变过程。至迟在当年五月,黄河南、北两岸已经出现规模较大的蝗灾,并被南宋探报谍知、奏报宋廷;时至六月,蝗虫群食尽青苗草木后,向南迁飞至江淮地区的南宋国境;从六月癸巳日至七月初一丙申日,短短三、四日内,飞蝗途经安徽宣城、浙北湖州,迁飞至临安府,几乎遍布府境。

就周必大亲眼所见,临安府的蝗群"绵亘数十里",所过之处青山为之色变,却"不甚害稼"。该年六月丙子日,皇太子赵昚即皇帝位,是为宋孝宗,宋高宗退居德寿宫。不数日间即有此灾变,周必大所谓的"不甚害稼",不知是否为粉饰之语。但是,他也承认,本次蝗灾之于江、浙地区而言,为南宋立国三十余年所仅见。

---

① 《苏轼诗集》卷一二《梅圣俞诗集中有毛长官者,今於潜令国华也。圣俞没十五年,而君尤为令,捕蝗至其邑,作诗戏之》,第583页。
② 《建炎以来系年要录》卷一九九,第3370页。
③ [宋]周必大《龙飞录》,顾宏义、李文整理、标校《宋代日记丛编》,上海书店出版社,2013年,第888页。

二、淳熙九年的连续蝗灾

淳熙九年(1182)夏季,临安府再次有蝗虫迁飞入境。《宋会要辑稿》记载:"六月,全椒、历阳、乌江县蝗。乙卯,飞蝗过都(临安),遇大雨,堕仁和县界。"①全淑县在今安徽省滁州市辖境,历阳县和乌江县在安徽省马鞍山市辖境,三县同处于安徽省东南部,毗邻浙北。蝗虫羽化后,向东南方向迁飞,入境临安府,由于遇到大雨天气,坠入仁和县境内。仁和县为南宋"国都"的赤县,地处临安城北半部,地位冠绝全国诸县,有飞蝗坠入县界内,其影响与全淑等县自然大为不同。品味史料文意,因大雨而坠蝗入界,既符合基本逻辑又是一个较好的客观理由。

六月的蝗灾,波及的可能不止仁和一县。《续资治通鉴》记载:"(六月)庚申,临安蝗。"②当月二十二日,宋孝宗还下诏,要求知临安府王佐责令州县官员,"疾速体访蝗虫飞落去处"③。若是仅有仁和一县发生蝗灾,何必要皇帝下这样的诏书呢?

到了当年八月,蝗灾再次暴发。《续资治通鉴》记载:"(八月)淮东、浙西蝗。壬子,定诸州捕蝗赏罚。"④这次蝗灾的影响范围更大,包括淮南东路和两浙西路,今天的苏南、皖南、浙北等地均受到波及。由于蝗灾严重,宋廷不得不下诏要求各州捕蝗,并为此定出赏罚举措。

三、嘉定八年的大蝗灾

对比分析现有蝗灾史料记载,嘉定八年(1215)发生的大蝗灾影响可能最为严重。蝗灾暴发前,一场横跨春、夏、秋三季的大旱已经发生,"行都百泉皆竭,淮甸亦然"。这说明从淮河流域一直到行都临安皆为受旱区,且旱情十分严重,这为接下来的蝗灾暴发和灾情发展提供了有利的环境

---

① 《宋会要辑稿》瑞异三之四五,第 2126 页下。
② 《续资治通鉴》卷一四八,第 3959 页。
③ 《宋会要辑稿》瑞异三之四五,第 2126 页下。
④ 《续资治通鉴》卷一四八,第 3960 页。

基础。

> 四月，飞蝗越淮而南。江、淮郡蝗，食禾苗、山林草木皆尽。乙卯，飞蝗入畿县。……自夏徂秋，诸道捕蝗者以千百石计，饥民竞捕，官出粟易之。

宋金两国一般以淮河为界。春旱之后，当年四月蝗虫飞跃淮河进入南宋国境。江淮地区的州郡普遍发生蝗灾，春耕禾苗、山林草木都被蝗虫啃噬净尽。四月乙卯日，飞蝗进入畿县。所谓"畿县"，是指仅次于赤县的国都郊县。南宋时期，临安府计有余杭、临安、富阳、於潜、新城、盐官和昌化七个畿县①。

为了积极应对蝗灾，宋廷下诏要求各州县组织饥民捕蝗，并准许用所捕到的蝗虫换取钱米。由夏入秋，饥民竞相捕蝗，所获蝗虫以"千百石计"，由此可见蝗灾之重。

第三节　蝗灾成因的气象条件影响分析

北宋苏轼曾有诗云："从来蝗旱必相资，此事吾闻老农语。"②纵观我国蝗灾的空间分布，总体存在北重南轻的基本格局，其中，降雨量的多寡之差是一个关键的影响因素。历史上，蝗虫产卵场所"主要是河边、湖滨以及一些浅海滩涂。这些地方的水位是随雨水多少而高下，时涨时落。如果春夏季少雨干旱，河滩水位低落，荒地大片暴露，是蝗虫繁殖的有利条件"③。长江以北大部分地区雨量相对较少，且全年雨量分布不均，多集中在夏季，给蝗虫的生长发育和蝗灾的酝酿暴发提供了有利条件。江南地区雨水充沛，

---

① 《宋史》卷八八《地理志四》，第 1463 页。
② 《苏轼诗集》卷一三《次韵章传道喜雨》，第 623 页。
③ 郑云飞《中国历史上的蝗灾分析》，《中国农史》1990 年第 4 期。

现代杭州的年雨量更是在 1500 毫米以上,雨水四季分布相对均匀,一般而言,并不适合蝗虫的生长发育。

南宋时期杭州的蝗灾尤其是大蝗灾的发生,往往具有较强的"输入性"。正如南宋程大昌《演繁露》记载:"江南无蝗,其有蝗者,皆是北地飞来也。"①诚然,江南地区大蝗灾的发生确实几乎都伴随着蝗群自北向南迁飞入境的情况。但是,程大昌的论断又过于绝对。从南宋时期杭州多次发生连续 2 到 3 年的蝗灾事实来看,蝗灾乃至大蝗灾发生当年,蝗群于杭州当地产卵、"潜伏"越冬,并在降水偏少、气温偏高等较为适宜的气候条件下,尤其是杭州地区出现严重干旱的情况下,于次年乃至第三年再次酝酿暴发蝗灾。

例如,淳熙九年(1182)六月和八月,杭州连续 2 次出现蝗灾。次年正月,临安府知府王佐有鉴于去年飞蝗自北而来,产卵遗种、入土孕育,担心到了暮春时节蝗卵破土而出,于是提出建议:"望委监司督责措置,免致孽育。"②尽管宋廷采取了扑灭蝗卵等措施,但是,在淳熙十年(1183)六月,"蝗遗种于淮、浙,害稼"③,蝗灾仍然再次暴发,啮食农作物为害。此外,隆兴二年(1164)、嘉定三年(1210)和淳祐元年(1241)的蝗灾大体也属于这种情形。

暖冬天气气候也有利于蝗虫越冬。陆游有《冬暖》诗云:"日忧疾疫被齐民,更畏螟蝗残宿麦。"④冬季偏暖的气候令诗人担忧疫病流行、蝗虫啮食冬麦等。例如,宋宁宗开禧三年(1207)夏、秋之际,"飞蝗蔽天,食浙西豆、粟皆尽";该年冬季,"少雪"⑤。结果,次年即嘉定元年(1208)五月,江、浙地区发生大蝗灾。此前四月二十五日,有大臣进言:"自去岁以来,蝗蝻为灾,隆冬无雪,入春不雨,以迄于今。……闻之道路旱势甚广,江、湖、闽、浙,

---

① [宋]程大昌《演繁露》卷四《蝗》,《影印文渊阁四库全书》(子部)第 852 册,台湾商务印书馆,1984 年,第 102 页下。
② 《宋会要辑稿》瑞异三之四五,第 2126 页下。
③ 《宋史》卷六二《五行志一下》,第 917 页。
④ 《剑南诗稿校注》卷一四《冬暖》,第 1098 页。
⑤ 《宋史》卷六三《五行志二上》,第 936 页。

所至皆然。遗蝗复生,扑灭难尽。"由此可见,嘉定元年夏季的大蝗灾与上年冬季无雪、入春不雨等气象条件密切相关,从而导致"遗蝗复生",难以尽数扑灭。蝗灾的连年暴发,至少说明暖冬少雪的气候条件加大了次年蝗虫肆虐的可能性或危害程度。

反之,如果冬寒雪深,则有利于冻死蝗虫所产下的虫卵。陆游的《苦寒》诗云:"谁知冰雪凝严候,自是乾坤爱育心。疠鬼尽驱人意乐,遗蝗一洗麦根深。"①罗大经《鹤林玉露》记载:"若腊雪凝冻,则(蝗)入地愈深,或不能出。俗传,雪深一尺,则蝗入地一丈。"②宋人彭乘《墨客挥犀》也记载:"(蝗)喜旱而畏雪,雪多则入地愈深,不复能出。"③这些都是宋人对于雪寒冰冻天气有利于杀灭蝗卵的直观认识。

从文献记载看,降雨、湿度和风向、风力是影响蝗虫迁飞距离和方向的主要气候因素。降水对飞蝗的影响主要包括三个方面:其一,降水量增多特别对低温多湿的生态环境可直接延缓或抑制蝗卵的生长发育,并间接有利于病菌的繁殖,从而降低蝗群的种群密度;其二,降水量过大可造成洼地及湖泊的积水增多,可以淹没一部分产有蝗卵的地区,从而增加蝗卵的死亡率;其三,暴雨等强降水对飞蝗特别是幼蝻或正在脱皮的蝗蝻,具有显著的机械杀伤作用。综上可以认为,降水是影响蝗虫发生数量及其发生地动态变化的重要因素。

例如,淳熙三年(1176)八月,"淮北飞蝗入楚州、盱眙军界,如风雷者逾时,遇大雨皆死,稼用不害"④,这便是大雨或暴雨雨滴的机械杀伤作用,导致飞蝗大批死亡。再如,淳熙九年(1182)六月乙卯日,"飞蝗过都,遇大雨,堕仁和县界"。降雨可以增加飞蝗的翅膀重量,甚至直接击伤虫体,影响飞行,从而迫使蝗群降落,停止迁飞。

当风向与蝗虫迁飞方向一直时,能加速其迁飞;反之,蝗虫的迁飞

---

① 《剑南诗稿校注》卷一六《苦寒》,第1236页。
② 《鹤林玉露》丙编卷三《蝗》,《宋元笔记小说大观》第五册,第5341页。
③ [宋]彭乘《墨客挥犀》卷五,《笔记小说大观》第七册,江苏广陵古籍刻印社,1983年,第48页上。
④ 《宋史》卷六二《五行志一下》,第917页。

则会遇阻停顿。例如,绍兴二十九年(1159)七月,"盱眙军、楚州金界三十里,蝗为风所堕,风止,复飞还淮北"①。同年七月壬午朔日,淮南东路安抚司上奏说:"北边蝗虫为风所吹,有至盱眙军、楚州境上者,然不食稼,比复飞过淮北,皆已净尽。"②对于上述情况,宋高宗觉得"此事甚异,可以为喜,仰见上天垂祐之意",大臣陈康伯回答说:"皆由圣德所感。"③这段对话,显然是将受气象条件影响的蝗群迁飞路径的变化神秘化了。

第四节 救灾与防范举措

一、对蝗虫的认识

对于蝗虫的生物学特性,宋人的认识已经达到一定的高度。北宋彭乘《墨客挥犀》记载:"蝗一生九十九子,皆联缀而下,入地常深寸许……至春暖始生。"④这是对蝗虫产卵繁殖和入土越冬特性的认知。南宋罗大经《鹤林玉露》也记载:"蝗才飞下即交合,数日,产子如麦门冬之状,日以长大。又数日,其中如小黑蚁者八十一枚……其子入地,至来年禾秀时乃出,旋生翅羽。"⑤罗大经的观察和记录,相较彭乘更为深入与细致。所谓的"麦门冬",实际是指数量不菲的蝗卵连缀成块的形状,而八十一、九十九等数字是对每个卵块所包含蝗卵数量的估测。

基于上述认识,淳熙十年(1183)正月十一日,临安府知府王佐有鉴于去年飞蝗遗种入土,可能于暮春时节在临安府破土而出,提请相关监司官员督促各方采取措置,防止蝗灾复发。而后,王佐又上奏说道:"本府有蝗飞落濒江一带芦场,并盐场茅苇地内。窃虑今来取掘虫子,打扑蝗蝻,其管掌芦场

---

① 《宋史》卷六二《五行志一下》,第917页。
② 《续资治通鉴》卷一三三,第3514页。
③ 《宋史全文》卷二二下《宋高宗十七》,第1847页。
④ 《墨客挥犀》卷五,《笔记小说大观》第七册,第48页上。
⑤ 《鹤林玉露》丙编卷三《蝗》,《宋元笔记小说大观》第五册,第5341页。

并盐场茅地人别有阻障,望令民间从便掘取打扑。"①宋廷认可了上述两条建议,命有司执行。从王佐的两次上奏以及朝廷的反应可见,南宋人已经清楚地认识到,提前掘土扑杀蝗卵,特别是重点关注濒江的芦场、茅苇地等蝗虫喜爱的生存环境,有利于防止蝗灾于次年再度暴发,这是可贵的防患于未然的治蝗思想与实践。

二、扑蝗与治蝗

南宋政府的治蝗诏令大致分成"务虚"和"务实"两大类,"务虚"类诏令包括下罪己诏、求直言、避正殿、减常膳、虑囚、祭酺或颁祭酺礼式于郡县等;"务实"类的举措包括扑灭蝗蝻或捕蝗、定捕蝗赏罚、赈恤灾民、免除赋税等。

受天命观的深刻影响,宋代普通百姓对于捕蝗灭蝗仍然心存疑虑。南宋董煟在《救荒活民书》中的"捕蝗篇"说道:"蝗虫初生最易捕打,往往村落之民,惑于祭拜,不敢打扑,以故遗患未已,是未知姚崇、倪若水、卢怀慎之辩论也。臣今录于后,或遇蝗蝻生发去处,宜急刊此作手榜散示,烦士夫父老转相告谕,亦开晓愚俗之一端也。"②唐代宰相姚崇认为,蝗灾并非上天降给人们的灾难,蝗虫不过是一种害虫,只要官民齐心协力驱蝗,蝗灾是可以扑灭的。董煟认可姚崇的观点和做法,建议宋廷广泛宣传,号召普通宋人积极捕蝗灭蝗。

淳熙九年(1182)夏季,临安府有飞蝗入境,宋廷组织官员、百姓积极扑打蝗虫,不致为害。《宋会要辑稿》记载,六月二十二日,宋孝宗下诏:"知临安府王佐日下责委州县,疾速体访蝗虫飞落去处,并躬亲前诣地头监督,并力打扑,无致伤损禾稼。"③皇帝下诏给临安府主要官员,动员府、县两级政府官员,快速调查清楚蝗虫飞落的确切地点,然后组织人力、靠前指挥,全力

---

① 《宋会要辑稿》瑞异三之四五,第 2126 页下。
② [宋]董煟《救荒活民书》拾遗卷《除蝗条令·淳熙敕》,《影印文渊阁四库全书》(史部)第 662 册,台湾商务印书馆,1984 年,第 301 页上。
③ 《宋会要辑稿》瑞异三之四五,第 2126 页下。

扑灭蝗虫,避免或减少对农作物的损害。对于被扑灭的蝗虫尸身的处置,《续资治通鉴》也有记载:"诏守臣亟加焚瘗。"①所谓焚瘗,即焚烧、填埋处理。

就捕蝗策略而言,南宋政府施行"掘蝗种给粟米"的奖励办法。例如,嘉定八年(1215)发生大蝗灾,宋廷发布"捕蝗易粟"的诏令,"自夏徂秋,诸道捕蝗者以千百石计,饥民竞捕,官出粟易之"。蝗灾暴发后,南宋政府往往会颁发类似的处置诏令,号召民众捕蝗。

南宋政府还注重考核地方官吏治蝗的勤惰贤愚,对治蝗不力的地方官员给予一定的惩处措施。例如,乾道元年(1165)六月,淮南西路发生蝗灾,"宪臣姚岳贡死蝗为瑞",结果被孝宗"以佞坐黜"②。对于此事,《续资治通鉴》有更为详细的记载。当年六月壬辰日,淮南西路转运判官姚岳上奏:"蝗自淮北飞度,皆抱木自死。"姚岳认为这是上天赐下的祥瑞,于是匦封死蝗以进奉御前。对于此事,宋孝宗有着极为清醒的认识,他对臣下们说:"(姚)岳敢以为嘉祥,更欲录付史馆,可降一官,放罢,为中外佞邪之戒。"③姚岳想以死蝗虫取悦皇帝,未曾想却被孝宗去职降官,作为反面典型以儆效尤。

淳熙九年(1182),宋孝宗颁布了著名的"淳熙敕令",确定了地方州县官员等的"捕蝗之赏罚"。

> 诸虫蝗初生,若飞落,地主、邻人隐蔽不言,耆、保不即时申举扑除者,各杖一百,许人告。当职官承报不受理,及受理而不即亲临扑除,或扑除未尽而妄申尽静者,各加二等。诸官、私荒田,经飞蝗住落处,令佐应差募人取掘虫子而取不尽,因致次年生发者,杖一百。诸蝗虫生发飞落及遗子而扑掘不尽致再生长者,杖一百。诸给散捕取虫蝗谷而减克者,论如吏人、乡书手揽纳税受乞财物法。诸系公

---

① 《续资治通鉴》卷一四八,第 3959 页。
② 《宋史》卷六二《五行志一下》,第 917 页。
③ 《续资治通鉴》卷一三九,第 3703 页。

人因扑掘虫蝗乞取人户财物者,论如重禄,公人因职受乞法。诸令佐过有虫蝗生发,虽已差出而不离本界者,若缘虫蝗论罪,并依在任法。①

"淳熙敕令"不仅措施具体,而且赏罚严明。敕令明确规定了普通民众、地主、耆长、保长以及县令和其他辅佐官员、公人在蝗灾防治方面的职责,以及募人捕蝗的奖励措施和办法。敕令特别强调,对于蝗灾发生后"隐蔽不言""不即时申举扑除""承报不受理""受理而不即亲临扑除"和"扑除未尽而妄申尽静"等种种捕蝗不力、容易发生的弊端,分别予以轻重不等的处罚;当出现吏人、乡书手等基层小吏"诸给散捕取虫蝗谷而减克者"这一特定情形时,按照"揽纳税受乞财物法"即受贿罪予以惩处,从而确保"捕蝗易粟"的政策得以真正的落地实施。

此外,敕令突出强调了挖掘蝗虫所产的虫卵,来防止蝗虫来年再生的规定。挖掘蝗卵,标志着南宋蝗灾防治已经发展到不仅捕除蝗虫成虫,而且挖掘蝗卵预防来年复发的阶段,这在蝗灾防治史上是重大的进步。南宋政府正是通过这一系列的政令,督促地方官员、基层小吏和普通百姓等积极组织捕蝗,确保尽最大努力战胜蝗灾。

捕蝗、治蝗是古代荒政的重要内容之一,作为南宋的治荒名臣,董煟还细致观察、系统总结了捕蝗的具体技术方法,其"人工扑打法"详述如下:

蝗在麦苗、禾稼、深草中者,每日侵晨,尽聚草梢食露,体重不能飞跃。宜用筲箕、褚栲之类,左右抄掠,倾入布袋,或蒸或焙,或浇以沸汤,或掘坑焚火,倾入其中。若只瘗埋,隔宿多能穴地而生,不可不知。②

---

① 《救荒活民书》拾遗卷《除蝗条令·淳熙敕》,《影印文渊阁四库全书》(史部)第662册,第300页下—301页上。
② 《救荒活民书》拾遗卷《捕蝗法》,《影印文渊阁四库全书》(史部)第662册,第302页下。

董煟认为,捕蝗的最佳时段在清晨,晨露增加了飞蝗的翅重,最易捕获;利用筲箕、褚栲和布袋等器具所捕捉的蝗虫,宜用沸水或火焚等高温方法灭杀;如若仅仅是简单的掩埋处理,生命力顽强的蝗虫往往会钻土而出,白忙一场。

关于"以火烧蝗法",董煟也有详细的技术步骤指导:"掘一坑,深阔约五尺,长倍之,下用干柴茅草。发火正炎,将袋中蝗虫倾下坑中。一经火气,无能跳跃,此《诗》所谓秉畀炎火是也。古人亦知瘗埋可复出,故以火治之。"①火焚法的运用,可以确保百姓辛苦捕获的蝗虫可以被彻底灭杀,不留贻患。

对于生物治蝗法,南宋人也有正确的认识。车若水《脚气集》记载:"朝廷禁捕蛙,以其能食蝗也。"②叶绍翁在《四朝闻见录》中也说:"杭人嗜田鸡如炙,即蛙也。旧以其能食害稼者,有禁。"③这些都是南宋人对青蛙捕食蝗虫等害稼昆虫的记录,"禁捕蛙"诏令的背后,正是利用蛙类"能食蝗"的生物特性来防灭蝗虫。

部分鸟类也会食蝗虫,有利于治蝗灭蝗。洪迈《夷坚支志》记载:"绍兴二十六年,淮、宋之地将秋收,粟稼如云,而蝗虫大起,翻飞刺天,所遇田亩一扫而尽。未几,有水鸟名曰鹭,形如野鹜,而高且大,广脰长嗉,可贮数斗物,千百为群,更相呼应,共啄蝗,盈其嗉不食而吐之,既吐复啄,连城数十邑皆若是,才旬日蝗无孑遗,岁以大熟。"④这种形如野鹜、啄食蝗虫的水鸟名为鹭,被当时人亲切地称呼为"护国大将军",说明南宋人已经意识到鸟类也是蝗虫的天敌。

在古代史料中,偶尔有使用石灰等无机物和天然植物性药物来防治

---

① 《救荒活民书》拾遗卷《捕蝗法》,《影印文渊阁四库全书》(史部)第 662 册,第 302 页下。
② [宋]车若水《脚气集》卷一,《文澜阁钦定四库全书》(子部)第 885 册,杭州出版社,2015 年,第 436 页上。
③ 《四朝闻见录》卷三丙集《田鸡》,《宋元笔记小说大观》第五册,第 4931 页。
④ 《夷坚支志》甲卷一《护国大将军》,《文澜阁钦定四库全书》(子部)第 1075 册,第 323 页上—下。

虫害的记载。陈旉《农书》中说:"将欲播种,撒石灰渥漉泥中,以去虫螟之害。"①防治稻田虫害。"七夕已后,种萝卜、菘菜……烧土粪以粪之,霜雪不能凋。杂以石灰,虫不能蚀"②,仍用石灰防治蔬菜虫害。但是上述措施是否能防治蝗虫,尚未有确定性的结论。

除了蝗灾发生以后的扑灭、补救等措施,南宋时期人们已经开始注意到在蝗灾发生前的预防工作。东亚飞蝗繁殖发育的地区一般分布在海拔高度低于200米的平原、河谷及滨海、滨湖的低洼地带。在南宋时期杭州境内多有地域符合蝗虫发生的自然环境,尤其是在旱灾发生后,容易成为飞蝗孳生繁育的高发区。这一特点,南宋人已经有了初步的认识。

南宋孝宗时期,临安府仁和县知县赵希言曾上奏说:"适大旱,蝗集御前芦场中,亘数里。希言欲去芦以除害。"③赵希言已经意识到植被茂密的芦场是蝗虫赖以存身的较佳生存环境,需加治理,可以"驱卒燔之",放火烧毁芦场,以除蝗灾。

三、种植结构变化与治蝗利弊

宋代以来尤其是南宋时期,我国经济与人口重心基本完成了南移,为解决大量北人南迁后的粮食需要问题,南宋政府开始施行鼓励种麦的政策,允许佃农只交种稻之租,种麦之利则全部归为己有。

例如,嘉定八年(1215)六月,旱灾导致水稻作物受损严重。时任左司谏的官员黄序上奏:"雨泽愆期,地多荒白,知余杭县赵师恕请劝民杂种麻、粟、豆、麦之属,盖种稻则费少利多,杂种则劳多获少,虑收成之日,田主欲分,官课责输,则非徒无益;若使之从便杂种,多寡皆为己有,则不劝而勤,民可无饥。"④而后,宋廷正式下诏两浙、江东、两淮诸路,推广临安府余杭县赵师恕的做法,劝农杂种粟、麦、麻、豆等旱地作物。因此,小麦、粟米等旱

---

① 《农书》卷上《耕耨之宜篇第三》,《影印文渊阁四库全书》(子部)第730册,第175页上。
② 《农书》卷上《六种之宜篇第五》,《影印文渊阁四库全书》(子部)第730册,第176页下。
③ 《宋史》卷二四七《赵希言传》,第7245页。
④ 《宋史》卷一七三《食货志上一》,第2798页。

作栽培面积在南方地区迅速扩大,成为水稻田和边角荒地的主要冬作或轮作作物。

旱作作物种植面积的持续扩大,客观上给蝗虫提供了较为适宜的产卵生境;旱地作物的增加,也给蝗虫提供了更多的喜食植物。这种种植结构变化,在一定程度上改善了蝗虫的生长、繁殖环境,蝗灾的发生几率也较前代有所增大,特别是有利于蝗虫产卵越冬,于次年再次生发。

也是基于上述认识,宋人吴遵路通过改变种植结构来预防蝗灾的发生。董煟《救荒活民书》记载:"吴遵路知蝗不食豆苗,且虑其遗种为患,故广收豌豆,教民种食,非惟蝗虫不食,次年三四月间,民大获其利。"①通过种植蝗虫不喜欢吃的豌豆,吴遵路不仅成功地预防蝗灾的发生,百姓也能从中获利,不得不让人钦佩赞叹。

第五节 影 响

除了遇蝗灾努力捕蝗治蝗以及在灾害认识范围内积极预防蝗灾发生外,遇到飞蝗蔽日,南宋官方常进行祈天、祭祀,以求上天和神明的帮助,这也是在精神层面重要的弭灾措施。

蝗灾祭祀到南宋时期有了新的变化,那就是"驱蝗神"刘猛将军的出现。关于刘猛将军的来历,清人方志及笔记多有记述,以在"顺昌保卫战"中大破金兵的南宋将领刘锜,或者刘锜之弟刘锐最具代表性。例如,清人姚福钧《铸鼎余闻》记载:"景定四年(1263),上(宋理宗)敕封刘锜为扬威侯天曹猛将之神,蝗遂殄灭。"②清代翟灏《通俗编》也记载:"相传神刘锐,即宋将刘锜弟,殁而为神,驱蝗江淮间有功。"③

---

① 《救荒活民书》卷中《捕蝗》,《影印文渊阁四库全书》(史部)第662册,第266页上。
② [清]姚福均辑《铸鼎余闻》卷三引《怡庵杂录》,胡道静等主编《藏外道书》第18册,巴蜀书社,1992年,第618页上。
③ [清]翟灏《通俗编》卷一九《神鬼·刘猛将军》,转引自汪沆《识小录》,《续修四库全书》(经部)第194册,上海古籍出版社,1995年,第465页上。

图 8.1　南宋许迪《野蔬草虫图》,现藏台北故宫博物院

南宋刘宰也被后世视为蝗神,职掌蝗螟。清人王应奎《柳南随笔》记载:"南宋刘宰漫塘,金坛人。俗传,死而为神,职掌蝗螟,呼为猛将,江以南多专祠,春秋祷赛,则蝗不为灾。"①刘宰史有其人,别号漫塘,《宋史》有传,对他的为人、政声多有褒奖,称其"明敏仁恕,施惠乡邦,其烈实多,置义仓,创义役,三为粥以与饿者"②,是为民请命的良吏。

自宋代以来,特别是南宋时期围湖造田、沿水开发圩田,自然环境逐渐改变,使蝗灾不断向南推进,特别是大蝗灾的发生往往伴随蝗群的向南迁飞。那么,作为驱蝗神的刘猛将军的主要职责,也就变成阻蝗南飞或驱蝗出境。对于江南地区而言,蝗灾发生时能够"御蝗于外"无疑是最理想的结果。但是,这种观念偏差显然是不利于蝗灾防治的。

---

① [清]王应奎《柳南随笔》卷二,《续修四库全书》(子部)第 1147 册,上海古籍出版社,1995 年,第 342 页下。

② 《宋史》卷四〇一《刘宰传》,第 9568 页。

第九章 饥　　荒

第一节 概　　况

杭州自古就是江南富庶之地、鱼米之乡，南宋时期又是一国之都，但是即使有这样的天然优势和政治经济地位，仍然难免屡屡遭受饥馑之灾。一般而言，饥荒的形成经过三个环节：灾害—荒歉—饥馑。即自然灾害或战争等人为灾难导致农作物减产、绝收，形成荒歉；荒歉导致粮食物资供给紧张，造成一定区域内的饥馑和流民蔓延。简言之，此问题可归结为由灾害导致的荒歉和饥馑，可以用"饥荒"一词概括。

统计史料发现，杭州出现"饥""大饥""艰食""米价踊贵""赈米"等记录，共有50次之多。从另一个角度讲，若"国都"杭州发生饥馑甚至是大饥，其他地域可想而知。发生饥荒，多半是农业生产歉收乃至绝收所引发的。在古代中国，农业生产是"看天吃饭"，即使是今天依然如此，洪涝、干旱等灾害对于农业的影响直接而又关键。统计表明，在杭州饥荒发生时或发生前，杭州或周边区域出现水灾21次、旱灾15次、蝗灾1次。前文已经提及洪涝、干旱等灾害与饥荒的因果关系，此处不再赘述。

图 9.1　南宋周季常、林庭珪《五百罗汉图》(布施贫饥)
此画虽为五百罗汉布施贫苦百姓的场面,也真实再现了当时饿殍漫野、饥馑为灾的情景。现藏美国波士顿艺术博物馆。

冬季往往是贫苦百姓最为煎熬、难以顺利度过的季节。

气候严寒、雨雪频仍、缺衣少食、居无定所,是导致临安城内外贫民饥寒交迫、难以卒岁的主要因素。在农忙季节,贫民尚有帮工、佣工等阶段性的就业机会;到了冬季农闲时节,由于缺少雇主,依靠帮佣度日的贫民多数沦为乞丐,以乞讨为生。若遭遇大雪、严寒天气,贫民的生活更为困苦。南宋政府曾有8次因为雪灾、严寒等极端天气对临安府的贫民进行赈济,免费发放活命口粮。

例如,宋宁宗嘉定二年(1209)十二月十四日,有大臣进言:"都城内外,一向米价腾踊,钱币不通,闾阎细民饘粥不给,为日已久。今又值大雪,无从得食,羸露形体,行乞于市,冻饥号呼,仅存喘息,累累不绝。闭门绝食,枕籍而死,不可胜数。甚者路傍亦多倒毙,弃子于道,莫有顾者。"①之所以酿成如此惨况,主因自然是饥荒,冬季大雪也是重要的影响因素。此外,春季常为青黄不接时节,往往"新田始苗旧谷罄,十室八九无晨炊"②,不少人都需救济。故而,南宋政府于冬春季节赈济往往已成常例。

第二节　典型个案

一、南宋初年的饥荒

南宋初年,因宋金战争等因素灾荒连年,大江南北普遍出现饥馑与流民。宋高宗在位的三十六年中杭州就出现了13次饥荒,大部分都发生在南宋初年。当时,投奔至杭州的抗金义军甚至还携带所谓"两脚羊"的人尸做口粮,是为人食人之惨况:

> 自靖康丙午岁,金人乱华,六、七年间,山东、京西、淮南等路,荆榛千里,斗米至数十千,且不可得。盗贼、官兵以至居民,更互相食,人肉之价,贱于犬豕,肥壮者一枚不过十五千,全躯暴以为腊。登州范温率忠义之人,绍兴癸丑岁(1133)泛海到钱唐,有持至行在犹食者。老瘦男子庚词谓之"饶把火",妇人少艾者名为"不羡羊",小儿呼为"和骨烂",又通目为"两脚羊"。唐止朱粲一军,今百倍于前世,杀戮、焚溺、饥饿、

---

① 《宋会要辑稿》食货六八之一○六,第6306页下。
② [宋]李觏《旴江集》卷三五《甘露亭诗》,《影印文渊阁四库全书》(集部)第1095册,台湾商务印书馆,1984年,第303页上。

疾疫、陷堕,其死已众,又加之以相食。杜少陵谓"丧乱死多门",信矣!不意老眼亲见此时,呜呼,痛哉!①

二、淳熙八年的饥荒

淳熙八年(1181),两浙路旱灾自上年一直持续到当年二月,四、五月间又久雨腐禾麦,七月至十一月再次出现旱灾,临安、绍兴两府受灾严重,普遍出现饥荒。《宋史》记载,当年十一月戊寅日,宋廷下诏:"蠲富阳、新城、钱塘夏税。……己亥,振临安府及严州饥民。庚子,再诏临安府为粥食饥民。"②在隆冬季节里,宋廷一月之内连续三次下诏,或蠲免夏税,或赈济饥民,或施给粥食,帮助临安府的饥民尽快度过灾年。

由于"灾荒寒冷,弃子或多"③,有大臣建言于朝廷,应鼓励民间收养弃儿:"若遗弃而为人收养者,仍从其姓,不在取认之限,听养子之家申官附籍,依亲子孙法。"④即按照"亲子孙法",饥贫弃儿可以不必改名换姓,收养之家可以申请官方将其附籍,成为法律意义上的一家人。

当年,诗人陆游在《致仲躬侍郎尺牍》一文中写到,自己亲眼见到"流殍满野"⑤。当年八月,朱熹被任命为提举浙东常平茶盐公事,兼办赈灾事宜。然而,直到十二月初六日朱熹方才到任,陆游十一月作《寄朱元晦提举》,以诗代简,痛陈民望,催请朱熹早日到任赈灾。其诗云:

> 市聚萧条极,村墟冻馁稠。
> 劝分无积粟,告籴未通流。
> 民望甚饥渴,公行胡滞留?
> 征科得宽否? 尚及麦禾秋。⑥

---

① 《鸡肋编》卷中,《宋元笔记小说大观》第四册,第 4006 页。
② 《宋史》卷三五《孝宗纪三》,第 453 页。
③ 《续资治通鉴》卷一四八,第 3952 页。
④ 《续资治通鉴》卷一四八,第 3952 页。
⑤ [宋]陆游《致仲躬侍郎尺牍》,该尺牍现藏台北故宫博物院。
⑥ 《剑南诗稿校注》卷一四《寄朱元晦提举》,第 1104 页。

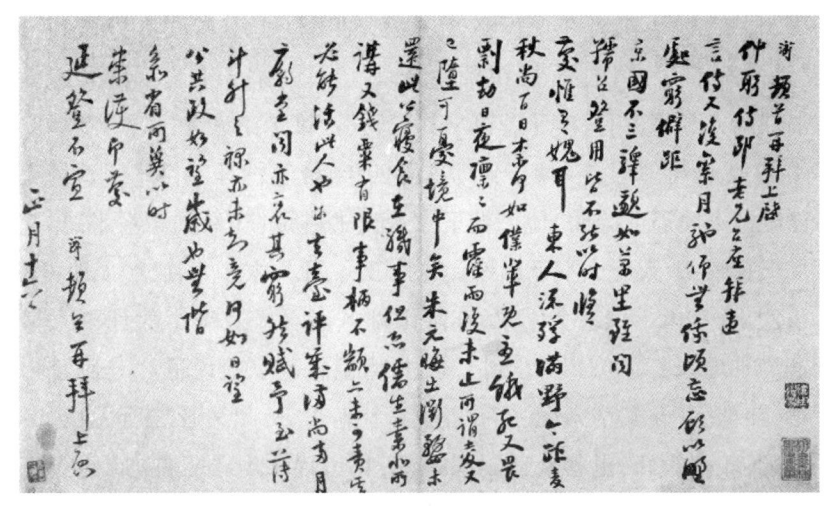

图 9.2　南宋陆游《致仲躬侍郎尺牍》①，现藏台北故宫博物院

淳熙八年灾荒，时陆游居绍兴山阴家中，目睹灾情惨重。此札于次年正月写给由知州迁户部侍郎的曾仲躬，除表祝贺之意，也寄望他对赈灾之事有所帮助，忧虑之情溢于言表。

三、嘉熙四年的大饥荒

宋理宗嘉熙四年（1240），杭州发生大饥荒。至于饥荒发生的缘由，可以追溯至上年即嘉熙三年（1239）。七月戊辰朔日，宋廷下诏："诸路提举常平司下所部州县，募人捕蝗。"②九月辛卯日，由于江南东路、江南西路、荆湖南路、荆湖北路、两浙东路等数路出现旱灾，宋廷再次下诏："诸路提举常平司，核所部州县常平、义仓之储，以备赈济。"③实际情况是，持续性的旱蝗之灾对于常平仓、义仓的储粮消耗极快。

到了嘉熙四年初，杭州已经饿殍遍地，掠人而食。《续资治通鉴》记载：

---

① 《致仲躬侍郎尺牍》释文：游顿首再拜上启，仲躬侍郎老兄台座。拜违言侍，又复累月，驰仰无俄顷忘。顾以野处穷僻，距京国不三驿，邈如万里。虽闻号召登用，皆不能以时修庆，惟有愧耳。东人流殍满野，今距麦秋尚百日，奈何？如仆辈，既忧饿死，又畏剽劫，日夜凛凛，而霪雨复未止，所谓麦又已堕可忧境中矣。朱元晦出衢、婺未还，此公寝食在职事，但恐儒生素非所讲，又钱粟有限，事柄不颛，亦未可责其必能活此人也。游去台评岁满尚两月，庙堂闻亦哀其穷，然赋予至薄，斗升之禄，亦未知竟何如？日望公共政如望岁也，无阶参省，所冀以时崇护，即庆延登。不宣。游顿首再拜上启，正月十六日。
② 《宋史全文》卷三三《宋理宗三》，第 2736 页。
③ 《续资治通鉴》卷一六九，第 4620 页。

"(一月)临安大饥,饥者夺食于路,市中杀人以卖,隐处掠卖人以徼利;日未晡,路无行人。"①一国之都,因饥荒竟至杀人售卖,陷于人食人的悲惨境地。南宋浙江诗人戴复古有《庚子荐饥·其三》云:"饿走抛家舍,从横死路岐。有天不雨粟,无地可埋尸。"②庚子年即嘉熙四年,戴复古耳闻目睹了这场灾戾,饥饿已经把灾民逼上绝路,他们抛下家舍出去逃荒,却又倒毙在半路。诗人不禁仰天长叹:上天怎么不下点粮食解救饥民,死人太多了,已经无地可埋!

事实上,上天不仅不会雨粟,连降雨都吝啬至极。当年六月,"大旱蝗,西湖涸为平地,茂草生焉"③。到了七月,大臣杜范上疏说道:"仓廪匮竭,月支不继,斗粟一千,其增未已,富户沦落,十室九空,此又昔之所无也。甚而阖门饥死,相率投江,里巷聚首以议执政,军伍谇语所不忍闻,此何等气象,而见于京师众大之区!浙西稻米所聚,而赤地千里。"④京城临安谷贵如金,有的饥民全家饿死,有的只好相约投江,惨状如此,让人涕泪。

有记载显示,杭州的这场旷古未有的大饥荒一直持续到了淳祐元年(1241)。《湖海新闻夷坚续志》记载:"临安大旱,岁饥。城外溜水桥亦骗死人,剐其肉为馄饨、包子之属。辛丑(即淳祐元年)春尤甚。"⑤除了杭州,严州的旱荒、饥馑也一直持续到了次年。《严州续志》记载:"夏秋,(严州)大旱。明年(即淳祐元年)春,民采橡蕨,救死不给,路殍相枕藉,郡无以救。"⑥其凄惨景象,让人心痛至极。

第三节　成因分析

南宋一朝,杭州遭受了多种自然灾害,几乎无一年不有。尤其是水灾、

---

① 《续资治通鉴》卷一七〇,第4623页。
② 戴复古《庚子荐饥·其三》,钱锺书《宋诗选注》,生活·读书·新知三联书店,2002年,第381页。
③ 民国《杭州府志》卷八三《祥异二》,第1628页上。
④ 《续资治通鉴》卷一七〇,第4626页。
⑤ [元]佚名《湖海新闻夷坚续志》前集卷二,中华书局,1986年,第73页。
⑥ 《景定严州续志》卷二《荒政》,第4364页下。

旱灾对于饥荒具有明显的触发作用。

一、水旱灾害的影响

虽然说,农业的丰歉是经验技术、劳动生产率、水利设施等社会因素和土地质量、气候变化等自然因素综合作用的结果。然而,前述的几种因素在短时间内不会发生巨变,唯有气候条件在年际间、年内甚至月内都会有较大的变化,故而对杭州乃至更为广阔区域的农业丰歉产生明显的影响。某些极端的水旱灾害甚至会造成农业生产毁灭性的破坏。其中,旱灾较水灾对农作物的危害程度更大,因为水灾过后,只要持续时间不是太长,总能有作物余留,或者补种农作物,不至于来年绝收。旱灾却由于持续时间长、受灾范围广,常颗粒无收,甚至连人畜饮水都无法满足,危害更大。

一般而言,普通百姓多眷恋故土,轻易不会背井离乡,只有灾荒严重时,才会引发大规模的流民潮。南宋楼钥《攻愧集》记载:"近闻有流徙之民,日夜念之。民生岂欲轻去乡土,自非水旱太甚,何忍散流?"[1]然而,终南宋一朝,由于饥荒而导致百姓流徙的事例,在史书上比比皆是。统计表明,在杭州饥荒发生时或发生前,杭州或周边区域出现水灾21次、旱灾15次、蝗灾1次,可以说水旱之灾是最具危害的自然灾害,会对农业生产造成严重的负面影响,继而引发饥荒的发生。

二、粮食产区歉收的影响

杭州地处长江三角洲南端,依山临海,境内平原面积相对狭小,有些属县也处于山区或浅山丘陵地带。由于自然条件限制,"杭州自来土产米谷不多",杭州城市居民食用之粮,"全仰苏、湖、常、秀(今嘉兴)等州般运斛斗接济",若太湖流域周边诸州歉收,"即杭州虽十分丰稔,亦不免为饥年"[2]。

南宋时期,随着人口骤增,杭州的粮食需求更大。尽管南宋朝廷会从全

---

[1] [宋]楼钥《攻愧集》卷二一《论流民》,《影印文渊阁四库全书》(集部)第1152册,台湾商务印书馆,1984年,第504页下。

[2] 《苏轼文集》卷三〇《论叶温叟分擘度牒不公状》,第861页。

国各地征调米粮,但是,当时的淮南为南宋的北方前线,农事凋敝且大量驻军,不可能有太多的余粮贩运到杭州,两广、川陕等地区山高水远,把粮食贩运到杭州既不容易,运价又高。因此,苏州、湖州、常州、嘉兴、宁波、绍兴等地,应是国都临安粮食供应的主要来源地。"二浙每岁秋租,大数不下百五十万斛,苏、湖、明、越,其数太半。"①民间米商客贩而来的粮食,主要还是"赖苏、湖、常、秀、淮、广等处客米到来市"②。当时的临安城四门,人称"东门菜,西门水,南门柴,北门米"③,这是四方物资供应入城门的大致说法。所谓的"北门米",就是将太湖流域所产出的粮米经过京杭大运河源源不断地运送至临安。故而,杭州饥荒发生与否往往与此区域农业丰歉的关系最为密切。

非唯临安城如此,地处天目山、白际山、千里岗山和龙门山四面包夹的严州府,对粮食输入的依赖程度较临安府更高。《景定严州续志》记载:"(严州)郡垦山为田十一二,民食仰籴旁郡,航粟一不继,便同凶年,况旱潦乎?"④"山多田少,吾郡为甚,建邑为尤甚。岁登,甲户无余粟,中产不足伏腊,农可知。已仰于邻邑,仰于邻郡,樵苏亦仰于京师,小歉则(粟)直倍他土,势也。然射利者趋之,民犹免于莩。"⑤严州山多田少,粮食供应极度依赖临近州府或产粮地区的输入,一旦水路粟米供应中断,或者外地供应的粮价腾贵,即便严州本地无水旱之灾,也必定要发生饥荒。

因此,一旦上述粮食产区农业歉收,特别是太湖平原周边产粮不济、仓储告急,杭州在很大可能上便要发生饥荒。

三、漕运不济

京杭大运河直至杭州的漕运通畅与否,往往是影响或触发饥荒发生的

---

① 《宋会要辑稿》食货七之四三,第4927页上。
② 《梦粱录》卷一六《米铺》,第294页下。
③ [宋]周必大《文忠集》卷一八二《临安四门所出》,《影印文渊阁四库全书》(集部)第1149册,台湾商务印书馆,1984年,第54页下。
④ 《景定严州续志》卷二《荒政》,第4364页下。
⑤ 《景定严州续志》卷五《救荒记》,第4388页上。

重要环节。绍兴元年(1131),宋高宗临时驻跸绍兴府,称其为"行在"。当年三月,"行在米价腾踊"①。十一月,宋廷关于皇帝的驻跸之地选择何处曾经进行讨论,尚书左仆射吕颐浩进言:"驻跸之地,最为急务。要当使号令易通于川陕,将兵顺流而可下,漕运不至于艰阻。"②由此可见,漕运畅通与否以及饥荒发生后能否快速消弭,是当政者必须要高度重视的问题之一,也是重新确定"新都"的关键因素之一,而当年三月荒歉的发生,凸现出绍兴府的漕粮转运困难。随后,宋高宗下诏:"以会稽(绍兴)漕运不继,移跸临安。"③这是南宋王朝最终定都杭州的起点。

大范围、持续性的旱灾会导致水资源匮乏,河道水浅乃至干涸,运河漕粮转运困难甚至中断。淳熙十四年(1187)五月至九月,江南地区大旱,临安府尤其严重。当年七月,有大臣进言:"窃见奉口至北新桥三十六里,断港绝横,莫此为甚。临安众大之区,日用之粟不可亿计。舟楫不通,则须人力,计其脚乘之费,日应踊贵。"④事实上,淳熙七年(1180)也曾发生久旱,临安府知府吴渊兴工役开浚奉口河一带的河道,而后漕船相继舳舻不绝,临安粮价随即下降。有鉴于此,宋孝宗下旨,重新开浚奉口河至北新桥一段的运河,解决漕运不济的问题。

四、灾荒人口与贫困人口增长

农村人口在宋代总人口中占据绝大多数,其中,无地的农民即所谓"客户""浮客"又占据了较大比例。正如李觏所言:"今之浮客,佃人之田,居人之地者,盖多于主户矣。"⑤此外,有田"三、五十亩,或五、七亩而赡一家十数口,一不熟即转死沟壑"⑥的四等、五等户,即所谓"下户",也是农村人口的主要部分。下户抵御灾荒的能力很低,一遇艰歉,便有流徙转沟壑的危险,

---

① 《宋会要辑稿》刑法二之一〇二,第6546页下。
② 《宋史全文》卷一八上《宋高宗五》,第1249页。
③ 《宋史全文》卷一八上《宋高宗五》,第1249页。
④ 《宋会要辑稿》方域一六之四〇,第7595页下。
⑤ 《旴江集》卷二八《寄上孙安抚书》,《影印文渊阁四库全书》(集部)第1095册,第244页上。
⑥ 《续资治通鉴长编》卷一六八《仁宗·皇祐二年》,第4048页。

正如真德秀所言：

> 若五等下户，才有寸土，即不预粜，其为可怜更甚于无田之家。盖其名虽有田，实不足以自给。当农事方兴之际，称贷富民，出息数倍，以为耕种之资。及至秋成，不能尽偿，则又转息为本，其为困苦已不胜言。一有艰歉，富民不肯出贷，则其束手无策，坐视田畴之荒芜，有流移转徙而已。①

甚至拥有百亩田地号称"中人之家"的第三等户也不保险。《宋会要辑稿》记载："一遇凶年，大抵乏食，则不免于流转。"往往也沦为贫困人口。因为灾荒之下，"惟中户最可悯怜，盖中人之家入仅偿出，粒米狼戾，尚鲜盖藏；不幸遇灾，自救不给。州县例行科抑，使之出粟，期会督迫，逾于常赋，鬻田贷室，转粜应输；富者乘时高价取赢，反遂其吞并之计；胥吏并缘推排，以饱溪壑之欲"②。一旦灾荒来袭，在胥吏、富者共同催逼之下，"所以上户转为中户，中户转为下户，下户转为贫民，则流离饿死，或为盗贼"③。中、下之户尚且如此，无地客户就可想而知了。

随着南宋都市经济快速发展，市民阶层不断扩大，也诞生了一批数量可观的城市贫困人口。他们主要包括客户，也称为"浮客"；城郭十等户中的下五等户，称为"贫弱之家"；以及女户和鳏寡孤独等弱势群体。此外，都城临安还常年聚集大量的贫民、乞丐、盗贼、娼妓以及借助于贩卖极为廉价货物、勉强糊口的穷摊贩，他们露宿在任何能够容身的地方，饥寒交迫，在死亡线上挣扎。

除了上述常住的都市贫民，都城临安近郊或乡村尚有一批具有流动性的贫民。每逢荒年歉岁，不少小自耕农、佃农、长工等人口，先是举债度日，直至出售田土屋舍，最终负债累累、贫困不堪，或落草为寇成为盗贼，或背井

---

① 《西山先生真文忠公文集》卷一〇《申尚书省乞拨和籴米及回籴马谷状》，第 174 页。
② 《宋会要辑稿》刑法二之一四一，第 6566 页上。
③ [宋]徐经孙《矩山存稿》卷一《又言苗税斛面事》，《文澜阁钦定四库全书》（集部）第 1216 册，杭州出版社，2015 年，第 10 页下。

离乡成为流民,进入城市求生。宋高宗也承认:"近世拯济,止及城郭市井之内,而乡村之远者,未尝及之。"①这些人往往资产很少,进入城市也属于最底层的贫困人口。

在临安城,上述贫穷人口每年乃至每月都会有变化,粮价略有上涨,便足以使苦于奔波生计的人群大幅增加。拥挤不堪的赤贫人口会成为不安定因素,特别是遭逢洪水、干旱、大火、大雪、酷寒等灾害后,贫穷和饥饿程度突然增大,剧烈的灾难与危机便会纷至沓来,使得宋廷和各级官员不得不采取各种赈济措施。

五、遏籴与惜售

每逢灾荒之年,"遏籴与贵籴"问题已成为南宋政府必须认真应对的重大挑战之一。各地各级地方政府往往会以行政权力阻止商品粮输出,以至于有人感叹:"遏籴之风,近日尤甚。"②不仅在灾荒地区或缺粮地区,甚至在很多粮食产地、输出地,如两浙西路、江南东路、荆湖南路诸州郡也常有遏籴惜售的事情发生,史书上屡有记载,十分普遍③。

例如,《宋会要辑稿》记载:"州县各顾其私,听信城市之民妄言,'不可放米出界'。"④宋廷虽然屡次下诏禁止此风,但是,若涉及所属辖区,地方官将其视作善政,我行我素,将诏令置若罔闻。不得已的情况下,南宋政府不得不大量印刷招诱粮商的广告,"尝印榜遣人散于福建、广东两路沿海去处,招邀米客"⑤。为了遏制商人惜售之风,宋宁宗庆元元年(1195)宋廷制定了告藏法令,凡属粮商米贩不准囤积,必须尽数卖出,如有囤积,许人告发,给与惩处,并奖励告发者⑥。

---

① 《救荒活民书》卷上,《影印文渊阁四库全书》(史部)第662册,第250页下。
② 《宋会要辑稿》刑法二之一二六,第6558页下。
③ 《西山先生真文忠公文集》卷一五《奏乞拨平江百万仓米赈粜福建四州状》,第260页;《宋史全文》卷二五下《宋孝宗四》,第2140页。
④ 《宋会要辑稿》刑法二之一二六,第6558页下。
⑤ 《晦庵先生朱文公文集》卷一三《延和奏札三》,《朱子全书》(修订本)第20册,第647页。
⑥ 项怀诚主编,叶青编著《中国财政通史》(五代两宋卷),中国财政经济出版社,2006年,第123页。

六、赋税沉重

南宋时期,平民百姓的赋税较北宋更为沉重。诚如朱熹所言:"古者刻剥之法,本朝皆备。"①绍兴初年,"民间之病,正税外科敷烦重。税米一斛有输至五六斛者,税钱一缗有输及七八缗者"②。如此税负即使没有遇到荒年,也难保百姓不成为流民。若遇灾荒,而地方官吏不仅不加以体恤、赈济,反而变本加厉地敛民,则流民蜂拥来去,势不可免。国家重赋繁役对生产者的压榨,以及地主阶层通过土地兼并对小农经济的挤迫等因素,导致社会底层普遍贫困化,进而降低社会抗灾自救能力。

此外,战乱等社会因素会形成大规模的流民潮。南宋时期杭州所发生的饥荒中,至少有6次因为大规模流民的输入,产生或加剧杭州的饥荒。南宋之初宋金交战,"高宗南渡,民之从者如归市"③。隆兴二年(1164)金军南侵,"淮甸流民二三十万避乱江南"④。开禧二年(1206),南宋北伐失败,淮民再次南迁,"奔迸渡江求活者,几二十万家"⑤。战乱不仅直接催生了流民,其波及地区的生产生活设施遭受破坏,加之垦殖过度、生态失调而导致的农业生产条件恶化等,都是流民产生的潜在诱因。虽然流民的产生多由灾荒引发,但其背后具有多种显性或隐性因素,这些因素互相叠加、共同作用,往往会进一步放大饥荒的破坏性。

第四节　救灾举措

一、报灾检灾制度

为了更好地应对较为频繁的灾荒灾害,稳定和巩固南宋王朝的统治,南

---

① 《朱子语类》卷一一〇《论兵》,第2708页。
② 《文献通考》卷五《田赋考五·历代田赋之制》,第116页。
③ 《宋史》卷一七八《食货志上六》,第2909页。
④ 《宋史》卷六二《五行志一下》,第925页。
⑤ [宋]叶适著,刘公纯等点校《叶适集》卷二《安集两淮申省状》,中华书局,1961年,第10页。

宋的报灾检灾制度有重大发展,尤其是民户报灾方面有明确的规定,其过程包括民户诉灾、官吏检放和放税赈济等三个流程。

(1) 民户诉灾。北宋初年所作的规定惟有诉水旱之灾,其他灾害未作说明。但是,从宋孝宗淳熙年间(1174—1189)颁布的诉灾令来看,所涉及的灾伤范围进一步扩大,而不再仅仅局限于水、旱两灾,并对诉灾有了统一规定:

> 诸官、私田灾伤,夏田以四月,秋田以七月,水田以八月,听经县陈诉,至月终止。若应诉月并次两月过闰者,各展半月。诉在限外,不得受理(非时灾伤者,不拘月分,自被灾伤后,限一月止)。其所诉状,县录式晓示。又具二本,不得连名。如未检覆而改种者,并量留根查,以备检视(不愿作灾伤者听)。①

在"淳熙令"中,对于夏田、秋田和水田等不同田土的诉灾时限都有明确规定,如果有闰月出现,还可以延期半个月,超过规定时限即不予受理。敕令还考虑到了灾伤出现的"非时"性,当在上述诉灾时限截止后还有出现,可以"不拘月分",自受灾后一月之内均可申诉。有时农户为了抢抓农时、进行补种,错过了官吏核实,可以将田间地头部分受灾根苗留出,以备"检覆"。这是务实且灵活的政策举措。

经过县中"晓示"的民户灾伤诉状格式,具体如下:

敕诉灾伤状

某县、某乡村、姓名,今具本户灾伤如后:

一、户内元管田若干顷、亩,某都计夏、秋税若干,夏税某色若干,秋税某色若干(非已业田,依此别为间拆)。

一、今种到夏或秋某色田若干顷亩。计某色若干田,系旱伤损(或

---

① 《救荒活民书》卷中《淳熙令》,《影印文渊阁四库全书》(史部)第662册,第270页上。

损余灾伤处随状言之)。某色若干田,苗色见存(如全损,亦言灾伤及见存田,并每段开拆)。

  右所诉田段,各立土埒牌子。如经差官检量,却与今状不同,先甘虚妄之罪,复此额,不询。

  谨状,年月日、姓名。①

民户的灾伤诉状,主要分为两个方面,第一部分为基础信息,包括了民户本人、田亩数量、应缴纳的夏秋税额和实际种植的田亩数量等。第二部分为受灾情况,按照干旱、洪涝和其他灾害分别记录受损田亩数量,在此基础上,分别列出田亩苗稼的具体损失,如苗稼全部损失的田地有若干亩,损失七分苗稼的田地有若干亩……每块受损田亩要开列出东西南北的"四至"位置,还要树立"土埒牌子",以方便基层官吏检查核实。

至于民户因不知规定而未申诉者,有时宋廷也会特别降下诏旨予以减免。敕令还规定,地方官吏禁止民户诉灾属于违法行为。尽管有此规定,但是地方官员出于政绩或者磨勘考核,"贪丰熟之美名,讳闻荒歉之事",不受理百姓诉灾文状之事时有发生,甚至"责令里正伏熟"②的情况也不罕见。这些都反映出善政制度与实际执行的背离。

(2)官吏检放。朱熹在与宋孝宗奏对时曾说:"救荒之务,检放为先。"③可见官吏检放之于灾民荒歉救助的重要性。所谓"检放",包括"检灾"和"放税"两个部分,合称"检放",即官吏检查、核实民户所诉灾伤,从而确定放免民户夏、秋田税分数。

具体而言,"检灾"又分为两个步骤。第一步是"令佐受诉,即分行检视"④,"检视"又称"检按",都是检灾之意;第二步是令佐检视后"白州遣官

---

① 《救荒活民书》卷中《淳熙式·敕诉灾伤状》,《影印文渊阁四库全书》(史部)第662册,第271页上—下。
② 《救荒活民书》卷中《检旱》,《影印文渊阁四库全书》(史部)第662册,第261页下。
③ 《晦庵先生朱文公文集》卷一三《延和奏札三》,第643页。
④ 《宋史》卷一七三《食货志上一》,第2788页。

覆检"①,即报请州郡官派遣相关人员复查。"放税"是指根据民户受灾田亩范围和程度,确定免除田租或夏秋两税的分数。

整个检放过程从官吏接受民户诉状,到遣官下乡检视,籍定灾伤程度、确定放税分数,再到差官覆实,也都有具体的规定:

> 诸受诉灾伤状,限当日量伤灾多少,以元状差通判或幕职官(本州缺官,即申转运司差),州给籍用印,限一日起发。仍同令佐同诣田所,躬亲先检见存苗亩,次检灾伤田。改具所诣田、所检村及姓名、应放分数注籍,每五日一申州。其籍候检毕,缴申州,州以状对籍点检。自往受诉状,复通限四十日,具应放税租色额外分数,榜示。元不曾布种者,不在放限。仍报县申州,州自受状。及检放毕,申所属监司检察。即检放有不当,监司选差邻州官覆检(若非亲检次第,照依州委官法)。失检察者,提举刑狱司觉察究治。以上被差官,不许辞避。②

官方对民户所诉灾伤的《检覆灾伤状》也有详细格式,具体如下:

> 检覆官具位,准某处牒帖:据某乡申人户被诉灾伤,某等寻与本县某官姓名诣所诉田段,检覆到合放税租数,取责村乡,又结罪保证状人案,如后:
> 某县据某人等若干户、某月终以前(两县以上,各依此例),披诉状为某色灾伤(如限外非时灾伤,则别具某日月至某月日,投披诉之非)。
> 正色共若干,合放每色若干,租课依正税。
> 右件状如前所检覆,只是权放某年夏或秋一料内租,即无夹带,种时不敷。及无状披诉,并不系灾伤,妄破税租,保明是实,如后具同甘俟

---

① 《宋史》卷一七三《食货志上一》,第2788页。
② 《救荒活民书》卷中《淳熙令》,《影印文渊阁四库全书》(史部)第662册,第270页上—下。

朝典。

　　谨具申某处，谨状年月日依常式。①

　　此外，宋廷还规定即使民户并未"诉灾"，官吏也有责任发现、报告灾伤，否则便是违法，将受到弹劾处分。由北宋至南宋，政府较为重视民政，多数时候都鼓励民众报灾。甚至，谏议大夫孙觉提议，对州县报灾不实者，"坐之"；而对夸大灾情者，"不问"②，以鼓励地方官员如实报灾。

　　由此可见，南宋政府对于报灾、检灾事宜规定详细，在灾荒赈济管理过程中形成一套完整、规范的运行模式。当然，在实际应对灾荒的过程中，由于程序繁多，交通与通讯条件落后，从报灾、检灾，再到赈灾、得食的时间周期漫长，造成了不少负面影响。

　　例如，《宋会要辑稿》记载："至八月则收状，至九月则检放，至十月则抄札。又有检放未实而再覆实检放者，亦有抄札未实而再覆实抄扎者，往往多至十一月而后定。然后，官司行救荒之政，下劝分之令，虽至十二月，民犹有未得食者。"③若是民众八月受灾报灾，需要经过至少四个月的漫长等待，才可能获得救济粮。南宋政府也意识到这个问题，嘉泰元年（1201）有大臣建议："如有灾伤州县，委本路常平使者先次措置合用米斛，日下多置场分，先于普粜拘钱入官，以备收粜。西分头多委检放抄札官，限十月内须管一切了毕，不得迁延，及不得漏滥，务要全活民命，免致流殍。"④将赈济灾民的时限控制在当年十月以内，缩短"走流程"的周期，可以挽救很多灾民的性命。

　　（3）放税赈济。检灾之后，便是放税和赈济。放税的标准取决于受灾程度的大小，而采取什么样的赈济方式，则要视放税额度等因素综合确定，这是南宋政府放税赈济的基本原则。

---

　　① 《救荒活民书》卷上《淳熙式·检覆灾伤状》，《影印文渊阁四库全书》（史部）第662册，第271页下—272页上。
　　② 《救荒活民书》卷中《检旱》，《影印文渊阁四库全书》（史部）第662册，第262页上。
　　③ 《宋会要辑稿》食货五八之二四，第5833页上。
　　④ 《宋会要辑稿》食货五八之二四，第5833页上。

一般而言,主要是依据农田的灾伤分数来确定民户的放税多寡,即灾伤多少,放税多少。宋代灾伤放税分数大致可以分为三个等级:农田灾伤二分至五分为小饥,放税也在二分至五分之内;灾伤五分至七分为中饥,放税在五分至七分之间;灾伤七分以上为大饥,放税也在七分至十分之间。

放税分数与赈济方式、多寡也紧密相联。无偿赈济在北宋一般都以放税七分以上为标准。到了南宋高宗末年以后,改为放税五分以上即可以无偿赈济。绍兴二十八年(1158)九月二十九日,宋廷下诏:"在法,水旱检放苗税及七分以上赈济。缘田土高下不等,若通及七分方行赈济,窃虑饥荒人户无以自给。可自今后,灾伤州县检放及五分处,即令申常平司取拨义仓米,量行赈济。"①南宋政府以放税五分作为无偿赈济的标准,较以往更为优渥,可谓德政。

此外,户等也是确定放税赈济的标准之一。宋代的户等主要是根据民户拥有田亩和财富的情况,将其分为主户和客户,主户一般指占有土地、拥有财产且缴纳赋税的民户;客户则是没有土地且不直接负担赋税的民户。在数量众多的主户中,宋廷根据田亩财富的多寡,将其分为五等,第一、第二等为富裕上户,第三等为中产之家的中户,第四、第五等为贫乏下户。官方赈济的一般原则往往是自下而上,即先行赈济客户、下户,行有余力之时,才赈济中户,因此,受灾的中户得以赈济的机会是较少的。南宋救荒专家董煟曾说:"凶年饥岁,上户力厚,可以无饥。下户赈济,粗可以免饥。惟中等之户,力既不逮,赈又不及,最为狼狈。"②

中上之户得以沾赈济之惠,往往是在灾情十分严重的情况下,由宋廷特批或皇帝直接下诏,才会得以实施。例如,乾道三年(1167)七月己酉日,"临安府天目山涌暴水,决临安县五乡民庐二百八十余家,人多溺死"③。闰七月二十六日,宋廷下诏:"蠲免临安府临安县五乡人户二百八十家夏、秋二税有差。"临安府知府周淙向宋孝宗奏报说:"周向等二十四家冲损屋宇,溺

---

① 《宋会要辑稿》食货五七之二一,第5821页上。
② 《救荒活民书》卷上,《影印文渊阁四库全书》(史部)第662册,第249页下。
③ 《宋史》卷六一《五行志一上》,第900页。

死人口,欲放今年夏、秋两科并来年夏料钱;于兴等一百四十一家冲损屋宇,计物不存,欲放今年夏、秋两料;盛庆全等七十家冲损一半屋宇、什物,欲放今年夏料。以上三料并系第五等以下人。及锺友瑞等四十五家各系上户,内有锺友瑞第四等户被水至重,欲放今年夏料;施埕等四十一户被水次重,欲放半料。"①

临安府知府周淙的奏报,可以查知宋廷在具体实施赈济时的划分标准。周向等二十四家由于冲损屋宇、溺死人口,因此全额放免当年夏料、秋料及来年夏料赋税。于兴等一百四十一家由于没有人口死亡,只是屋宇、什物全损,故此全额放免当年夏料、秋料赋税。盛庆全等七十家只是屋宇、什物半损,相应地仅仅放免当年夏料赋税。以上三类放免情况仅涉及第五等户及客户。至于锺友瑞等四十五家虽然也都受到较为严重的灾损,可鉴于他们是上户或第四等户,仅放免当年夏料或夏料一半的赋税。相应的,锺友瑞等民户获得免费赈济的数量也要少很多。

南宋以后,各代王朝大体继承宋制,可蠲免分数却往往不及。元代法典《至元新格》规定:"水旱灾伤,皆随时检覆得实,作急申部体分。十分损八以上,其税全免;损七以下,止免所损分数;收及六分者,税即全征,不须申检。"②与南宋一朝遭灾五分就予以全额蠲免赋税相比,元代的规定显然不够优厚。

二、仓储制度

有鉴于饥荒屡屡发生,南宋政府高度重视粮食仓储建设,先后建立了常平仓、义仓、社仓、惠民仓、广惠仓、丰储仓和平籴仓等多种类型或用途的仓储。

都城临安为南宋王朝中枢所在,粮食仓储至为重要。朱熹曾说:"京师月须米十四万五千石,而省仓之储多不能过两个月。……籴洪、吉、潭、衡军

---

① 《宋会要辑稿》食货六三之二七—二八,第 6000 页上—下。
② 陈高华等点校《元典章》卷二三《户部九·水旱灾伤随时检覆》,中华书局、天津古籍出版社,2011 年,第 941 页。

食之余及鄂商船,并取江西、湖南诸寄积米,自三总领所送输以达中都(临安),常使及二百万石,为一岁备。"宋廷在江南地区大范围地调集运送粮食,多达二百万石,也仅为一年的储备。

在南宋的不同历史时期,临安城内外建有省仓上界、省仓中界、省仓下界、丰储仓、淳祐仓、端平仓、平籴仓、咸淳仓等多个仓储,其总储存上限可达千万石,足够都城临安的三年之需。其中,就赈济饥荒而言,又以丰储仓最为关键。

(1) 丰储仓。丰储仓是南宋政府为了存粮赈济灾荒而特别建造的仓储。宋高宗绍兴二十六年(1156)四月,临安府始设丰储仓,"以百万石为额"①。

对于丰储仓的设立过程,《救荒活民书》有较为详细的记载:

> 户部尚书韩仲通乞以上供之米所余之数,岁桩一百万石,别廪贮之。遇水旱,则助军粮;及减,收籴,号丰储仓。诏从之。上曰:"所储遇水旱,诚为有补,非细事也。"(董)煟曰:丰储乃上供所余,本备水旱、助军食耳。后之经国用者,倘遇水旱,可不明立仓之本意哉?②

此后,宋孝宗乾道二年(1166)十二月、乾道六年(1170)正月,先后两次增筑丰储仓。到了宋孝宗淳熙六年(1179)六月,国家财政充裕,于是再次扩建丰储仓,收籴常平米,以为备荒之举。淳熙八年(1181),南宋发生了近乎全国性的大旱荒,丰储仓之米正为所用。例如,当年九月二十七日,宋廷下诏:"丰储仓拨米三万石付临安府属县,二万石付严州及诸县赈济。"③

吴自牧《梦粱录》记载,临安府丰储仓址有两处,一在"仁和县侧仓桥东……成廒百眼";一在"余杭门外佐家桥北,其廒五十九眼"。④ 南宋政府

---

① [宋]王应麟辑《玉海》卷一八四《食货·丰储仓》,江苏古籍出版社、上海书店,1987年,第3381页上。
② 《救荒活民书》卷上,《影印文渊阁四库全书》(史部)第662册,第251页上。
③ 《宋会要辑稿》食货六八之七七,第6292页上。
④ 《梦粱录》卷九《诸仓》,第273页上。

对丰储仓的管理较为重视,这从淳熙十五年(1188)十月宋孝宗允准司农寺所奏及时出粜陈米、收籴新米,避免所藏粮食腐朽的建议可见一斑:

> 丰储仓初为额一百五十万石,不为不多,然积之既久,宁免朽腐,异时缓急,必失指拟。宜相度每岁诸州合解纳行在米数,及诸处坐仓收籴数,预行会计,以俟对兑。不尽之数,如常平法,许其于陈新未接之时,择其积之久者尽数出粜。俟秋成日,尽数补籴,则是五十万石之额,永无消耗,此亦广蓄储之策也。①

对于丰储仓存积粮食的过程,李心传《建炎以来朝野杂记》也有详细记述:

> 丰储仓者,绍兴二十六年夏始置。先是,王公明为司农寺丞,请令诸路以见管钱,籴米赴行在。锺侍郎(世明)因奏令诸路岁发常平陈米十五万斛,赴省仓赡军。言者以其坏常平法,奏绌之。韩尚书(仲通)在版曹,乃请别储粟百万斛于行都,以备水旱,号丰储。(四月戊戌)其后,又储二百万斛于镇江及建康,然颇有借兑者。三十年夏,诏补还之。(四月乙丑)今关外亦积粮一百万斛有奇,然行在岁费粮四百五十万斛余,四川一百五十万斛余,建康、镇江皆七十万斛余。今中都但积三月之粮,关外积粮亦不能支一岁。古者,三十年必有九年之蓄,自乙酉休兵至今,近四十年矣,谓宜益储羡粮,以为饥荒、军旅之备。不则增籴如岁用之数,以陈易新,使常有一年之蓄,庶乎其可也。②

经过初步统计,丰储仓自宋高宗绍兴二十六年(1156)始建,到宋理宗景定二年(1261)的百余年里,至少有 24 次记载明确、数据明确的赈济(赈

---

① 《续资治通鉴》卷一五一,第 4046 页。
② [宋]李心传《建炎以来朝野杂记》(甲编)卷一七《丰储仓》,中华书局,1985 年,第 251 页。

籴)活动,其总量超过154万石,平均每次赈济(赈粜)数额约6.4万石。丰储仓一次性数额最大的赈粜,发生在淳祐七年(1247)六月,总计三十万石,用以平抑都城临安的售粮价格①。

丰储仓的赈济(赈粜)范围主要为都城临安和临安府下辖诸县,对于严州以及涌入都城临安的江、淮流民,也有数次赈济(赈粜)记录。丰储仓的赈济(赈粜)活动以饥岁荒年救济饥民为主,其背后往往伴随着旱灾、水灾、雪寒、火灾、疫病和战争等诸多因素。此外,都城临安出现日食或有重要节庆,宋廷也会开启丰储仓进行适当赈济。赈济(赈粜)对象以临安饥民、贫民、病民和灾民为主,也有外来流民。

南宋中前期,丰储仓的赈济(赈粜)频次较高,南宋后期随着国力日衰,赈济(赈粜)频次明显下降,且渐以赈粜为主,尤其是发丰储仓较大数量的存米用于赈粜,以平抑都城的粮价。尽管上述统计数据尚不完全,也能一窥南宋临安丰储仓发挥"备水旱灾荒之用"的基本情况。正如南宋著名诗人杨万里所说:"人皆以饥寒为患,不知所患者,正在于不饥不寒耳。"②由于南宋王朝注重"荒政",不断完善粮食仓储制度,这对积极应对饥荒、稳定王朝统治具有重要作用

(2) 常平仓。南宋常平仓乃是继承前代通例设置,其籴米的本金多为地方上供钱留取和宋廷的财政补助。常平仓的主要功能正如宋高宗所说:"常平法不许他用,惟待赈荒、恤饥。"③其他功能虽多,但仍以平抑谷价、救助灾荒为主。董煟《救荒活民书》记载:"常平之法,专为凶荒赈粜。谷贱则增价而籴,使不害农;谷贵则减价而粜,使不病民。谓之常平者,此也。"④

南宋初年,常平仓所储之米被移用滥支的现象较为严重。《建炎以来系年要录》记载:"比年州县奉法不虔,或侵支盗用。"⑤绍兴二十九年(1159)六月初四日,提举两浙路市舶司的官员进言常平米赈粜的三种弊病:

---

① 《宋史全文》卷三四《宋理宗四》,第2789页。
② 《鹤林玉露》甲编卷五《饥寒》,《宋元笔记小说大观》第五册,第5212页。
③ 《建炎以来系年要录》卷一三三,第2141页。
④ 《救荒活民书》卷中《常平》,《影印文渊阁四库全书》(史部)第662册,第253页下。
⑤ 《建炎以来系年要录》卷一五八,第2567页。

"赈济官司止凭耆保、公吏抄札第四等以下逐家人口,给历排日支散,公吏非贿赂不行,或虚增人户,或镌减实数,致奸伪者得以冒请,饥寒者不霑实惠,其弊一也;赈粜常平米斛,比市价低小,既粜者不分等第,不限口食,则公吏、仓斗家人多立虚名盗籴,遂使官储易于匮乏,其弊二也;赈济户口数多,常平桩管数少,州县若不预申常平司,于旁近州县通融那拨,米尽旋行申请,则中间断绝,饥民反更失所,其弊三也。"①

此后,宋高宗、宋孝宗曾对常平仓的管理大加整治,常平仓赈荒、恤饥的功能稍复其旧。但是,到了南宋后期随着宋廷财力日见拮据,移用、支借现象屡禁不止。宋理宗淳祐(1241—1252)初年,宋廷就常平仓米的支用立下厉禁,"常平义廪之储有司不得擅发"②。这种矫枉过正的做法又导致另一种结果:"凡穷民遇岁晏始一济,所济者狭而受济者寡,于是鳏寡孤独喑聋跛躄之民,得其养者又鲜矣。"③随着常平仓的作用持续减弱,南宋时期各种地方性仓储种类不断涌现,以应对饥荒的暴发和饥民的赈济。

(3) 义仓。义仓的主要功能也是赈济,南宋大儒朱熹曾说:"检准条令,义仓米专充赈给,不得它用。"④义仓购买谷米的本金,是地方百姓以义租的形式,在正税之外额外缴纳赋税给政府,由政府组织管理义仓的仓储建设、米粮购置和贮藏以及灾年赈济等事项。

北宋官员王琪在申请设立义仓时说道:"自第一至第二等兼并之家,占田常广,于义仓则所入常多;自第三至第四等中下之室,占田常狭,于义仓则所入常少。及其遇水、旱行赈给,则兼并之家未必待此而济,中下之室实先受其赐矣。损有余补不足,实天下之利也。"⑤北宋义仓屡有兴废,到了南宋时期义仓仍然在发挥作用。

南宋史学家李心传在《建炎以来朝野杂记》中,对义仓的设置及运转情

---

① 《宋会要辑稿》食货五七之二一,第 5821 页上。
② [宋]梅应发等《开庆四明续志》卷四《广惠院》,《宋元方志丛刊》第六册,第 5971 页上。
③ 《开庆四明续志》卷四《广惠院》,第 5971 页上。
④ 《晦庵先生朱文公文集》卷二一《乞将衢州义仓米粜济状》,《朱子全书》(修订本)第 21 册,第 944 页。
⑤ 《宋会要辑稿》食货五三之一九—二〇,第 5729 页上—下。

况有详细的论述：

> 义仓创始于庆历元年，其法：令民上三等，每税米二斗，输一升，以备水旱，后亦废。……绍圣初，复立。然议者谓，义仓当留诸乡，以备水旱可也，今并入县仓，悉为官吏移用。后又命上三等户输郡仓，转充军仓，或资他用，故凶年无以救民之死，失古人立法之意矣。绍兴末，赵郡王(令䛥)在户部，言州县义仓多陈腐，请岁以三之一出陈易新，又请水旱伤灾检放不及七分，即许振济。沈守约丞相持不可，上独许之。(二十八年九月乙酉)明年，浙西提举吕广问言："诸道常平、义仓，名存实无，请遣使核实，除其虚数。禁其移用。"(二十九年六月壬寅)遂命司农寺丞韩元龙往浙西核实，得籴米钱六十余万缗，诏别行收籴。……近岁，制置司又有广惠仓，乃丘宗卿所创，凡为米三十余万石，制司自掌之，凶岁颇资其用。惟闽中魏元履处士、朱元晦先生，尝置于里社，每岁以贷乡民，至冬而取，有司不与焉。今若以义仓米置仓于乡社，令乡人之有行谊者掌之，则合先生之遗意矣。①

南宋的义仓虽然奉行不替，但种种弊端也时常有之。绍兴十一年(1141)，宋高宗说："祖宗置义仓以待水旱，最为良法，而州县奉行不虔，妄有支用，浸失本意，或遇水旱，何以赈之？可令监司视其实数，或有侵失，严责补还，义仓充实，则虽遇水旱，民无饥病矣。"②此类诏令宋廷下发较多，支借移用现象虽然有所减少，但其赈济功能与常平仓的情形类似，都在逐渐削弱。当时的宋人也认为常平仓、义仓虽然尚在，但也仅有"遗意"存焉，即是指此类情况。

(4) 平籴仓。平籴仓之功能以赈粜为主，是宋理宗绍定(1228—1233)、淳祐(1241—1252)年间以救荒为目的在各地陆续设立的。其中，规

---

① 《建炎以来朝野杂记》(甲集)卷一五《义仓》，第206—207页。
② 《建炎以来系年要录》卷一四一，第2269页。

模最大的是临安的平籴仓,到南宋末年该仓犹在。

临安的平籴仓于淳祐三年(1243)创设,位于盐桥之北、新桥东岸,淳祐八年(1248)又进行了扩建,其规模颇大。"凡为二十八敖,积米六十余万石"①,二十八个仓厫以二十八字为厫记,连起来就是一首完整的诗:"生民全仰食为天,百万人家聚日边。官有积仓平籴价,满城和气乐丰年。"②每年通过籴粜敛散米粮,来调节平抑粮食市价。

平籴仓之设是足国足民之计,临安市民百姓皆受其利惠。宋理宗景定元年(1260),宋廷下旨:"令临安府收籴米四十万石,用平籴仓钱三百四万七千八百五十九贯,封桩库十七界会子一千九十五万二千一百余贯,共凑十七界一千四百万贯,充籴本钱。"③临安的平籴仓初始仓本资金未详细交代来源,景定元年增补仓本时动用朝廷大额的封桩库钱,带有中央财政补助的性质。

(5) 广惠仓。广惠仓是通行于两宋时期的一种经常性慈善放谷的仓储机构。广惠仓在北宋一朝屡有兴废,到了南宋宁宗庆元元年(1195),宋廷下诏"诸路提举司置广惠仓"④,直至宋终。

广惠仓创立之初,就是以地方官赈给州县郭内之老幼贫疾不能自存者为主要目的。宋仁宗嘉祐二年(1057),北宋政府"诏天下置广惠仓,使老幼贫疾者皆有所养,累朝相承,其虑于民也既周,其施于民也益厚"⑤。总体而言,广惠仓是宋朝仓制中专为济贫而设的仓种,与其他以备荒为主的仓种有着较大的区别。

(6) 社仓。社仓即是乡仓,在南宋乾道四年(1168),由大儒朱熹首次创行于建宁府崇安县开耀乡,制定社仓之法,欲让百姓普遍获益于仓储备荒之利。

"社仓法"者,先是乾道中,熹里居,值饥民艰食,请于府,得常平米

---

① 《淳祐临安志》卷七《平籴仓》,第3287页下。
② 《淳祐临安志》卷七《平籴仓》,第3287页下。
③ 《宋史》卷一七八《食货志上六》,第2911页。
④ 《宋史》卷三七《宁宗纪一》,第481页。
⑤ 《宋史》卷一七八《食货志上六》,第2907页。

六百石,赈贷,夏受粟于仓,冬则加息计米以偿。自后随年敛散,歉蠲其息之半,大饥则尽蠲之。凡十有四年,以元数六百石还官,见储米三千一百石以为社仓,不复收息,每石止收耗米三升。以故一乡四五十里间,虽遇歉年,民不缺食。其法以十家为甲,甲推一人为首,五十家则推一人通晓者为社首。其逃军及无行之士与有税粮衣食不缺者,并不得入甲。其应入甲者,又问其愿与不愿,愿者开具一家大小口若干,大口一石,小口五斗,五岁以下者不预,置籍以贷之。其以湿恶不实还者有罚。①

社仓法推行十余年,很有成效。淳熙八年(1181)十二月甲子日,宋廷开始推广社仓之法,"下朱熹社仓法于诸路"②。南宋政府将社仓施行各地,任百姓自愿加入,仓储之米收纳放借,由本乡的社首、甲长负责操持。较之常平仓、义仓等,社仓的最大优点是设置于乡村,惠及底层民众更加直接有效。如社仓、义仓、常平仓等诸仓,创办之初作用较好。可是,随着时间延长、管理松散,逐渐弊端丛生,其积极意义日渐消减③。

(7) 丰本仓。丰本仓是张修在宋光宗绍熙年间(1190—1194)创置于临安府富阳县的地方性仓种。此仓属于季节性赈粜仓,仓本为楮币六千缗。据官员程珌所作《富阳县创建丰本仓记》记载,当时富阳置仓时,经费"不敛诸富民,即罚诸束矢;不取赢于夏赋,即掠羡于秋租。披民之心,腴己之名,虽不曰繁,亦不谓无也。今富春之储廪也,节抑于百度之间,累积于三年之久,一毫而上于民亡预焉,贤矣哉!"④

此外,临安还有诸多特种仓制,各有固定用途:

> 省仓上界,在天水院桥北。其廒有八眼,受纳浙右米,以充上贡及

---

① [明]陈邦瞻《宋史纪事本末》卷七八《孝宗朝廷议》,中华书局,2015年,第833页。
② 《宋史》卷三五《孝宗纪三》,第453页。
③ 《中国财政通史》(五代两宋卷),第156—158页。
④ [宋]程珌《洺水集》卷七《富阳县创建丰本仓记》,《文澜阁钦定四库全书》(集部)第1205册,杭州出版社,2015年,第337页上。

宰执、百官、亲王、宗室、内侍,仍支给王城班直、省部职员。

省仓中界,在东青门外菜市塘。有廒三十七眼,皆受纳浙右苗纲经常和籴公田桩积等米,以供朝家科支、农寺宣限,凡诸军、诸司、三学。及百司、雇券、诸局工役等人皆给焉。

省仓下界,在东仓铺。创于旧址,极广袤。朝家更修,乃折三之二,建廒厅八十眼。

端平仓,在余杭门外德胜桥东。原储漕籴,后归农寺,苡以京局官而领之。……有廒五十六眼。

淳祐仓,在余杭门内斜桥南。原创以储米粜于帅司,其后朝家拨支赈粜百姓,自后付农寺以给诸军、诸司。有廒一百眼。

平粜仓,在仙林寺东。创以储临安米,今农米皆入焉。

咸淳仓,在东青门内后军寨北。汉增建廪,以储公田岁入之米。买琼华废圃,及以内酒库柴炭屋掌于帅司,建仓廒一百眼,岁贮公田米六百余万石。①

由此可见,南宋政府一直在致力于建设一个完善的仓储体系,特别是在都城临安体现得最为充分,其备荒抗灾能力较强。

三、救灾举措

灾荒救助,事关王朝统治秩序乃至政权安危。对此,朱熹曾有论述:"自古国家倾覆之由,何尝不起于盗贼?盗贼窃发之端,何尝不生于饥饿?"②《救荒活民书》也有类似记载:"凶年饥岁,民之不肯就死亡者,必起而为盗,以延旦夕之命。"③群盗蜂起,鲜有不殃及社稷的。由此可见,对于灾荒救助的重要性,南宋人有着清醒认识。

灾荒救助,古人称之为"振恤"或"赈恤"。振恤是一个较为宽泛的概

---

① 《梦粱录》卷九《诸仓》,第273页上—下。
② 《晦庵先生朱文公文集》卷二六《上宰相书》,《朱子全书》(修订本)第21册,第1179页。
③ 《救荒活民书》卷中《治盗》,《影印文渊阁四库全书》(史部)第662册,第265页上—下。

念。在宋代,只要涉及政府对灾荒有人力、物力和财力投入以及相关救助政策的施行等行为,都被称为振恤。《宋史·食货志》在"振恤"部分的开始,有这样的记述:

> 水旱、蝗螟、饥疫之灾,治世所不能免,然必有以待之,《周官》"以荒政十有二聚万民"是也。宋之为治,一本于仁厚,凡振贫恤患之意,视前代尤为切至。
>
> 诸州岁歉,必发常平、惠民诸仓粟,或平价以粜,或贷以种食,或直以振给之,无分于主客户。不足,则遣使驰传发省仓,或转漕粟于他路;或募富民出钱粟,酬以官爵,劝谕官吏,许书历为课;若举放以济贫乏者,秋成,官为理偿。又不足,则出内藏或奉宸库金帛,鬻祠部度僧牒;东南则留发运司岁漕米,或数十万石,或百万石济之。
>
> 赋租之未入、入未备者,或纵不取,或寡取之,或倚阁以须丰年。宽逋负,休力役,赋入之有支移、折变者省之,应给蚕盐若和籴及科率追呼不急、妨农者罢之。薄关市之征,鬻牛者免算,运米舟车除沿路力胜钱。利有可与民共者不禁,水乡则蠲蒲、鱼、果、蓏之税。
>
> 选官分路巡抚,缓囚系,省刑罚。饥民劫囷窖者,薄其罪;民之流亡者,关津毋责渡钱;道京师者,诸城门振以米,所至舍以官第或寺观,为淖糜食之,或人日给粮。可归业者,计日并给遣归;无可归者,或赋以闲田,或听隶军籍,或募少壮兴修工役。老疾幼弱不能存者,听官司收养。水灾州县具船筏拯民,置之水不到之地,运薪粮给之。因饥疫若厌溺死者,官为埋祭,厌溺死者加赐其家钱粟。京师苦寒,或物价翔踊,置场出米及薪炭,裁其价予民,前后率以为常。蝗为害,又募民扑捕,易以钱粟,蝗子一升至易菽粟三升或五升。诏州郡长吏优恤其民,间遣内侍存问,戒监司俾察官吏之老疾、罢懦不任职者。①

---

① 《宋史》卷一七八《食货志上六》,第 2906 页。

上述文字基本涵盖宋政府救灾的所有措施。总体而言,南宋统治者非常注意水旱、饥疫、蝗螟等各类灾害对社会经济的破坏作用,以及救灾对维护国家统治秩序和保证社会稳定发展的重要性。

具体而言,南宋政府救灾的举措有很多。在赈济方面,有赈米、赈钱、工赈等;在蠲免方面,有免赋、免役、免税、免积欠、免支移折变、缓征等;在调粟方面,有平粜、截漕、移民就粟等;在安抚方面,有给田、给赁、赍遣流民;在借贷方面,有贷口粮、贷粮种、贷耕牛;在劝分方面,有入粟拜爵、出售度牒、募富民出钱米;在社会福利方面,有收养老疾幼弱、收葬尸体等。还有募民捕蝗、防止疫病传播等。因此,南宋时期虽然各类灾害频仍,但终宋之世未形成大的社会震动①。

每遇饥荒灾劫,南宋统治者基本都能积极参与、组织应对。通过发布诏令,如罪己诏、求直言、赦罪囚、减常膳等,以期望感召和气,尽快结束灾荒。除了传达圣旨、了解灾情之外,宋廷还会派遣官员巡视措置与救灾有关的事宜,如督察地方官员赈灾、审理刑狱冤案、专事安抚灾民、搜检粮食储备等。此外,皇帝常会派员或亲自祭祀天地、山川、祠庙和诸神,精勤祈晴祷雨,以彰显王朝对百姓的关心,这能够在一定程度上缓解灾民的心理压力②。

第一,赈给。凡赈米、赈钱及工赈等历代已有的形式,南宋政府均实行,一般都是无偿提供钱粮等救济物资,帮助灾民渡过临时性困难。

(1) 赈米。如宋高宗绍兴十九年(1149)二月辛巳日,"诏临安府,日下给米赈济流民。时浙东大饥,其小民行乞都市,有馁死者。上闻闵焉,故有是命"③。类似的赈济米粮记载在史料中屡见不鲜,是南宋饥荒救助的主要形式之一。

(2) 赈钱。每当遇到恶劣气候、官方祭祀和重大年节,都城临安的百姓尤其是饥寒交迫的穷苦贫民,都有机会获得南宋政府赈济的钱帛米粮。《梦

---

① 任崇岳主编《中国社会通史》(宋元卷),山西教育出版社,1996年,第499页。
② 《中国社会通史》(宋元卷),第509页。
③ 《宋史全文》卷二一下《宋高宗十五》,第1732页。

梁录》记载:"遇朝省祈晴请雨,祷雪求瑞,或降生及圣节、日食、淫雨、雪寒,居民不易,或遇庆典大礼明堂,皆颁降黄榜,给赐军民各关会二十万贯文。"①

(3) 工赈。每逢饥荒之年,利用赈济钱粮作为兴工修建公共工程的资金,开凿、疏浚京杭运河或灌溉沟渠等,灾民通过集体劳作,以劳动报酬的形式取得赈济钱粮。工赈若是组织得当,往往会一举数得。绍兴十九年(1149)二月十三日,宋高宗对宰执官说:"昨降指挥,开撩运河,朝廷应副钱米,以养济阙食民户。"②

第二,调粟。调粟是指在灾区以外的更为广阔区域调运或促进粮食流通,同时采取减免关税、禁止遏籴等举措,充分运用、发挥市场规律来扩大灾区的粮食来源。

(1) 平粜。平粜是指将救济米粮以低于市场较大幅度的价格卖予饥民,属于有偿赈济。施行平粜的救助方式,多是由于粮价高涨、饥民无力购买而进行的粮价平抑之举。有时由于部分贫民依法达不到赈济标准而又确需救助,因此平粜又被称为赈粜。

赈粜需要较大的粮食储备,且持续惠及城乡各地,方能有效防止粮价反弹。董煟分析过其弊端:"常平赈粜,其弊在于不能遍及乡村。今委隅官里正监视,类多文具,无实惠及民。"③宋孝宗对于赈粜的弊端也多有耳闻,淳熙七年(1180)八月二十一日,宋廷下诏:"今岁旱伤,令户部于诸仓拨米十万石,低价令临安府置场一十五处,委官出粜。访闻所委官多至巳时(9—11时)出粜,午时(11—13时)闭场,致所粜不广。令自今须至申时(15—17时)住粜,不得阻节,及不得将糠秕和杂作弊。如违,重置典宪。"④这道诏令明确要求临安府要保证出粜时长和粜米质量,切实达到平抑粮价、救济饥民的目的。

---

① 《梦粱录》卷一八《恩霈军民》,第 302 页下。
② 《宋会要辑稿》方域一七之二三,第 7608 页上。
③ 《救荒活民书》卷中《常平》,《影印文渊阁四库全书》(史部)第 662 册,第 254 页上—下。
④ 《宋会要辑稿》食货六八之七六,第 6291 页下。

(2) 禁遏籴。所谓"禁遏籴",是指禁止各地阻止粮食流出辖境的政策,促进丰稔地区的粮食向灾荒地区流通,从而达到赈济的目的。

宋理宗宝庆三年(1227),监察御史汪刚中进言:"丰穰之地,谷贱伤农;凶歉之地,济籴无策。惟以其所有余济其所不足,则饥者不至于贵籴,而农民亦可以得利。乞申严遏籴之策,凡两浙、江东西、湖南北州县有米处,并听贩鬻流通。违,许被害者越诉,官按劾、吏决配,庶几令出惟行,不致文具。"①禁遏籴的政策若实行得好,按照汪刚中所说,一方面可以防止丰穰之地谷贱伤农,另一方面又可以确保灾荒地区的粮食供给。宋宁宗庆元元年(1195),宋廷制定了"告藏法令"②,凡属商贩不准囤积粮食,必须尽数卖出,如果有囤积居奇的,许人告发、进行惩处,并奖励告发者。

(3) 罢官籴。官籴是指南宋官方在丰年或正常年份例行购买、收储粮食的政府行为,在荒歉之年"罢官籴",暂停官方的粮食收购行为,留粮于民间,以确保粮价不至过高。如宋宁宗嘉定九年(1216)正月辛巳日,宋廷下诏:"罢诸路旱蝗州县和籴,及四川关外科籴。"③每当灾荒发生时,粮价必然腾贵,若实行官籴,无异于火上浇油,粮价更贵。因此,灾荒年份停罢官籴,有助于平抑粮价,契合市场规律。

(4) 招商籴米。在灾荒年岁,利用商人的趋利性,调运贩卖平价米粮,增加灾荒地区的粮食供给、平抑粮价的方式,称为招商籴米。例如,宋廷或地方官府"即尝印榜,遣人散于福建、广东两路沿海去处,招邀米客"。此法允许商人合理牟利,通过商人求利行为使粮价趋于平稳。政府通过书印榜文等方式向商人发出号召,不抑物价,不强迫商人籴卖。

南宋以来,招商赈粜的作用日益突出,为此宋廷对贩运灾荒地区的粮米物资给予减免商税的政策。绍熙五年(1194)十一月,宋廷下达诏书规定:"客贩米斛前来两浙路荒歉去处出粜,经过税场依条免纳力胜钱,仍不得巧作名色,妄有邀阻。……客人附带物货,许所经过场务量与优润,从逐处则

---

① 《宋史》卷一七八《食货志上六》,第 2910—2911 页。
② 《中国财政通史》(五代两宋卷),第 123 页。
③ 《宋史》卷三九《宁宗纪三》,第 512 页。

例以十分为率,与减饶二分,日下通放,即不得虚喝税数。……如奉行灭裂,许客人越诉,仍仰所委官多出文榜晓谕。"[1]这是充分利用市场经济手段来协助赈灾。

第三,养恤。(1)施粥。对灾民施以稀粥,以维持其最低的生存所需,一般多是灾民众多、粮食不足以赈济时采用,较之无偿赈济,施粥成本要低很多。但是,集中施粥也存在易生疾疫、有碍农时和组织困难等问题。

例如,乾道元年(1165),两浙西路发生灾荒,大量饥民流徙于都城临安,临安府措置施粥赈济,"就粥者不下数万人",在临安近城寺院设立粥场12处,随后杭州周边又有饥民络绎而来,临安府担忧饥民过于聚集,横生事端,又在城南大禹寺和城西道士庄添置两场,"随所大小均定人数,并约定时辰煮粥给散"[2]。至二月二十六日,饥民渐起疾疫,有七十余人死亡,其后虽然经过多方救治,疾疫仍有延续。到三月十四日,时节已近暮春,临安府唯恐耽误农时,上奏宋廷请求在四月十五日住罢施粥,使灾民各自归业。结果,饥民久久不愿散去,施粥之举一再延展至当年七月新谷上市,才最终作罢。

(2)居养。居养属于临时性的收容、抚恤措施,在南宋时期的临安城常常设置养济院、安养院等助贫与疗病兼济的慈善机构。这些机构虽然不是专为灾民而设,可灾民及乞丐等无以为生计者都因此有个临时收容之所,较之露宿郊野户外的艰难处境,大有改观。

第四,安辑。大量的饥民流徙不定是社会不安定的潜在因素,任由土地荒芜也对国计民生产生不利影响,因此,宋廷想方设法为流民创造条件,助其返乡复业,及时恢复正常的生产生活,才是救荒的根本所在。正如董煟所说:"流民,如水之流。治其源,则易为力;遏其末,则难为功。"[3]

(1)给复。以支给钱米等方式诱导流民返乡复业的政策,称之为给复。例如,宋宁宗嘉定二年(1209)四月初四日,宋廷照准临安府的进言,动用封

---

[1] 《宋会要辑稿》食货五八之二〇—二一,第5831页上—下。
[2] 《宋会要辑稿》食货六〇之一三、一四、一五,第5871页上、下,5872页上。
[3] 《救荒活民书》卷中《存恤流民》,《影印文渊阁四库全书》(史部)第662册,第266页下。

桩库、丰储仓的储备,给予流落在都城临安的八百五十户江浙流民钱米,使之"津发回归本贯复业,所有淮民更与赈给钱、米两月津发"①。有时返乡之民还能获得减免税赋的优惠政策。如宋高宗绍兴七年(1137)七月己丑日,宋廷下诏:"诸路归业民垦田,及八年始输全税。"②

(2) 赍送。赍送与给复有相似之处,略有差别之处是以官府之力遣送流民回籍安其所业,遣返经费一般由政府负担。灾民返回家乡,关津给予方便,不收渡钱,所到官第、寺观等,须为灾民煮粥。庆元元年(1195)正月,徐谊遣返临安府街市"流移之人",即从朝廷内藏库和丰储仓支取钱粮,并要求"候到本贯州县,令日下支给常平米赈济,毋致失所"③。流民只有确实返回本乡,当地官员才会支给米粮赈济。

第五,募兵。宋代军队尤其是地方厢军大都采用招募的方式,其募兵的主要对象之一就是流民和饥民。每逢灾荒之年招募流民、饥民为兵,是宋代的一项基本国策,宋太祖曾有论断说:"可以利百代者,唯养兵也。方凶年饥岁,有叛民而无叛兵;不幸乐岁而变生,则有叛兵而无叛民。"④饥年招兵的目的是防患于未然,将饥民蜂聚的反叛因素转化为稳定因素,是变相的对饥民进行长期"赈济",但是也由此造成有宋一代的"冗兵"问题。

南宋官员吴儆在《论募兵》的奏章中,对灾年募兵的意义阐述地尤为充分:

> 臣闻,饥岁莫急于防民之盗,而防盗莫先于募民为兵。盖饥困之民不能为盗,而或至于相率而蚁聚者,必有以倡之。闾里之间,桀黠强悍之人,不事生业,而其智与力足以为暴者,皆盗之倡也。因其饥困之际,重其衣食之资,募以为兵,则其势宜乐从。桀黠强悍之人,既已衣食于

---

① 《宋会要辑稿》食货六八之一〇四,第 6305 页下。
② 《宋史》卷二八《高宗纪五》,第 356 页。
③ 《宋会要辑稿》食货五八之二一,第 5831 页下。
④ [宋]晁说之《景迂生集》卷一《元符三年应诏封事》,《影印文渊阁四库全书》(集部)第 1118 册,台湾商务印书馆,1984 年,第 16 页上。

县官而驯制之,则饥民虽欲为盗,谁与倡之? 是上可以足兵之用,下可以去民之盗,一举而两得之,孰有便于此者!①

南宋大臣洪适甚至上书要求,将临安府街头的健康乞丐这一特殊的饥民群体拣充厢军,他在《乞刺壮健乞丐人札子》中说:

> 臣伏见,临安府街市间乞丐人颇有壮健者,恐是盗贼徒党,托此为名,以伺察人家之贫富,门巷之曲折。今辇毂之下,时有剽劫之患,不可不曲为之防。臣愚欲乞睿断,行下临安府选委官属,因赈济之时鸠集乞丐之人,尽皆拣择,如非老弱疾病,其人可用,即与刺充厢军,既免其啼饥号寒之苦,若使有穿窬之志,亦可使灭心铄谋矣。②

诚然,招募饥民为兵不仅可以稳定社会秩序,间接降低救灾成本,而且可以扩大兵源,把潜在的不安定因素转化为稳定的力量,可谓一举三得。但是,若国家连续遭逢灾荒、救荒不力、募兵不止,便会形成"冗兵",从而对国家财政造成沉重负担。另一方面,荒年招募饥民为兵,致使大批强壮劳动力脱离农业生产一线,"一经凶荒,则所留在南亩者,惟老弱也"③。灾后生产重建无法正常恢复,阻碍农耕经济和社会经济的持续发展。

第六,蠲缓。蠲缓是指根据灾情的轻重缓急等情况,按照一定比例免征或缓征灾区百姓的钱粮赋税,可以在一定程度上减轻灾民的负担。

(1) 蠲免。蠲免又称"蠲放",即免除合征赋税及所欠官府钱物。一般根据灾伤分数,上中下等不同户等都可得到不同程度的蠲免救助。但是,在实施过程中往往存在上户蠲免、下户不免,或者先蠲免后征收等问题。总体

---

① [宋]吴儆《竹洲集》卷二《论募兵》,《影印文渊阁四库全书》(集部)第1142册,台湾商务印书馆,1984年,第219页下—220页上。
② [宋]洪适《盘洲文集》卷四三《乞刺壮健乞丐人札子》,《文澜阁钦定四库全书》(集部)第1192册,杭州出版社,2015年,第288页上。
③ [宋]欧阳修《欧阳文忠公全集》卷五九《原弊》,《影印文渊阁四库全书》(集部)第1102册,台湾商务印书馆,1984年,第461页上。

来说,蠲免赋税是南宋政府赈济灾荒的重要手段,马端临曾经评价说:"宋以仁立国,蠲租已责之事,视前代为过之,而中兴后尤多。州郡所上水旱、盗贼、逃移、倚阁钱谷,则以诏旨径直蠲除,无岁无之,殆不胜书。"①所谓"中兴后尤多",就是指南宋政府多次使用蠲免赋税的方式助民度荒、宽抒民力。

(2) 缓征。缓征又称"倚阁",是指政府对应征赋税暂时延缓征收。缓征数额一般视户等高低、税额多少而定。纳税额度低的下户缓征数额大,中、上户则反之。绍熙三年(1192),宋廷曾有规定:每户纳税十石以上者,蠲免额度由州县决定。其他税户则以三等石数为率,五石倚阁三分之一,二石以上倚阁一半,二石以下尽行倚阁②。

(3) 免役。通过免除灾民应服徭役而进行间接济助的方式称为免役。南宋时期由于民户所负担的徭役较前代为少,且不少都以雇工的形式进行,所以免役救助在灾荒之年实行的并不多。

(4) 宽刑。宽刑是指对因饥饿而犯法者实行宽减刑罚的方式,为赈济灾荒创造较为宽松的环境。灾年荒岁饥民嗷嗷待哺,若有为富不仁者闭粜,以待高价而售,势必激化贫富矛盾,出现饥民聚众强行发廪等劫掠之事,社会治安等案件也会大为增加。若是依照平日常法量刑处罚,必将招致民变,不利于灾荒时期的社会稳定。因此,采用宽刑的方式辅助赈济极有必要。例如,淳祐十一年(1251)七月丙戌日,宋理宗谕示辅臣说:"诸州间多水旱,皆由人事未尽。如省刑罚、薄税敛、蠲逋负、禁科抑、惩官吏之奸、察民情之枉,可令诸路监司下之郡邑,有关涉六事者,日下遵行。"③

第七,借贷。将钱粮借贷与灾民,与赈济性质有别,一般需要偿还,或有息、或无息、或低息。此种救灾方法主要针对受灾范围广,灾荒程度重,无法全部实现无偿赈给;或是缺少生产资料,通过赈贷助其恢复生产。本质上讲,这一方式属于生产型救助,在赈灾救荒诸多措施中是重要的救助方式之一。

---

① 《文献通考》卷二七《国用考五·蠲贷》,第800页。
② 《宋会要辑稿》食货五八之一八、一九,第5830页上、下。
③ 《宋史全文》卷三四《宋理宗四》,第2808页。

例如,绍兴十九年(1149)三月初二日,高宗谕示辅臣说:"近日绍兴饥民多有过临安者,深可怜悯。……可令临安府多方措置赈济,户部应付米斛。其诸路州县灾伤去处,宜申饬监司、守臣,依已降指挥贷给种粮,庶几秋成可望。"①淳熙八年(1181)五月辛卯日,"以久雨,减京畿及两浙囚罪有差,贷民稻种钱"②。淳熙九年(1182)正月庚寅日,宋廷再次下诏:"江、浙、两淮旱伤州县贷民稻种,计度不足者贷以桩积钱。"③淳熙十一年(1184)六月,两浙西路发生大水灾,宋廷下诏令两浙提举司多方劝谕浙西、江东路州军受灾地区,"有田之家将本户佃客优加借贷,候秋成归还"④。从借贷本金的来源看,有借贷于官方的,也有借贷于富户的。

第八,劝分。即动员、劝谕富裕有力之家无偿赈济贫户饥民,或减价出粜粟米的做法。早在北宋,已有以赐爵酬奖民间富户大族出粟助赈的诏令。南宋绍兴年间,因为"岁有水旱,发常平、义仓,或济或粜或贷,如恐不及。然当艰难之际,兵食方急,储蓄有限,而振给无穷,复以爵赏诱富人相与补助,亦权宜不得已之策也"⑤。

宋高宗绍兴元年(1131),南宋政府制定出系统性助赈奖劝标准:"粜及三千石以上,与守阙进义副尉;一万五千石以上,与进武校尉;两万石以上,取旨优赏;已有官荫不愿补授者,比类施行。"⑥通过酬奖勋爵,来应对水旱灾荒、军粮不足和常平、义仓钱谷短缺等问题。

宋孝宗乾道七年(1171),宋廷重新立赏格,以劝诱积粟富家和文武官员出粟助赈,且赏格标准明显优于绍兴元年,赏赐面也扩大许多,反映出奖劝作用日益突出:

无官人:一千五百石补进义校尉,愿补不理选将仕郎者听;二千石

---

① 《宋会要辑稿》食货五九之三二,第5854页下。
② 《续资治通鉴》卷一四八,第3949页。
③ 《宋史》卷三五《孝宗纪三》,第454页。
④ 《宋会要辑稿》瑞异三之一四,第2111页上。
⑤ 《宋史》卷一七八《食货志上六》,第2909页。
⑥ 《宋史》卷一七八《食货志上六》,第2909页。

补进武校尉,进士与免文解一次;四千石补承信郎,进士与补上州文学;五千石补承节郎,进士补迪功郎。

文臣:一千石减二年磨勘,选人转一官;二千石减三年磨勘,选人循一资,各与占射差遣一次;三千石转一官,选人循两资,各与占射差遣一次。

武臣:一千石减二年磨勘,选人转一资;二千石减三年磨勘,选人循一资,各与占射差遣一次;三千石转一官,选人循两资,各与占射差遣一次。五千石以上,文、武臣并取旨优与推恩。①

对于纳粮授予官爵的政策,历来议论不休,但南宋一朝多持肯定态度。淳熙三年(1176)十月庚寅日,宋孝宗御笔亲批:"鬻爵,非古制也。夫理财有道,均节出入足矣,安用轻官爵以益货财?朕甚不取。自今除歉岁民愿入粟赈饥,有裕于众,听取旨补官,其余一切住罢。"②

南宋思想家朱熹和救荒专家董煟都赞成宋廷立赏格劝谕富户纳粮助赈。南宋思想家黄震也认为:"天生五谷,正救百姓饥厄;天福富家,正欲贫富相资。米贵不粜,人饥不恤,天其谓何?"③劝谕富室大族以惠小民,损有余而补不足,正符合古人的天道观,某种程度上是富者种德、贫者获益的好事。

在劝分的实施过程中,出现强制性劝分也是客观存在的。宋宁宗庆元元年(1195),由于"米价翔踊,凡商贩之家尽令出粜",以至"告藏之令设矣"④,对不愿认粜者处以刑罚。到了南宋末年,情况更甚。宋度宗咸淳三年(1267),"京师籴贵,勒平江、嘉兴上户运米入京,鞭笞囚系,死于非命者十七八。太常寺主簿陆逵,谓买田本以免和籴,令勒其运米,害甚于前"⑤。

---

① 《宋史》卷一七八《食货志上六》,第2910页。
② 《宋史全文》卷二六上《宋孝宗五》,第2180页。
③ [宋]黄震《黄氏日抄》卷七八《四月初一日中途预发劝粜榜》,《影印文渊阁四库全书》(子部)第708册,台湾商务印书馆,1984年,第788页上。
④ 《宋史》卷一七八《食货志上六》,第2910页。
⑤ 《续资治通鉴》卷一七八,第4876页。

此等强勒之事已经完全背离了劝分的本意。

除了劝奖民间纳粟助赈外,南宋政府还采用纳粟赎罪、散给僧道度牒等方式筹措赈灾钱米,不惜重赏劝实力之家助赈。至景定二年(1261),为了保证临安的粮食供应,诱人入京贩粜,又制定赏格更高的优惠政策。这表明南宋政府对鼓励民间助赈的重视,也显示官方积储不足、粮食日趋紧张的形势。

第九,民间自发救荒。南宋临安凤凰山多居住外地迁来的富户和江海商贾,这些大商豪贾中,有不少乐善好施之人。他们常散发一些棉被、絮袄和钱物周济贫老孤苦,援助一些买卖失利的小商贩,为孤零死者施舍棺木或助其火葬。大雪严寒之日,不少贫困人家处于死亡边缘,富家常在黑夜里把一些金银碎块或者纸币插于贫困者的门缝。对此,《梦粱录》中有较为详细的记载:

> 数中有好善积德者,多是恤孤念苦,敬老怜贫。每见此等人买卖不利,坐困不乐,观其声色,以钱物周给,助其生理。或死无周身之具者,妻儿罔措,莫能支吾,则给散棺木,助其火葬,以终其事。或遇大雪,路无行径,长幼啼号,口无饮食,身无衣盖,冻饿于道者。富家沿门亲察其孤苦艰难,遇夜以碎金银或钱会插于门缝,以周其苦,俾侵晨展户得之,如自天降。或散以绵被絮袄与贫丐者,使暖其体。如此则饥寒得济,合家感戴无穷矣。[1]

不少寺庙僧侣也会为贫户饥民赈济食物、提供住所、给治医药、助葬守墓等。当然,这种私人救助能力远小于官方,但对当时的社会风尚影响很大。这种出于无私的惠爱,出于人道同情的行为,使人们在灾难面前感受到人性的温暖[2]。

---

[1] 《梦粱录》卷一八《恤贫济老》,第303页上。
[2] 李春棠《坊墙倒塌以后:宋代城市生活长卷》丁编《没有被遗忘的角落》,湖南出版社,1993年,第277页。

以上对救荒措施进行分类陈述,但在实际赈灾救荒过程中常是多措并举,根据灾荒的发展阶段和严重程度逐步实施,方能收到预期效果。

第五节 影　　响

宋人早已从饥荒救助与统治稳固的关系来论证救荒的重要性,敦促最高统治者注重荒年救济。朱熹认为:"自古国家倾覆之由,何尝不起于盗贼?盗贼窃发之端,何尝不生于饥饿?"董煟进一步论证说:"自古盗贼之起,未尝不始于饥馑。上之人不惜财用,知所以赈救之,则庶几其少安。不然,鲜有不殃及社稷者。"①

一、官员考核

南宋对守令实行"四善四最"的考课,据《庆元条法事类》记载:"养葬之最:屏除奸盗,人获安居,赈恤困穷,不致流移,虽有流移而能招诱复业,城野遗骸无不掩葬。"②由"养葬之最"的细致规定可见,南宋政府对赈恤灾荒还是相当重视的。陆游《老学庵笔记》记载:"置居养院、安济坊、漏泽园,所费尤大。朝廷课以为殿最,往往竭州郡之力,仅能枝梧。谚曰:'不养健儿,却养乞儿。不管活人,只管死尸。'盖军粮乏,民力穷,皆不问,若'安济'等有不及,则被罪也。"③可见,这些社会福利机构有系统的管理制度和监督考核制度。

董煟系统地阐述了从上到下、各级官吏应履行的救荒职责,分为人主当行、宰执当行、监司当行、太守当行、县令当行五个部分,分别对君主、宰相、部省、州和县官僚提出详细的要求。董煟所列举的救荒措施极为详尽完善,虽不是对各级政府官员的考核要求,但在南宋赈灾救荒实践中,大多还是遵

---

① 《救荒活民书》拾遗卷,《影印文渊阁四库全书》(史部)第 662 册,第 298 页下。
② 《庆元条法事类》卷五《职制门二·考课》"知州县令四善四最"条,第 70 页。
③ 《老学庵笔记》卷二,《宋元笔记小说大观》第四册,第 3469—3470 页。

循类似的原则。

人主救荒所当行:一曰恐惧修省,二曰减膳撤乐,三曰降诏求直言,四曰遣使发廪,五曰省奏章而从谏诤,六曰散积藏以厚黎元。

宰执救荒所当行:一曰以燮调为己责,二曰以饥溺为己任,三曰启人主警畏之心,四曰虑社稷颠危之渐,五曰陈缓征固本之言,六曰建散财发粟之策,七曰择监司以察守令,八曰开言路以通下情。

监司救荒所当行:一曰察邻路丰熟上下以为告籴之备,二曰视部内旱伤大小而行赈救之策,三曰通融有无,四曰纠察官吏,五曰宽州县之财赋,六曰发常平之滞积,七曰无崇遏籴,八曰毋启抑价,九曰无厌奏请,十曰无拘文法。

太守救荒所当行:一曰稽考常平以赈粜,二曰准备储蓄以赈济,三曰视州县三等之饥而为之计(小饥则劝分发廪,中饥则赈济赈粜,大饥则告朝廷,截上供、乞度牒、乞鬻爵、借内库钱为籴本),四曰视邻郡三等之熟而为之备(才觉旱涝,先发常平钱,遣牙吏于邻郡丰熟处告籴以备赈粜,米豆杂料皆可),五曰申明遏籴之禁,六曰宽弛抑价之令,七曰计州用之虚盈(存下一岁官吏支遣,余皆以救荒,不给则告籴他郡),八曰察县吏之能否(县令不职劾罢,则有迎送之费,姑委佐官以辅之,不然对移他邑之贤者),九曰委诸县各条赈济之方,十曰因民情各施赈救之术,十有一曰差官祈祷,十有二曰存恤流民,十三曰早检放以安人情,十有四曰预措备以宽州用,十有五曰因所积以济民饥,十有六曰散药饵以救民疾。

县令救荒所当行:一曰闻旱则诚心祈祷,二曰已旱则一面申州,三曰告旱不可邀阻,四曰检旱不可后时,五曰申上司乞常平以赈粜,六曰申上司觅义仓以赈济,七曰劝巨室之发廪,八曰诱富民之兴贩,九曰防渗漏之奸,十曰戢虚文之弊,十有一曰听客人之粜籴,十有二曰任米价之低昂,十有三曰请提督,十有四曰择监视,十有五曰参考是非,十有六曰激劝功劳,十有七曰旌赏孝弟以励俗(饥荒之年有骨肉不相保者,今妇有逊食于姑,孙能养其祖父母者,密物色之),十有八日散施药饵以救民(饥荒之际必有疾病),十有九日宽征催,二十日除盗贼。①

二、首部荒政专著

南宋董煟所著《救荒活民书》,是我国历史上第一部荒政专著,全书共三卷。上卷摘引先秦至南宋孝宗淳熙年间的有关救荒史料兼有作者的评议;中卷条陈救荒之策,提出常平、义仓、劝分、禁遏籴、不抑价、检旱、减租、贷种、恤农、遣使、弛禁、鬻爵、度僧、治盗、捕蝗、和籴、存恤流民、通融有无、借贷内库等条目,并针对时弊提出自己的意见和建议;下卷记载宋代名臣贤士的灾荒议论。

对于一系列的救荒策略,董煟自己也有一番议论阐述。他论述较多的是常平仓、义仓等仓储建设,以及劝分、禁遏籴、不抑价等筹措粮食举措。例如,不抑价是不限制粮食价格,米价可随行就市,自发调节,不宜官定。"不知官抑其价,则客米不来。若他处腾涌,而此间之价独低,则谁肯兴贩?兴贩不至则境内乏食,上户之民,有蓄积者,愈不敢出矣。饥民手持其钱,终日皇皇无告籴之所,其不肯甘心就死者必起而为乱,人情易于扇摇,此莫大之患。"②这一思想充分体现市场调节的积极作用,具有前瞻性。

《救荒活民书》自刊行以来为当政者所重视,成为指导和开展荒政工作的经典文献,开创荒政著作的编纂体例,对后世产生深远影响。清代荒政著作《荒政辑要》和《康济录》等书,多以《救荒活民书》为祖述蓝本,其所提出的救荒措施、阐述的救荒思想以及对当代荒政弊端的尖锐批评等,为后世荒政的发展提供理论与实践上的重要借鉴。

三、朱熹的救荒思想

朱熹没有专门的救荒著作,但作为中国历史上伟大的思想家,其荒政思

---

① 《救荒活民书》卷下《救荒杂说》,《影印文渊阁四库全书》(史部)第66册,第273页下,274页上—下。

② 《救荒活民书》卷中《不抑价》,《影印文渊阁四库全书》(史部)第66册,第260页下—261页上。

想是中国古代荒政思想的重要组成部分。朱熹就曾对他的弟子说过这样的话:"而今救荒甚可笑。自古救荒只有两说:第一是感召和气,以致丰穰;其次只有储蓄之计。若待他饥时理会,更有何策?"①

朱熹有感召和气以致丰穰的弭禳思想,见于他的几个奏事状札,如《辛丑延和奏札一》《论灾异札子》《奏推广御笔指挥二事状》《乞修德政以弥天灾变状》以及《辞免直秘阁状》等,阐述了他对风雨旱蝗等自然现象的认识,以及通过敬畏上苍、诚恳弭灾来端正君心、改革弊政等。

朱熹还有许多恤民、安民、为民的荒政实践,包括首创社仓制度、加强粮食储蓄,以及利用赈灾钱粮兴修水利、委官置场循环收籴出粜、不辞劳苦救灾活民、敢于弹劾救灾中的不法行为和为救荒恤民献计献策等②,堪称南宋士大夫在饥荒应对中的杰出人物和典范之举。

---

① 《朱子语类》卷一〇六《朱子三》,第2643页。
② 卜风贤、邵侃《中国古代救荒书研究综述》,《古今农业》2009年第1期。

第十章 地 震

第一节 概 况

地震是地球地壳板块或板块间相互运动及能量释放的结果,是一种较为常见的自然现象。自古以来,我国就是地震的多发国家。从公元前十二世纪以来的三千多年间,我国共发生破坏性地震至少八百八十余次。浙江省最早的地震记录始于西晋太康九年(288),明确记载发生地为杭州的地震则始于南宋[1]。

浙江省属于地震灾害发生或受影响相对较轻的省份之一。但是,相对而言,浙北地区尤其是杭州的地震记录还是比较多,尤其是在南宋时期。目前,学界对于南宋时期杭州地震的研究较少,林正秋先生曾经对杭州的古代地震史进行了简要回顾,认为南宋时期明确发生地为杭州的地震有6次[2]。《浙江灾异简志》《杭州科技志·地震表》等著作列出南宋时期杭州地震则多达33次。《中国地震资料年表》又认为南宋时期杭州地震有25次,但只有4次指明发生地为杭州,其余21次则是泛指。

---

[1] 中国科学院地震工作委员会历史组编辑《中国地震资料年表》,科学出版社,1956年,第868页。

[2] 林正秋《杭州古代地震史述》,《杭州科技》2009年第2期。

这些数据何以相差如此悬殊？史书对于地震记录简略、缺乏地震发生地的描述，是分歧产生的主要原因之一。《浙江灾异简志》《杭州科技志·地震表》等列出的地震记录，其主要资料来源是缺乏地震发生地描述的《宋史·五行志》等，这可能将南宋时期国境内其他地区发生又未能明确记载发生地的地震划入杭州地震的范围。林正秋先生依据《文献通考·物异考》《宋史·五行志》、地方志和文集笔记等史料，认定南宋时杭州地震仅有6次。

关于南宋时期杭州地震的有关问题，《中国地震资料年表》特别说明："南宋时期的一些资料，只泛记某年地震，我们理解这是指当时的首都所在地临安（杭州）地震，但这只是一种推测。关于这些情况究竟如何判断，必须依据具体记录，另外多找出可考的证据，始得加以决定。如果目前不能作出判断的，只好存疑待考。"①

杭州市虽然不属于地震高发区，但是仍然具有一定的地震发生风险。现代研究表明，杭州虽然不在我国主要的地震带上，却仍属于地震烈度六度区内的重要城市。杭州市的地震活动与"萧山-球川深断裂带""昌化-余姚深断裂带"以及"临安-马金深断裂带"，自全新世初以来多次地质活动有关，尤其是与前两个深断裂交叉部位的活动关系最大②。此外，南黄海、江苏溧阳、台湾岛等强震危险区及浙北等中等强度地震危险区，也都会对杭州造成影响。

古人有云："居安思危。"要做好地震灾害的应对防御，了解和掌握当地的地震危害情况十分必要。由于现代地震监测台站网密度较小，在浙江省仅有8个台站③，加之监测时间较短等因素，关于杭州的地震资料还较为缺乏。利用历史上较长时间序列的地震记录，特别是造成灾害的地震案例开展杭州地震研究，就显得十分重要。

---

① 《中国地震资料年表》，第Ⅳ页。
② 杭州市地方志编纂委员会编，任振泰主编《杭州市志》第一卷《自然环境篇》第一章第五节《地震》，中华书局，1995年，第243页。
③ 林兆汉、沈锦亮等《杭州地区地震态势及对策措施》，《杭州科技》1994年第2期。

第二节　杭州地震史料的整理与分析

自古以来,我国就积累了丰富的地震史料。从《汉书》开始,地震就作为灾异现象之一,记入各个朝代正史的"五行志""帝王本纪"等。除了《宋史》,南宋及其后历代的别史、类书、地方志、杂录和文人笔记等,都能见到南宋时期地震史料的记载,可供分析研究之用。

一、记载发生地为杭州的地震史料

检索史料发现,南宋时期明确记载发生地为杭州的地震至少有5次(见表10.1)。其中,来自《宋史》的"五行志五"的记录有4条,来自《宋会要辑稿》的"瑞异志"有1条。这5次地震绝大部分发生在不同年份里,唯有第4、5条记录都发生在嘉定六年(1213),但从地震发生的具体时间、地点来看,一次是四月发生在京畿之地,一次是六月发生在严州府的淳安县,分属于2次地震,故分开列出。上述明确了地域范围的5条地震记录,都属于发生在杭州地区的地震。

表10.1　南宋时期发生在杭州的地震记录表

序号	发生时间	记录内容	史料出处
1	绍兴五年(1135)	五月,行都地震。	《宋史》卷六七《五行志五》
2	绍兴六年(1136)	六月乙巳夜,地震自西北,有声如雷,余杭县为甚。	《宋史》卷六七《五行志五》
3	绍兴三十二年(1162)	七月十三日夜,临安府地震,自东北而来。	《宋会要辑稿》瑞异三之三八
4	嘉定六年(1213)	四月,行都地震。	《宋史》卷六七《五行志五》
5	嘉定六年(1213)	六月丙子,淳安县地震。	《宋史》卷六七《五行志五》

二、未记载发生地的地震史料

南宋时期没有记载发生地的地震至少有22次(见表10.2)。其中,第7、8条地震记录均发生在隆兴元年(1163),一次在六月,一次在十月,属于两次地震,故分列开来。

表10.2 南宋时期未记载发生地的地震记录表

序号	发生年份	记录内容	史料出处
1	绍兴七年(1137)	地震。	《宋史》卷六七《五行志五》
2	绍兴二十四年(1154)	正月戊寅,地震。	《宋史》卷六七《五行志五》
3	绍兴二十五年(1155)	三月壬申,地震。	《宋史》卷六七《五行志五》
4	绍兴二十八年(1158)	八月甲寅夜,震。	《宋史》卷六七《五行志五》
5	绍兴三十一年(1161)	三月壬辰,地震。	《宋史》卷六七《五行志五》
6	绍兴三十二年(1162)	七月戊申夜,地震,大风拔木。	《宋史》卷三三《孝宗纪一》
7	隆兴元年(1163)	六月甲寅,又震。	《宋史》卷六七《五行志五》
8	隆兴元年(1163)	十月丁丑,地震。	《宋史》卷三三《孝宗纪一》
9	乾道二年(1166)	九月丙午,地震自西北方。	《宋史》卷六七《五行志五》
10	淳熙元年(1174)	十二月戊辰,地震自东北方。	《宋史》卷六七《五行志五》

(续　表)

序号	发生年份	记录内容	史料出处
11	淳熙九年(1182)	十二月壬寅夜,地震。	《宋史》卷六七《五行志五》
12	淳熙十年(1183)	十二月丙寅,地震。	《宋史》卷六七《五行志五》
13	淳熙十二年(1185)	五月庚寅,地震。辛卯,福州地震。	《宋史》卷三五《孝宗纪三》
14	绍熙四年(1193)	十月己酉夜,地震……庚戌……夜,地又震。	《宋史》卷三六《光宗纪》
15	庆元六年(1200)	九月,东北地震。	《宋史》卷六七《五行志五》
16	庆元六年(1200)	十一月甲子,地震东北方。	《宋史》卷六七《五行志五》
17	嘉定十年(1217)	二月庚申,地震自东南。	《宋史》卷六七《五行志五》
18	嘉定十二年(1219)	五月,地震。	《宋史》卷六七《五行志五》
19	嘉定十四年(1221)	正月乙未夜,地震,大雷。	《宋史》卷六七《五行志五》
20	宝庆元年(1225)	八月己酉,地震。	《宋史》卷四一《理宗纪一》
21	嘉熙四年(1240)	十二月丙辰,地震。	《宋史》卷六七《五行志五》
22	淳祐元年(1241)	十二月庚辰夜,地震。	《宋史》卷六七《五行志五》

通过考订,部分未记载发生地的地震可以排除发生在杭州。以嘉定十二年(1219)五月的地震为例(表10.2第18条),《续文献通考》记载:"五月,西川地震。"①因此,《宋史》记载的这次地震应该不属于杭州地震。但是,在《杭州府志》中却记载该年"五月,杭州地震"②。这是方志作者未加详细考订,便将《宋史》中的这一没有记载发生地的地震视作发生在杭州之故。

如果嘉定十二年(1219)西川地震的震级特别大,以至于杭州有震感,这种可能性也需要考虑。对于大地震,史料记载往往会比较详细,不会一笔带过。例如,南宋嘉定九年(1216)"二月辛亥,东、西川地大震四日"③。史料记载:"乙卯,又震。甲子,又震。马湖夷界山崩八十里,江水不通。"④对于这次大地震,现代研究认为震中在四川雷波马湖附近,震级达到7级。如此强的地震,却未见杭州有震感的记录。

通过考订,部分未记载发生地的地震能确定发生在杭州。例如,绍兴三十二年(1162)七月戊申夜的地震(表10.2第6条),《宋史·孝宗纪一》记载:"(戊申)是夜地震,大风拔木。"⑤据南宋周必大《龙飞录》记载:"戊申,赴太庙致斋。大雨终日夜,暴风达旦,轩簸可畏。太史局奏地震。"⑥南宋太史局旧址位于今杭州吴山,负责观测、奏报各类灾异,由此推断此次地震当发生于杭州。

再如,淳熙十二年(1185)五月庚寅日的地震(表10.2第13条),《宋史·孝宗纪三》记载:"庚寅,地震。辛卯,福州地震。"⑦庚寅日次日即辛卯日的地震明确记载发生地为福州,那么,庚寅日的地震是否默认为临安呢?还是有此可能的。《宋史·杨万里传》记载,当年五月在临安任官的杨万里

---

① [明]王圻《续文献通考》卷二二一《物异考·地震》,《续修四库全书》(史部)第766册,上海古籍出版社,2002年,第347页下。
② 民国《杭州府志》卷八三《祥异二》,第1625页下。
③ 《宋史》卷六七《五行志五》,第1005页。
④ 《宋史》卷三九《宁宗纪三》,第512页。
⑤ 《宋史》卷三三《孝宗纪一》,第415页。
⑥ 《龙飞录》,《宋代日记丛编》,第889页。
⑦ 《宋史》卷三五《孝宗纪三》,第458页。

以地震应诏上书,他的上书中有"五月庚寅,又有地震""地震辇毂"①等记载。"辇毂"原为皇帝的车舆,此处则代指都城临安。如此看来,这次地震发生在杭州似应属无疑。

综上所述,上述22次地震是否为发生在杭州地区的地震,不可一概而论,还需要收集其他资料,综合比较研究而定。

三、南宋杭州部分存疑地震史料的讨论

关于南宋时期杭州的地震还有部分史料表述模糊,甚至是谬误之处,对于这些地震史料需要详加甄别、小心使用,具体见表10.3。

表10.3 南宋时期杭州存疑待考的地震记录表

序号	发生年份	记录内容	史料出处
1	绍兴三年(1133)	八月甲申,地震,平江府、湖州尤甚。	《文献通考·物异考七》
2	绍兴七年(1137)	是岁,临安府火,地震。	民国《杭州府志》卷八二
3	绍熙五年(1194)	十二月,临安府南高峰山自摧。	《宋史》卷六七《五行志五》
4	庆元六年(1200)	十一月甲子,地震东北方。	《宋史》卷六七《五行志五》
5	庆元六年(1200)	十一月丙寅,东北地震。	《宋史全文》卷二九上《宋宁宗一》
6	嘉定十年(1217)	二月庚申,地震自东南。	《宋史》卷六七《五行志五》
7	嘉定十年(1217)	二月,富阳地震。	光绪《富阳县志》卷一五
8	绍定元年(1228)	八月初三日二鼓,雷雨之声自东北来,地遂震,四鼓再震。九月十三日夜又震。	《癸辛杂识》续集上《地连震》

---

① 《宋史》卷四三三《杨万里传》,第10042页。

绍兴三年(1133)八月甲申日的地震(表10.3第1条),其地震发生范围是否包括杭州,史料表述不一。从《文献通考》的记载看,地震范围似乎不仅限于平江府(苏州)、湖州①。对于此次地震,庄绰又说:"八月,浙右地震。"②"浙右"一般代指两浙西路,在当时的行政区划中包括临安府。但是,在地震后不久,史料又记载:"八月甲辰,以雨旸不时,苏、湖地震,求直言。"③在这次"求直言"的诏令中仅提及苏州和湖州。总之,此次地震的范围是否包括杭州,史料没有十分明确的记载。

后世方志不加细致考订直接转抄《宋史》等,也会产生存疑的地震史料。例如,表10.3第2条地震记录,很可能与表10.2第1条属于同一次地震,即《杭州府志》直接转抄《宋史》而来。但这只是推测,没有直接证据否定该次地震发生在杭州,故此存疑待考。同样,表10.3第7条的富阳地震,有可能是方志作者直接转抄《宋史》的记录即表10.3第6条,因为没有直接证据否定富阳发生地震,故此也存疑待考。

绍熙五年(1194),杭州南高峰发生"山自摧"④现象(表10.3第3条),林正秋先生将其认定为杭州地震。由于史料中并无地震记载,也不能排除发生山崩、山体滑坡或泥石流等自然灾害的可能性。

庆元六年(1200)十一月有地震发生(表10.3第4、5条)应属无疑,但是否为2次地震,值得探讨。按照《宋史·五行志》记载:"十一月甲子,地震东北方。"⑤时隔一天即丙寅日,"东北地震"⑥,两条记录极为相似。其中有两个可能性:一是两者为地震与余震的关系;二是前一个时间可能是地震发生日期,后一个时间则是奏报日期,后人编修史书忽视了其中的关系,将之当作两次地震一并记载下来,故此存疑待考。

绍定元年(1228)八月和九月的地震(表10.3第8条)是南宋学者周密

---

① 《文献通考》卷三〇一《物异考七·地震》,第8212页。
② 《鸡肋编》卷中,《宋元笔记小说大观》第四册,第4027页。
③ 《宋史》卷二七《高宗纪四》,第338页。
④ 《宋史》卷六七《五行志五》,第1006页。
⑤ 《宋史》卷六七《五行志五》,第1005页。
⑥ 《宋史全文》卷二九上《宋宁宗一》,第2473页。

个人的记载,没有地震发生地的描述,林正秋先生也将其认定为杭州地震。究其原因,一是周密世居杭州,二是史学界认为周密著作中的史料有较高的可信度。但是,《宋史》等正史都未见此次地震记录,让人费解。在尚未发现其他史料可以佐证此次地震前,暂时将之归入存疑待考范围。

综合上述三个部分的讨论可以初步认为,南宋时期明确标注发生地为杭州的地震有 5 次;未标注发生地的地震有 22 次,其中可考证为杭州的地震有 2 次;存疑待考的地震有 8 次,合计 35 次。这是进一步研究南宋时期杭州地震情况的史料基础。

第三节　杭州地震的烈度等级及地震灾害

一、对地震烈度等级的初步估计

由于古人缺少探测地震的仪器设备,对地震的发现或识别主要依靠人体自身的感知。一般来说,能够被人感知到的地震称为有感地震,上述史料记载的地震应该都属于此类地震。

南宋时期杭州有感地震的烈度等级一般能达到Ⅲ级(3级)。地震烈度是指地震对地表及建筑物等的影响和破坏程度。根据中华人民共和国国家标准《中国地震烈度表》的划分,地震烈度达到Ⅲ级(3级)时"室内少数静止中的人有感觉",达到Ⅳ级(4级)时"室内多数人、室外少数人有感觉,少数人梦中惊醒"[①]。根据这一划分,南宋时期杭州有感地震的烈度等级至少能达到Ⅲ级(3级),甚至是Ⅳ级(4级),这是一个地震烈度下限。

南宋时期杭州地震的烈度等级一般不超过Ⅴ级(5级)。地震烈度无论是Ⅲ级(3级)还是Ⅳ级(4级),一般都不会产生破坏情形。在《中国地震烈度表》中,烈度Ⅲ级(3级)及Ⅳ级(4级)地震只会使建筑的门窗作响,

---

① 中华人民共和国国家质量监督检验检疫总局、中国国家标准化管理委员会《中国地震烈度表》(GB/T 17742 – 2008),2008 年 11 月 13 日发布。

悬挂物产生一定幅度的摆动。只有地震烈度达到Ⅴ级(5级)才会出现"房屋墙体抹灰出现细微裂缝,个别屋顶烟囱掉砖"以及"不稳定器物摇动或翻倒"等破坏情形。而南宋时期杭州地震史料中少有提及地震的破坏情况,即破坏性地震很少发生,这说明其中大多数地震的烈度等级不超过Ⅴ级(5级)。

当然,上述估计还是很粗略的。首先,《中国地震烈度表》是根据现代建筑的损坏情况来进行震级划分的,但是古今建筑物本身有着较大的差异,建筑材料、建筑结构和建筑强度等都有所不同,这种建筑差异需要考虑。其次,史料虽然很少提及地震的破坏情况,并不代表没有,一方面要考虑到可能存在的史料缺失问题,另一方面也要考虑灾情被隐匿或缩小的情况,这些情况对于正确认识当时的地震情况造成了困难。

二、破坏性地震致灾案例分析

虽然南宋时期杭州地震的烈度等级大多数在Ⅲ级(3级)到Ⅴ级(5级)之间,但是也偶有破坏性地震发生。破坏性地震不仅可以直接致灾,还会引发地震的次生灾害,由地震引发的次生水灾就是其中之一。

在山地峡谷地区发生地震时,不稳定的岩体或土层有时会发生崩塌、滑坡,侵入、堵塞河道,逐渐形成"地震堰塞湖"。当河流上游来水量超过"堰塞湖"的蓄积能力时,就会发生漫溢;或者遇到较为强烈的余震,也会导致临时"堰坝"崩溃,从而造成下游水灾。南宋嘉定六年(1213)六月,发生在淳安县的地震就属于这种情况。

史料对此次淳安县的地震及次生水灾有不少记载。当年"五月,阴雨经日。辛酉,严州霖雨",淳安县即在严州辖下。《宋史》记载:"六月丙子,淳安县地震。"对于此次地震,《文献通考》也有记载,应属确凿无疑。就在同一天,"六月丙子,严州淳安县长乐乡山摧水涌"。地震次日即六月丁丑日,"淳安县山涌暴水,陷清泉寺,漂五乡田庐百八十里,溺死者无算,巨木皆拔"。

依据史料还原灾害发生过程发现,这次灾害是地震和降雨共同作用的结果。首先,淳安县的地形以山地丘陵为主,地形地貌及地质环境较为复杂,孕灾条件较好。其次,包括淳安县在内的严州地区在地震发生前有持续降雨,这一方面造成江河水位较高,另一方面在雨水的长期浸泡下,山体松动或地质滑坡的风险也在不断加大。

六月丙子日,地震发生,导致淳安县长乐乡"山摧水涌",推测形成了"地震堰塞湖"。随着上游来水的迅速汇聚,次日"山涌暴水",即堰塞湖水漫溢或溃坝,导致洪水一泻而下,从而引发了陷清泉寺、漂没田庐、巨木皆拔、死者无算等一系列的惨祸发生。

嘉定六年(1213)六月淳安县地震的烈度等级很可能突破了Ⅴ级(5级)。根据《中国地震烈度表》的划分,只有地震烈度达到Ⅵ级(6级)才会有"河岸和松软土出现裂缝,饱和砂层出现喷砂冒水"等现象。地震烈度达到Ⅶ级(7级)会出现"河岸出现塌方,饱和砂层常见喷水冒砂,松软土地上地裂缝较多"[1]。据史料记载,地震当日淳安县长乐乡"山摧水涌",可能出现山体塌方和地下涌水等现象。由此可以判断这次地震等级可能有Ⅵ级(6级)左右,甚至更高。

南宋时期杭州发生的"山摧"现象,不仅限于淳安县一处。绍熙五年(1194)十二月,"临安府南高峰山自摧"[2]。与淳安县"山摧"现象不同的是,当时并无地震记录,因此临安府南高峰的这次"山自摧"现象也有可能是山崩、山体滑坡或泥石流等自然灾害。值得注意的是,在此前一年即绍熙四年(1193)十月,杭州接连两次发生地震,"(十月己酉)夜,(临安)地震。庚戌……夜,地又震"[3]。那么,也不能排除连续地震使南高峰山体松动,随后于次年导致了山崩现象的发生。

上述破坏性地震灾害让我们对杭州地震有了更为全面、客观的认识,尤其是最大地震的震级。根据中国地震台网公布的数据,统计1971年以来震中位于北纬29°~31°、东经118°~121°这一覆盖杭州全市区域的地震发现,

---

[1] 《中国地震烈度表》(GB/T 17742-2008),2008年11月13日发布。
[2] 《宋史》卷六七《五行志五》,第1006页。
[3] 《宋史》卷三六《光宗纪》,第473—474页。

最大地震震级只有4.2级。这与此前估计南宋时期杭州大部分地震的烈度等级在Ⅲ级(3级)到Ⅴ级(5级)之间是相吻合的,即总体上杭州不属于地震高风险区。但是,嘉定六年(1213)淳安县的这次破坏性地震,让人们对杭州地区的最大地震震级有了新的认识,不仅如此,还需要注意警惕地震次生灾害的发生。

第四节　地震的善后处置

我国古代社会有一种文化理念,即"天诫"观念。地震同其他灾异一样被古人视作上天对统治者的惩诫、谴责和警告,皇帝们往往要下"罪己诏""求直言",大臣们也能够借此议论朝政、提出谏言,进而调整社会矛盾。历史上第一次因为地震下"罪己诏"的是西汉宣帝刘询,此后历代帝王常常遵从这一政治传统。

表10.4　南宋时期地震后下"罪己诏""求直言"记录表

序号	发生时间	记载内容	史料来源
1	绍兴三年(1133)	八月甲申,地震,平江府、湖州尤甚。甲辰,诏罪己,求直言。	《文献通考·物异考七》
2	绍兴六年(1136)	六月乙巳夜,地震,有声自西北如雷,余杭县为甚。(诏罪己,求直言。)	《文献通考·物异考七》
3	淳熙十二年(1185)	五月,(杨万里)以地震应诏上书。	《宋史·杨万里传》
4	嘉熙四年(1240)	十二月丙辰,(临安)地震。己未,下罪己诏,求直言。	《宋史》卷六七《五行志五》;《宋史全文》卷三三《宋理宗三》

南宋时期至少有4次因地震而下"罪己诏""求直言"的记载。以绍兴六年(1136)的地震为例,地震发生后宋高宗下达"罪己诏",还手诏"求直言",听取朝臣们的意见建议,"隐销变异"①。对此,朝臣们积极响应,大臣王缙上奏当时临安城南钱塘江边的浙江渡口有使臣在回易时收息,造成物价上涨。于是,宋廷下诏"追使臣送大理治罪,回易强市者,使臣停官"②,这是体恤百姓之举。南宋朝廷又准许刑部尚书胡交修的建议,派遣官员检查在押犯人,催督结案,这是清理刑狱的善举。

对于嘉定六年(1213)六月淳安县的地震及其次生灾害,南宋朝廷在当年七月也对受灾地区进行了赈恤或蠲免租赋等。赈灾前,有大臣进言:"如严之淳安……被祸尤甚……选差清强官……多方赈恤,或蠲租赋。其有蒙蔽不以实闻者,重置典宪。"③由此看来,在"天诫"观的影响下,统治者在地震之后下"罪己诏""求直言"等政治传统,有其积极意义。

第五节 宋人对地震的观察与认识

一、对地震前兆现象的观察和记载

古人通过观察发现,地震发生前有不少前兆现象值得注意。例如,《诗经·小雅·十月之交》记载:"烨烨震电,不宁不令。百川沸腾,山冢崒崩。"④这段诗句描述的是公元前776年的一次大地震,震前出现电闪雷鸣现象。《魏书·灵征志》记载:"雁门崎城有声如雷,自上西引十余声,声止地震。"⑤这段史料记载的是474年山西雁门地震前的地声现象。现代研究表明,地震前兆现象包括地声、地光、前震、地下水异常、气象异常

---

① 《建炎以来系年要录》卷一〇二,第1671页。
② 《建炎以来系年要录》卷一〇二,第1671页。
③ 《宋会要辑稿》食货五八之二九,第5835页下。
④ 《诗经·小雅·十月之交》,周啸天主编《诗经楚辞鉴赏辞典》,四川辞书出版社,1990年,第517页。
⑤ [北齐]魏收《魏书》卷一一二上《灵征志八上》,中华书局,1974年,第2894页。

和动物异常等。南宋人也曾经留下地声和气象异常等地震前兆现象的史料记载。

(一) 地声现象

南宋绍兴六年(1136)和绍定元年(1228)地震伴随地声现象,并被观察和记录下来(见表 10.5 第 1、2 条)。上述两个案例还将地声的方向作了描述,特别是绍定元年(1228)的地震与地声关系记载得十分清晰,即"雷雨之声自东北来,地遂震"①,先是地声从东北方向传来,随后地震发生,这可能是地震波传导作用的结果。

关于地声的成因,现代研究一般认为是由于地震纵波到达时,激起空气振动从而形成强烈的声波。随后,当地震横波到达时,人们才感觉到地动。地声往往先于地震到来,从震前数小时、数分钟乃至数秒钟不等,这说明地声是一种临震的前兆现象,被视作地震发出的警报,对于地震发生前采取紧急防御措施,有着非常重要的意义。遗憾的是,尽管南宋人已经发现并记录下地声这一临震前兆现象,但是没有引起足够重视,也未见将其用于地震预警。

表 10.5 南宋时期地震前兆现象记录表

序号	发生时间	记载内容	史料来源
1	绍兴六年(1136)六月乙巳夜	地震自西北,有声如雷,余杭县为甚。	《宋史》卷六七《五行志五》
2	绍定元年(1228)八月初三日二鼓	雷雨之声自东北来,地遂震。	《癸辛杂识》续集上《地连震》
3	绍兴三十二年(1162)七月戊申夜	地震,大风拔木。	《宋史》卷三三《孝宗纪一》
4	嘉定十四年(1221)正月乙未夜	地震,大雷。	《宋史》卷六七《五行志五》

① 《癸辛杂识》续集上《地连震》,《宋元笔记小说大观》第六册,第 5777 页。

(二) 气象异常

地震史料和现代记录都表明,地震前出现的气象异常现象很广泛,包括雷雨大作、狂风骤至、阴霾昏暗、高温酷热、水旱灾害等。绍兴三十二年(1162)和嘉定十四年(1221)的地震分别伴有"大风拔木""大雷"的气象变化,是南宋时期仅有的2次震前气象异常现象记载,也是我国较早的震前气象异常现象记载(见表10.5第3、4条)。一般认为,在地震孕育过程中,地下热能等发生剧变,导致大气环境温度和气压等变化,从而引起气象异常,可以看作气象与地震之间具有较为紧密的联系。

震前异常现象的发现具有很高的科学价值,不仅为现代地震预报提供了基本思路,也奠定了我国特有的地震群测群防的科学基础。南宋人较早发现并记录下地震前兆现象,却并未意识到它的价值,也未见史料有对其进行经验总结和推广应用的记载,殊为可惜。这是时代的局限性,并不能因此苛求古人。

二、对地震成因的朴素认识

古人对地震的成因早有朴素的认识。《国语·周语》记载:"阴阳相迫,气动于下,故地震也。"①这段话是从阴阳矛盾的相互斗争来认识地震的,具有划时代的意义。

宋人进一步丰富了对地震的认知。北宋王安石指出:"天地与人,了不相关。薄食、震摇,皆有常数,不足畏忌。"②认为天地和人事没有关系,日食、月食和地震都有一定的规律,没什么可怕的。北宋科学家沈括在《梦溪笔谈》中记载,山东登州百姓对山石震入海中,"皆以为常"③。这说明震区百姓认识到地震是一种自然现象,地震一旦发生也并不大惊小怪。南宋学者周密说:"此仪置之京都,与地震之所了不相关,气数何由相薄,能使铜龙

---

① [吴]韦昭注《国语》卷一《周语上》,《影印文渊阁四库全书》(史部)第406册,台湾商务印书馆,1984年,第11页下。
② [宋]司马光《温公易说》,上海古籍出版社,1989年,第919—920页。
③ [宋]沈括著,张富祥译注《梦溪笔谈》卷二一《巨嵎山震动》,中华书局,2009年,第237页。

骧首吐丸也?"①周密虽然对张衡的地动仪及地震的观测问题持明显的怀疑态度,但是,他提出"气之所至则动,气所不至则不动"②的观点,将地震的成因归结于"气"的作用结果,这又是朴素的唯物主义思想,值得肯定。

通过梳理南宋时期的地震史料,初步将其分为发生在杭州、发生地不详及存疑待考三类地震史料,这些资料的整理在丰富我国地震史料的同时,对研究南宋时期杭州地震发生次数、地震基本情况等具有重要作用。通过对比分析和案例研究,可以对南宋时期杭州地震的烈度等级、地震灾害等有了新的认识。此外,宋人对地震前兆现象的观察和记载、对地震的朴素认识等,对于后世地震知识的积累以及地震征兆的早期发现不无裨益。未来,利用这些资料还可以进一步开展杭州地区的地震烈度等级划分、地震危险区确定等研究。

但是,应该要看到上述史料毕竟年代久远,多有缺失、模糊,甚至谬误之处。这些史料多出自史官文人之手,重定性、轻定量,重现象描述、轻理性分析,技术含量偏低,将之用于现代地震研究,需要善加甄别,小心使用。如何正确地应用地震史料,理性、科学地开展杭州地震的分析研究,仍然任重道远。

---

① 《齐东野语》卷一五《浑天仪地动仪》,《宋元笔记小说大观》第五册,第 5614 页。
② 《齐东野语》卷一五《浑天仪地动仪》,《宋元笔记小说大观》第五册,第 5614 页。

第十一章 其他灾害

第一节 特异天象

特殊异常天象的出现,违反了古人熟悉的自然界正常秩序,使人们在心理上形成恐惧或不安,进而被认为具有某种深刻含义的事件或某种重大事件的先发征兆。

自"天人感应"说盛行以来,古人异乎寻常地关注天象变化,特别是当某些罕见或异常天象出现时,往往认为是人间有不寻常事发生,或者是上天的某种启示、警示。因此,古代统治者以及史官们都十分重视。但是,其实很多异常天象就是某些不常见的气象现象。南宋时期这类事件出现较多,史料多有记录。

古人对于日食、太阳黑子、日晕等日相异常变化高度关注。史载,南宋时期至少出现13次日食的记录。例如,宋理宗淳祐五年(1245)七月癸巳朔发生日食。次日,宋理宗御笔亲书:"属兹闵雨之时,乃遇日食之异,天变示儆,惕然靡宁。朕当避殿、减膳,以答谴告。凡尔近臣,更宜竭忠,以辅不逮。"[1]杭州正值大旱之时,又发生日食,理宗亲自下诏避殿、减膳,以示

---

[1] 《宋史全文》卷三四《宋理宗四》,第2779页。

自省。

再如，宋恭帝德祐元年(1275)，"六月庚子朔，日有食之，既，天地晦冥，咫尺不辨人，鸡鹜归栖，自巳至午，其明始复"①。从史料记载来看，这似乎是一次日全食。日食发生于上午9时至中午13时之间，天地一片昏暗，如同黑夜降临。此时，距离南宋灭亡已经近在咫尺，遇到如此异象，史笔也不惮其详地予以细致描写。

一般认为，太阳黑子是太阳表面出现的一种温度相对较低的巨大漩涡。因为太阳黑子比太阳的光球层表面温度要低，看上去像一些深暗色的斑点，故名。史载，南宋时期至少出现10次太阳黑子的记录。其中，宋高宗绍兴七年(1137)至绍兴九年(1139)，堪称南宋时期太阳黑子活跃的高峰期，三年之内竟有5次太阳黑子记录。太阳黑子出现后的持续时间长短也有不同，短则一日，长则月余。例如，宋高宗绍兴元年(1131)二月"己卯，日中有黑子，四日乃没"②。宋高宗绍兴九年(1139)"(二月)庚辰，日中见黑子，月余乃没"③。

据《宋史》记载，关于"白虹贯日"④"白虹亘天""曲虹见日之西""曲虹见日东"等记录有9次。其中，农历二月发生3次、三月2次、十月2次、十二月1次、正月1次，均在冬、春季节出现。所谓"白虹贯日"，释义为白色的长虹穿日而过，是一种特异的大气光像现象，可能是悬浮在大气中的冰晶对光线折射、反射所形成的弧状或柱状的"晕"。宋高宗建炎三年(1129)"二月甲寅，日初出，两黑气如人形，夹日旁，至巳时乃散"⑤。这可能是形状特异的云伴日现象。

关于"雾气昏塞"⑥"阴雾四塞""朝雾四塞""四方昏塞""昏雾四塞"等

---

① 《宋史》卷六七《五行志五》，第997页。
② 《宋史》卷二六《高宗纪三》，第324页。
③ 《宋史全文》卷二〇下《宋高宗十二》，第1583页。
④ 《宋史》卷六二《五行志一下》，第920—921页；"白虹亘天""曲虹见日之西""曲虹见日东"等记录同见于《五行志一下》，第920—921页。
⑤ 《宋史》卷六二《五行志一下》，第919页。
⑥ 《宋史》卷六二《五行志一下》，第920页；"阴雾四塞""朝雾四塞""四方昏塞""昏雾四塞"记录同见于《五行志一下》，第920页。

大雾或视程障碍天气现象至少有5次,且多发生于农历正月、二月和三月的春季。例如,宋高宗绍兴七年(1137)"(二月)辛丑,诏以太阳有异,氛气四合,令中外侍从各举能直言极谏之士一人"①。

关于"自正月阴晦,阳光不舒者四十余日"②"七月……天地晦冥者累日"③"四月,积雨方止,氛雾四塞,昼日无光"④"六月,积阴弥月"⑤"五月,连阴"⑥"六月,日青无光"⑦等长时间连阴雨或寡照天气至少有6次,多发生于夏季或春季。此类天气出现在夏季且多遮蔽日光,实属"反常",故而被史书郑重其事地记录下来。

关于南宋时期彗星的出现,有两条史料值得注意。宋高宗绍兴十五年(1145)四月,"戊寅,彗星出东方。癸未,避殿减膳,命监司、郡守条上便民事宜,提刑巡行决狱。……丁亥,以彗出,大赦。癸巳,彗没"⑧。从四月戊寅日彗星出现,到癸巳日消逝,彗星经天整整持续了十五、六日,这在南宋时期是极为罕见的。据《公元1066年以来的大彗星表》⑨分析,该彗星可能为哈雷彗星。

另一则出现在宋理宗景定五年(1264),"秋七月甲戌,彗星出柳。丁丑,诏避殿减膳,应中外臣僚许直言朝政阙失。己卯,流星出自右摄提星,彗星退于鬼。辛巳,彗星退于井。……台臣言太子宾客杨栋指彗为蚩尤旗,欺天罔君,诏栋罢职予祠。戊戌,彗星退于参。……(八月)丙午,以杨栋知建宁府。戊午,彗星消伏。甲子,彗星复见于参。辛未,彗星化为霞气"⑩。据《地学基本数据手册》所列《公元1066年以来的大彗星表》,该年七月至八

---

① 《宋史全文》卷二○上《宋高宗十》,第1490页。
② 《宋史》卷六二《五行志一下》,第920页。
③ 《宋史》卷六二《五行志一下》,第920页。
④ 《宋史》卷六二《五行志一下》,第920页。
⑤ 《宋史》卷六二《五行志一下》,第920页。
⑥ 《宋史》卷六二《五行志一下》,第920页。
⑦ 《宋史》卷六二《五行志一下》,第920页。
⑧ 《宋史》卷三○《高宗纪七》,第378页。
⑨ 张家诚主编《地学基本数据手册》,海洋出版社,1986年,第1361页。
⑩ 《宋史》卷四五《理宗纪五》,第596页。

月的彗星记载可能为先后 2 个彗星接续出现,彗星的尾长超过 100 度。借助彗星出现后许臣僚直言朝政的机会,南宋御史台还将太子宾客杨栋逐出中枢,贬退至建宁府。

此外,宋高宗绍兴三十年(1160),"十月壬戌,昼漏半,无云而雷;癸亥,日过中,无云而雷"①。这是 2 次异地雷声远传而至都城临安的记载。宋理宗端平三年(1236)七月"甲申,雨血"②。所谓"雨血",极为罕见,不排除海上赤潮为龙卷等天气系统裹挟,随降雨而下。宋高宗绍兴二十六年(1156)七月"辛酉,夜,天雨水银"③。水银的密度极大,一般是水的 13 倍多,如何能被卷上天空再降落下来,殊为难解。宋孝宗淳熙十一年(1184)"二月,临安府新城县深浦天雨黑水终夕"④。所谓"天雨黑水",可能与天气系统上游区域风起尘土有关,需待进一步考证。淳熙十六年(1189)"六月,行都钱塘门启,黑风入,扬沙石"⑤。这可能是沙尘天气袭击所致。

第二节 沙　　尘

沙尘天气由来已久,在北方地区较常见,著名的黄土高原就是亿万年风沙搬运堆积的结果。唐诗中的"平沙莽莽黄入天""千里黄云白日曛"等诗句就是生动写照。综合分析沙尘天气的形成过程,一般需要具备四个条件,即"强大而持续的风力、干燥的气候、疏松的土质和稀少的植被"⑥。但是,在合适的天气气候条件下,沙尘往往具有较强的侵入性或输入性特征。

在气象学上,一般将沙尘天气分为五个等级,即浮尘、扬沙、沙尘暴、强

---

① 《宋史》卷六二《五行志一下》,第 915 页。
② 《宋史》卷四二《理宗纪二》,第 545 页。
③ 《宋史全文》卷二二下《宋高宗十七》,第 1813 页。
④ 《宋史》卷六二《五行志一下》,第 919 页。
⑤ 《宋史》卷六二《五行志一下》,第 919 页。
⑥ 王社教《历史时期我国沙尘天气时空分布特点及成因研究》,《陕西师范大学学报(哲学社会科学版)》2001 年第 3 期。

沙尘暴和特强沙尘暴。一般而言,其主要的区别是能见度大小的差异,如果空气因为沙尘扬起、飘浮而变得浑浊,且大气能见度在1公里以下,即可称之为沙尘暴;当水平能见度在500米以下时,称之为强沙尘暴;如果水平能见度在50米以下,那就是特强沙尘暴。

在古代,沙尘亦称霾。《尔雅》记载:"风而雨土为霾。"①《灵台秘苑》记载:"凡天地昏濛,下尘土,十日五日以上,或一日时雨不沾衣而有土,名曰霾。故曰:天地霾,君臣乖,若不大旱,外人来。"②正是基于此种"天人相应"的认识,宋人对于天雨尘土、霾等天气现象较为关注,《宋史》等史书中留下了大量记载。

杭州地处长江以南的鱼米水乡,在现代很少见到沙尘或沙尘暴天气。但是,查阅《宋史·五行志五》等史料,多次记载"天雨尘土""雨土""雨黄沙""天雨霾""昼霾"和"雾下如尘"等沙尘天气。此处"雨"做动词,为降落之意。《说文解字》中释义"霾",为"天雨土也"③,与现代由于人为污染造成低能见度现象的"灰霾"并不完全等同。

张德二等人根据我国历史文献中有明确发生地点的沙尘天气现象的记录,绘制出历史上沙尘记录地点分布图,这些沙尘记录地点的南界大致沿长江中下游的南侧分布。从历史沙尘记录地点分布图并对照各地点记录的次数可见,记录地点大多集中在沿北纬29°,即宁海、南昌一线以北,而在沿北纬28°"即温州、湘潭一线以南沙尘记录明显减少,可以将北纬28°作为历史沙尘记录的南界"④。杭州正处于南界略偏北的区域。

南宋国土疆域的北界在今淮河一线,都城更是远在江南的杭州。在南宋一个半世纪的历史中,上述"天雨土"等沙尘天气共有48次之多,平均每三年一遇,可见南宋时期沙尘天气是比较活跃的,特别是1160—1270年降

---

① 郭璞注《尔雅》卷中《释天第八》,《中华再造善本》,据国家图书馆宋刻本影印,北京图书馆出版社,2002年,第7页。
② [北周]庚季才原撰,[宋]王安礼等重修《灵台秘苑》卷四《气·雾》,《文澜阁钦定四库全书》(子部)第807册,杭州出版社,2015年,第36页下。
③ 《说文解字》卷一一下,第385页。
④ 张德二《历史时期"雨土"现象剖析》,《科学通报》1982年第5期。

尘达到历史上的一个高峰期。这与张德二等人的研究结果也是一致的。

在气候处于干旱少雨的阶段,降尘地点的南界偏南,在气候湿润多雨时段,不仅沙尘天气的记录数量减少,而且记录地点的南界仅止于沿长江一带甚至更为偏北[1]。从这一点而言,似乎可以侧证南宋中后期处于暖干的气候周期,这与南宋杭州旱灾的出现频次也具有一定程度的对应关系。

相关研究表明,雨土现象在全年各月份皆有可能发生,但多集中在冬半年,尤其是集中出现在二月至五月,以四月最为频繁。换言之,春末是雨土频发期[2]。从南宋时期临安雨土或风霾等沙尘天气的发生时间看,春季共发生28次,占比达到58%,其中农历正月11次、二月10次、三月7次;冬季共发生11次,占比23%,其中农历十月3次、十一月5次、十二月3次;冬、春两季合计共发生39次,占比达到81%。另外,农历四月有4次,九月2次,五月、六月、闰月各1次。总体而言,南宋杭州风霾或雨土天气现象多出现在冬半年气候相对冷干的时期。

表11.1　南宋时期杭州雨土或风霾出现频次逐月分布表

月份	正月	二月	三月	四月	五月	六月	七月	八月	九月	十月	十一月	十二月
次数	11	10	7	4	1	1	0	0	2	3	5	3

南宋周密《癸辛杂识》记载,在宋理宗绍定四年(1231),行都临安发生了一次极端的"天雨尘土"事件。"辛卯三月初六日甲辰,黄雾四塞,天雨尘土。入人鼻皆辛酸,几案、瓦垄间如筛灰,相去丈余不可相睹,日轮如未磨镜,翳翳无光采,凡两日夜。"[3]沙尘天气发生在农历三月初六日,如同黄雾一般的沙尘从天而降、充塞四方,吸入口鼻后,人体感觉又辣又酸。房顶和桌椅上覆盖如纱网筛过的细尘,能见度下降得很厉害,隔着丈余远就什么也看不清楚。太阳就像未打磨过的铜镜,毫无光彩可言。这次沙尘天气整整

---

[1]　张德二、孙霞《我国历史时期降尘记录南界的变动及其对北方干旱气候的推断》,《第四纪研究》2001年第1期。
[2]　张德二《历史时期"雨土"现象剖析》,《科学通报》1982年第5期。
[3]　《癸辛杂识》续集上《天雨尘土》,《宋元笔记小说大观》第六册,第5788页。

持续两天两夜才结束。

沙尘天气发生当晚二鼓时分,一场可怕的大火席卷全城,由于大气能见度极低,一时之间竟无法及时救援。"是夜二鼓,望仙桥东、牛羊司前居民冯家失火,其势可畏,凡数路分火沿烧,至初七日,势益盛,而尘雾愈甚,昏翳惨淡,虽火光烟气,皆无所睹,直至午刻方息。……所烧逾万家。"①上述沙尘灾害及火灾发生在理宗绍定四年(1231),没有理由怀疑这是作者周密杜撰的一次子虚乌有的灾难。然而,如此严重的沙尘天气以及大面积火灾在宋史中竟无记载,这也从实际案例上验证南宋后期,特别是理宗一朝及其以后的灾害记录绝少的观点。

第三节　强对流天气

一、概况

强对流天气多表现出雷电、冰雹和大风等天气现象。搜检《宋史》等史料发现,南宋时期曾大量出现不记载具体发生地点的雷电、冰雹等强对流天气。一般而言,强对流天气发生的局地性很强,其天气系统的水平空间尺度多在数十公里到数百公里范围内,若将上述不记载具体发生地点的雷电、冰雹等天气默认为南宋王朝都城所在地或皇帝的驻跸之地,似乎较为合理。

明确记载南宋时期杭州出现雷电或雷击天气的,至少有13处。其中,雷电击中太庙的记载至少有2次。例如,宋孝宗淳熙十六年(1189)七月乙丑日,"大雷震太室斋殿东鸱吻"②;宋宁宗嘉定五年(1212)七月戊辰日,"以雷雨毁太庙屋,避正殿减膳"③。"太室"即太庙,遗址在今天的杭州太庙广场,南宋时属于高等级的皇家礼制建筑。"鸱吻"传说是龙的儿子,是我国

---

① 《癸辛杂识》续集上《天雨尘土》,《宋元笔记小说大观》第六册,第5788—5789页。
② 《宋史》卷六二《五行志一下》,第914页。
③ 《宋史》卷三九《宁宗纪三》,第509页。

古代建筑屋脊正脊两端的饰物,属于单个建筑的制高点。在古人看来,雷电击中这个地方,往往带有上天的某种警示,故此宋宁宗才会有避正殿、减常膳,以示自警或自我反省之意。

由于雷电的发生,皇帝发布罪己诏的情况也偶有出现。例如,宋理宗端平三年(1236)"九月庚午,雷。是月,祀明堂,大雨震电"①。皇帝祭祀于明堂,却出现"非时发声"的大雨雷,古人认为这是天威震怒,需要自警自省。当年九月癸酉日,宋理宗亲自手书:"以季秋仲辛,雷声骤发,上天示谴,恐惧修省。避正殿,减膳撤乐,求直言,令学士院降诏。"②皇帝下罪己诏背后的原因较为复杂,但震雷天威往往是促使当政者"恐惧修省"的重要因素之一。

特别是在南宋后期宋理宗在位期间,由于社会矛盾日趋尖锐,很多朝臣、士大夫借雷电天威向当政者施压,寻求改变现状。例如,宋理宗淳祐十二年(1252)十二月丁丑日,恰逢立春日雷电激射震隆。"时言路壅塞,太学生杨文仲率同舍生叩阍极言时事,有曰:'天本不怒,人激之使怒;人本无言,雷激之使言。'一时传诵之。"③

再如,宋理宗宝祐三年(1255)"正月己未,迅雷。先是望夕,内侍董宋臣引西湖妓入禁中,牟子才疏言:'元夕张灯侈靡,倡优下贱,奇技献笑,媒污清禁,此皆董宋臣辈坏陛下素履。今困震霆示威,臣愿圣明觉悟,天意可回。'"④宋理宗嫖妓于皇宫,牟子才借迅雷上疏进谏。奈何,宋理宗日渐昏聩,因为雷发非时而屡屡下罪己诏的皇帝,并非真心恐惧于"天威",也并未诚心觉悟己非,转而重用贾似道等奸臣,南宋政局已是沉疴难返。

在现代的杭州,如冰雹等强对流天气现象几乎年年都有出现。在《宋史》等史料中也大量记载"某年月日,雹或冰雹",其记录十分简略,较少有冰雹出现的具体时间、地点,仅个别记录有少许灾损情况。例如,宋宁宗庆元三年(1197)四月乙丑日,"雨雹,大如杯,破瓦,杀燕爵"⑤。此处的"燕爵"当指燕

---

① 《宋史》卷六二《五行志一下》,第914页。
② 《宋史全文》卷三二《宋理宗二》,第2709页。
③ 《续资治通鉴》卷一七三,第4733页。
④ 《续资治通鉴》卷一七四,第4748页。
⑤ 《宋史》卷六二《五行志一下》,第912页。

雀,大如杯的冰雹不仅击破建筑屋顶的瓦片,想必还杀伤了不少飞鸟燕雀。

二、典型个案

据《宋史》记载,宋光宗绍熙二年(1191)十一月壬申日,"郊祀,风雨大至,帝震恐,因致疾"①。光宗皇帝于郊祀之时,突遇风雨大作的恶劣天气,一时恐慌竟然病倒,可见此次天气的突然与剧烈。然而,其中实在另有隐情。《续资治通鉴》记载:

> 初,帝欲诛宦者,近习皆惧,遂谋离间三宫,帝疑之,不能自解。会帝得疾,寿皇购得良药,欲因帝至宫授之。宦者遂诉于皇后曰:"太上合药一丸,俟宫车过,即授药。万一不虞,奈宗社何!"后心衔之。
>
> 顷之,内宴,后请立嘉王扩为太子,寿皇不许。后曰:"妾六礼所聘,嘉王,妾亲生也,何为不可?"寿皇大怒。后退,持嘉王泣诉于帝,谓寿皇有废立意。帝惑之,遂不朝寿皇。
>
> 一日,浣手宫中,睹宫人手白,悦之;它日,后遣人送食合于帝,启之,则宫人两手也。黄贵妃有宠,因帝祭太庙宿斋宫,后杀贵妃,以暴卒闻;及郊,风雨大作,黄坛烛尽灭,不能成礼而罢。帝既闻贵妃卒,又值此变,震惧增疾,自是不视朝,政事多决于后,后益骄恣。②

先是宦官离间寿皇宋孝宗、宋光宗和李皇后,继而孝宗拒绝皇后谋立自己亲生的嘉王为太子的请求,于是再次离间寿皇孝宗与光宗的父子亲情。加之皇后李氏性情妒悍残忍,宋光宗有一次洗手时见一宫女手白,表现出喜悦之状,李皇后竟然派人将该宫女的双手砍下装入盒中送给光宗。至绍熙二年(1191)十一月,李皇后乘宋光宗前去祭祀天地,将光宗宠妃黄贵妃杀

---

① 《宋史》卷六二《五行志一下》,第914页。按:《五行志一下》原记载为绍熙元年(1190)十一月壬午,查《宋史》卷三六《光宗纪》、《续资治通鉴》卷一五二,皆记为绍熙二年(1191)十一月壬申,从其记载。

② 《续资治通鉴》卷一五二,第4079页。

图 11.1　南宋李迪《风雨归牧图》

死,以暴病而死告诉光宗。加之当天突遇大风雨,祭祀典礼未能进行,"帝(光宗)既闻(黄)贵妃卒,又值此变(大风雨),震惧感疾",自此不再临朝,政事多由李皇后裁决。于是由宋孝宗开创"小元祐"的中兴局面,就此走向衰落。

三、影响

异常天象的出现违反人们熟习的自然界正常秩序,使人们在心理上形成恐惧或不安。在诸多异常天象中,雷电对于古人来说是最为恐怖的。雷电往往伴随疾风暴雨,可击毁房屋、树木,引起火灾,令人畜毙命。这些都是大多数古人难以理解的,故而,他们认为雷电的发生是上天对人世政治等的警告或谴责。

在天命论思想影响下,古人认为有雷电发生时要表现出畏惧,进行自我反省,并表达对上天的敬畏。如《论语》说:"迅雷风烈必变。"①《周易·震卦·象辞》也说:"洊雷震,君子以恐惧修省。"②《礼记·玉藻》说得更详细:"君子之居恒当户,寝恒东首。若有疾风、迅雷、甚雨则必变,虽夜必兴,衣服冠而坐。"③即使在夜晚,听到雷声也要穿戴好衣冠,正襟危坐认真反省。

晋代杜预在《春秋左传正义》中说道:"圣人因天地之变,自然之妖,以感动之。知达之主则识先圣之情以自厉。中下之主亦信妖祥以不妄。神道设教,唯此为深。"④圣人利用自然界的异常来感召国君,聪明者能领会圣人的苦心以自省,一般的国君也会因相信灾变天谴之说而不敢恣意妄为,这正是"神道设教"的深义。

日本著名汉学家、中国思想史学家沟口雄三曾说:"宋代的天人相关说,与董仲舒以来将地上的具体事例与灾异联系起来的天谴事应论是不同的。它强调相对于天的人(具体的执政者,特别是皇帝)的政治责任的无限性,这一政治责任可以说是以人为主体的责任。它较之恐惧天谴,更恐惧未尽人事。"⑤从这点说,此种"恐惧"是有积极意义的。

四、认识

北宋陆佃在《埤雅·释天》中说:"电,阴阳激耀,与雷同气,发而为光者也。"并进一步解释,阴阳相激,"其光为电,其声为雷"⑥。此后电光、雷声为人们所认同。北宋末南宋初著名道士、神霄派创始人王文卿《雷说》有诗曰:"阴阳相匹偶,化雨而化云。"又道:"阴阳相击雷轰车,此是神仙真妙诀。"⑦

---

① 孙钦善译注《论语注译·乡党第十》,凤凰出版社,2017年,第184页。
② [魏]王弼注《周易》卷五《周易下经夬传第五》,《中华再造善本》,据国家图书馆藏宋刻本影印,第10页。
③ 《礼记》卷二九《玉藻第十三之一》,[清]孙希旦撰,沈啸寰、王星贤点校《礼记集解》,北京图书馆出版社,2003年,中华书局,1989年,第786页。
④ 左丘明撰,[晋]杜预注《春秋左传正义》卷一一《僖公十五年》,《中华再造善本》,据国家图书馆藏宋庆元六年绍兴府刻宋元递修本影印,北京图书馆出版社,2003年,第74页。
⑤ (日)沟口雄三著,赵士林译《中国的思想》,中国社会科学出版社,1995年,第13页。
⑥ [宋]陆佃《埤雅》卷二〇《释天·电》,《影印文渊阁四库全书》(经部)第222册,台湾商务印书馆,1984年,第231页下。
⑦ 《道法会元》卷六七,张继禹主编《中华道藏》第29册,华夏出版社,2004年,第217页。

阴阳的交合就化生成雷电风云。道士张善渊认为:"阴阳激剥,顺而为雷,逆而为霆。阴阳合而为雷,迅而为霆。阴阳二炁,内外展转,交相攻激。迅发而为霆也。"①阴阳激荡为"炁"的生成变化提供动力,进而迅发为雷。此为道家雷法思想中对雷电的认识。

著名的中国科学技术史研究学者李约瑟博士对此有着很高的评价。他说:"古时中国人把雷电看作他们想象出来的两种最奥妙的力量——阴和阳——互相冲突的结果,这是很自然的。最广义地说,如果记住这种理论对自然界正与负的概念(甚至包括电和化合的现象)所作出的贡献,那么,中国这一古老思想是含有巨大的合理因素的。"②

雷击常造成人员伤亡,在南宋都城临安也有雷击人员伤亡记载。例如,宋孝宗乾道三年(1167)"秋,临安大雷震,军器所作坊兵龙泽夫妇并小儿曰郭僧,凡三人震死于一室。……时有严州人陈永年,同其兄开银铺于临安市……是夕,永年亦遭震死"③。这次雷击事件至少导致4人死亡,是史料中不多见的因雷击而导致人员伤亡的详细案例。

南宋法医学家宋慈已经注意到"雷震死"及其特殊的人体体表征象:

> 凡被雷震死者,其尸肉色焦黄,浑身软黑,两手拳散,口开眼皱,耳后发际焦黄,头髻披散,烧着处皮肉紧硬而挛缩,身上衣服被天火烧烂(或不火烧)。伤损痕迹,多在脑上及脑后,脑缝多开,鬓发如焰火烧着。从上至下,时有手掌大片浮皮紫赤,肉不损,胸项背膊上,或有似篆文痕。④

人体内有液质及矿物盐成分,是电流良好的传导体。人受到从云层导入地面电流的袭击,即为雷击。雷击损伤一般分为高温烧灼作用、电流作用

---

① 《道法会元》卷六七,《中华道藏》第29册,第217页。
② (英)李约瑟《中国科学技术史》第三卷《数学、天学和地学》第二十一章,科学出版社、上海古籍出版社,1990年,第745页。
③ 《咸淳临安志》卷九二《纪事》,第4204页上—下。
④ [宋]宋慈《宋提刑洗冤集录》卷五《雷震死》,《续修四库全书》(子部)第972册,上海古籍出版社,1995年,第250页下。

和空气膨胀导致的冲击作用。根据宋慈的记载,凡是被雷击而死者,其尸体肉色焦黄,浑身软黑,耳后发际焦黄,头发和身上衣服往往如同被焰火烧过。这些记载都符合高温烧灼的特征。

雷电引起的损伤是多样的,如背部出现大块血斑,头皮有时有血肿,类似拳或斧背击伤,四肢及头颅往往发生骨折。宋慈发现被雷击而死者,尸体从上至下往往会出现类似血斑的手掌大小的"浮皮紫赤",在脑上及脑后多有伤损痕迹,"脑缝多开"。这些容易误认为是机械性损伤的记载,恰好符合受空气膨胀导致的冲击作用,而宋慈皆能一一准确辨识。

雷击死者的皮肤除了有明显烧灼痕迹外,往往还有树枝状的粉红色或蔷薇色纹路,被称为雷电击纹。"胸项背膊上,或有似篆文痕。"所谓"篆文痕",就是雷电击纹。现代研究表明,雷电击纹是雷电通过皮肤造成皮肤轻度烧伤及皮下血管极度扩张而留下的斑纹,多位于颈胸部,也可位于肩或胁腹侧。雷电击纹是雷击伤的主要证据之一,但保存时间不长,一般一天内就褪去。可见,宋慈的观察和记述是十分准确细致的,体现出南宋人思想中客观、唯物和求理的一面。

回顾中国人的修史传统,我们会发现灾异是个从不缺席的门类。在《宋史》的"五行志""天文志""河渠志"乃至"帝王本纪"以及地方志中,满是年复一年"水旱寒燠"的细密书写。

先民的生存与发展,远比今人更为艰辛不易。文明的进步,让现代人掌握了抵御大自然侵袭的先进的技术手段和庞大的工程力量。

同样是一场寒雪降临,我们多是抱怨今天穿少了,躲进空调房里取暖;对于普通的宋人,御寒物资可能仅有旧纸制成的"纸被""纸衣"和价格高昂的薪炭。在缺乏灾害预警和综合御灾手段的南宋,对于很多杭州人而言,明天与灾难到底哪个会先来,始终充满了悬念。然而,面对喜怒无常的灾害"暴君",宋人总有令人惊讶与赞叹的智慧迸发,值得后人汲取。

在历史的创造进程中,人类并非"唯一演员"。当代人在对今天社会生活越加繁琐复杂的"书写"过程中,自然距离我们似乎正变得越来越远,灾害的"篇幅占比"也似乎正变得越来越小。然而,越来越多的迹象或事实表明,

"天气陛下"正在用更加剧烈与极端的方式强势回归。在致灾因子日趋增多、孕灾环境日趋复杂的今天,我们有可能重新变成相对"弱势"的一方,恰如当年的南宋人。

交织着风雨寒暑的历史,更加接近"全息"的历史世界。今天,我们在寻求最佳生存状态之时,想必能从宋人努力认识自然、尊重自然并与自然和谐共生的智慧与情怀中,获得有益的借鉴与启迪。

当有人认为人类已经取得了征服自然的"胜局"时,千万不要过分陶醉,保持对其应有的警醒与敬畏显然更为明智。

图书在版编目(CIP)数据

南宋杭州灾害史/张立峰,贾燕著. --上海:上海古籍出版社,2025.6. --(南宋及南宋都城临安研究系列丛书). --ISBN 978-7-5732-1704-2

Ⅰ. X432.55

中国国家版本馆 CIP 数据核字第 202505RR79 号

南宋及南宋都城临安研究系列丛书·临安研究
南宋杭州灾害史
张立峰　贾　燕　著

责任编辑	黄　芬
出版发行	上海古籍出版社 地址:上海市闵行区号景路159弄A座5F　邮编:201101 (1)网址:www.guji.com.cn (2)E-mail:guji1@guji.com.cn (3)易文网网址:www.ewen.co
印　　刷	上海颛辉印刷厂有限公司
开　　本	787×1092毫米　1/16
印　　张	18.25
字　　数	262千
版 印 次	2025年6月第1版　2025年6月第1次印刷
书　　号	ISBN 978-7-5732-1704-2/K·3907
定　　价	98.00元

版权所有　翻印必究　印装差错　负责调换